人工智能应用

主　编◎黄　源　杨　鉴　余法红
副主编◎王叶露　邵　帅　王　鑫
陈增标　陈　超　李建华

中国人民大学出版社
·北京·

图书在版编目（CIP）数据

人工智能应用 / 黄源，杨鉴，余法红主编 . -- 北京 ：中国人民大学出版社，2025.1. --（新编 21 世纪高等职业教育精品教材）. --ISBN 978-7-300-33414-1

Ⅰ. TP18

中国国家版本馆 CIP 数据核字第 2024QN4983 号

新编 21 世纪高等职业教育精品教材・电子与信息类

人工智能应用

主　编　黄　源　杨　鉴　余法红

副主编　王叶露　邵　帅　王　鑫　陈增标　陈　超　李建华

Rengong Zhineng Yingyong

出版发行	中国人民大学出版社		
社　　址	北京中关村大街 31 号	**邮政编码**	100080
电　　话	010－62511242（总编室）		010－62511770（质管部）
	010－82501766（邮购部）		010－62514148（门市部）
	010－62515195（发行公司）		010－62515275（盗版举报）
网　　址	http://www.crup.com.cn		
经　　销	新华书店		
印　　刷	北京昌联印刷有限公司		
开　　本	787 mm×1092 mm　1/16	**版　　次**	2025 年 1 月第 1 版
印　　张	15	**印　　次**	2025 年 1 月第 1 次印刷
字　　数	306 000	**定　　价**	55.00 元

前言
PREFACE

人工智能是新一轮产业变革的核心驱动力，将进一步释放历次科技革命和产业变革积蓄的巨大能量，并创造新的强大引擎，重构生产、分配、交换、消费等经济活动的各个环节，形成从宏观到微观各领域的智能化新需求，催生新技术、新产品、新产业、新业态、新模式。人工智能正在与各行各业快速融合，助力传统行业转型升级、提质增效，在全球范围内引发全新的产业浪潮。目前，人工智能技术的快速发展和广泛应用，推动了经济社会向智能化的加速跃升，为人类生产和生活带来了诸多便利。

党的二十大报告指出，深入实施科教兴国战略、人才强国战略、创新驱动发展战略，开辟发展新领域新赛道，不断塑造发展新动能新优势。人工智能作为新一代信息技术的核心，值得人们去学习、去研究。

本书从人工智能基础出发，结合一线教师的教学实际经验与当前学生的实际情况编写而成，侧重于介绍人工智能基础技术知识，注重学生专业应用能力和计算思维能力的培养。

本书共 9 个项目，包括认识人工智能、人工智能的数学基础、人工智能与大数据、机器学习、深度学习、计算机视觉、自然语言处理、知识图谱、人工智能的应用。每个项目列出了教学目标，指明了教与学的知识、技能、素养培养方向。本书实用性强，每个项目还设计了项目小结、实训和习题，帮助学生将理论与实践相结合，方便学生及时提升操作能力，巩固所学知识。

本书深入浅出地讲解了人工智能基础知识与应用，内容丰富、循序渐进、图文并茂、重点突出、通俗易懂，既可作为高等院校人工智能专业的一门专业基础课教材，也可作为高等院校网络专业、大数据专业、云计算专业、物流专业、软件技术专业的选修课教材。建议开课院校安排的课时为 46 学时。

本书由重庆航天职业技术学院黄源、重庆三峡职业学院杨鉴和汕尾职业技术学院余法红担任主编，由王叶露、邵帅、王鑫、陈增标、陈超、李建华担任副主编。为使本书内容更加符合职业岗位的能力要求与操作规范，我们邀请了重庆誉存大数据企业专家作为本书技术指导，在此表示感谢！本书的撰写与出版也得益于同行众多同类教材的启发和中国人民大学出版社的鼎力支持，在此深表感谢！

由于编者水平有限，书中难免有不妥之处，诚挚期盼同行、使用本书的师生们给予批评和指正。

编者

目录
CONTENTS

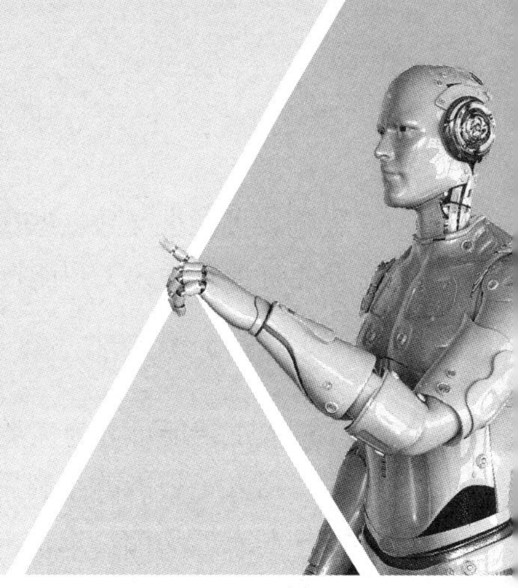

项目 1

认识人工智能

教学目标

通过对本项目的学习，了解人工智能的概念，认识人工智能的学派，了解人工智能的发展趋势和伦理，熟悉 Python 程序的编写。

感受人工智能技术的发展和巨大的应用价值，认识到科学技术是第一生产力，激发学好知识、报效祖国的信念。

1.1 人工智能简介

人工智能（Artificial Intelligence，AI）是研究、开发用于模拟、延伸和扩展人的智能的理论、方法、技术及应用系统的一门新的技术科学。

从根本上讲，人工智能是研究使计算机模拟人的某些思维过程和智能行为（如学习、推理、思考、规划等）的学科，主要包括计算机实现智能的原理、制造类似于人脑智能的计算机，使计算机能实现更高层次的应用。此外，人工智能还涉及计算机科学、心理学、哲学和语言学等学科，可以说几乎覆盖了自然科学和社会科学的所有学科，其范围已远远超出了计算机科学的范畴。

人工智能是新一轮产业变革的核心驱动力，将进一步释放历次科技革命和产业变革积蓄的巨大能量，并创造新的强大引擎，重构生产、分配、交换、消费等经济活动各个环节，形成从宏观到微观各领域的智能化新需求，催生新技术、新产品、新产业、新业态、新模式。人工智能正在与各行各业快速融合，助力传统行业转型升级、提质增效，在范围内引发新的产业浪潮。

人工智能技术将继续发展，我们可以预期，未来将会有更多的技术被开发，帮助我们更好地理解和处理复杂的数据。预测性分析和机器学习将会被运用到更多的领域中，如医疗保健、金融和工业等。接下来，还会有更多的技术被开发出来，帮助我们提高人工智能系统的安全性和可靠性。人工智能技术可能对劳动力市场造成影响，可能会导致一些岗位的消失，但同时也会创造新的工作机会。因此，我们需要更好地管理人工智能技术的发展，以确保它能为人类带来最大的益处。

1.1.1 人工智能的分类

人工智能可分为三类：弱人工智能、强人工智能与超人工智能。

弱人工智能就是利用现有智能化技术，来改善经济社会发展所需要的一些技术条件和发展功能，也指单一做一项任务的智能。比如，曾经战胜世界围棋冠军的人工智能阿尔法围棋（AlphaGo），尽管它很厉害，但它只会下围棋。再如，苹果公司的 Siri 就是一个典型的弱人工智能，它只能执行有限的预设功能。同时，Siri 目前还不具备智力或自我意识，它只是一个相对复杂的弱人工智能体。图 1.1 所示是扫地机器人，图 1.2 所示是下棋机器人，都是弱人工智能体。

图 1.1 扫地机器人

图 1.2 下棋机器人

强人工智能是综合的，它是指在各方面都能和人类比肩的人工智能，人类能干的脑力活它基本都能干。总的来说，强人工智能非常接近人的智能，但这也需要脑科学的突破才能实现。

一般认为，一个可以称得上强人工智能的程序，大概需要具备以下几个方面的能力：（1）存在不确定因素时进行推理，使用策略解决问题，制定决策的能力；（2）知识表示的能力，包括常识性知识的表示能力；（3）规划能力；（4）学习能力；（5）有使用自然语言进行交流沟通的能力；（6）将上述能力整合起来，实现既定目标的能力。

此外，在强人工智能的定义里存在一个关键的专业性问题：强人工智能是否有必要具备人类的意识？有些研究者认为，只有具备人类意识的人工智能才可以叫强人工智能。另一些研究者则认为，强人工智能只需要具备胜任人类所有工作的能力就可以了，未必需要具备人类的意识。也就是说，一旦牵涉"意识"，强人工智能的定义和评估标准就会变得异常复杂，而人们对于强人工智能的担忧也主要来源于此。不过目前普遍认为，人类意识是知情意的统一体，而人工智能只是对人类的理性智能的模拟和扩展，不具备情感、信念、意志等人类意识形态。

牛津大学人类未来研究院院长尼克·波斯特洛姆（Nick Bostrom）把超人工智能（Artificial Super Intelligence，ASI）定义为"在几乎所有领域都大大超过人类认知表现的任何智力"。首先，超人工智能能实现与人类智能等同的功能，即可以像人类智能实现生物上的进化一样，对自身进行重编程和改进，这也就是"递归自我改进功能"。其次，波斯特洛姆还提到，生物神经元的工作峰值速度约为 200Hz，比现代微处理器（约 2GHz）慢了整整 7 个数量级，同时，神经元在轴突上的传输速度（120m/s）也远远低于计算机比肩光速的通信速度。这使得超人工智能的思考速度和自我改进速度将远远超过人类，人类的生理限制将统统不适用于机器智能。

现阶段所实现的人工智能大部分指的是弱人工智能，并且已经被广泛应用。一般而言，限于弱人工智能在功能上的局限性，人们更愿意将弱人工智能看成是人类的工具，而不会将其视为威胁。

1.1.2　人工智能的发展过程

1. 人工智能的起源

人工智能的概念可以追溯到 20 世纪 50 年代。1950 年，马文·明斯基（Marvin Lee Minsky）的学生与他的同学邓恩·埃德蒙（Dunne Edmond）一起，建造了世界上第一台神经网络计算机，这也被看作是人工智能的起点。同年，阿兰·图灵（Alan Turing）提出了一个举世瞩目的想法——图灵测试。按照图灵的设想：如果一台机器能够与人类开展对话而不能被辨别出机器身份，那么这台机器就具备智能。就在这一年，图灵还大胆预言了真正具备智能机器的可行性。1956 年，在由达特茅斯学院举办的一次会议上，计算机专家约翰·麦卡锡（John McCarthy）提出了"人工智能”一词，这被人们看作是人工智能正式诞生的标志。

图灵测试的方法很简单，就是让测试者与被测试者（一个人和一台机器）隔开，通过一些装置（如键盘）向被测试者随意提问。进行多次测试后，如果有超过 30% 的测试者不能确定被测试者是人还是机器，那么这台机器就通过了测试，并被认为具备人工智能，如图 1.3 所示。

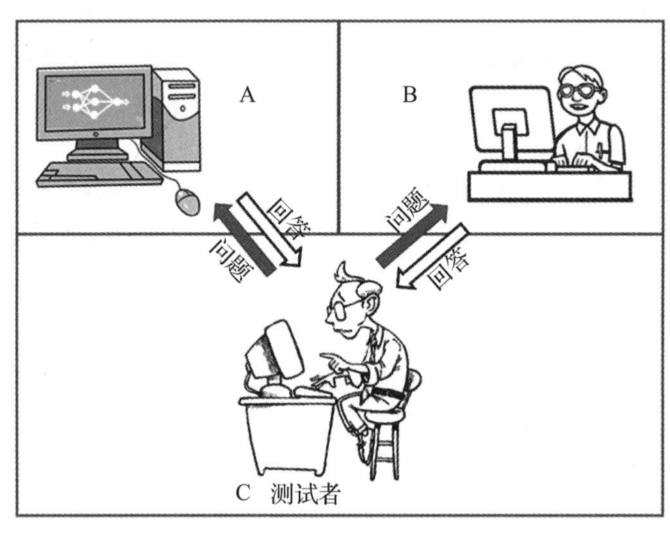

图 1.3 图灵测试

1966 年，麻省理工学院（MIT）的教授约瑟夫·维森鲍姆（Joseph Weizenbaum）发明了一个可以和人对话的程序，名为 Eliza。Eliza 被设计成一个心理治疗师，可以通过谈话帮助有心理疾病的患者。当时的人们十分惊讶，因为 Eliza 能够像真人一样与人交流几十分钟。但实际上这个程序并没有达到真正的智能，它用了一些语言技巧来装作自己理解了对方说的话。

例如，下面一段对话模拟了当时 Eliza 和患者的对话程序。

Eliza：“我是心理治疗师，请问有什么问题？每次说完话，请按两次回车键。”

患者：“你好吗？”

Eliza：“还不错，跟我讲讲你自己。”

患者：“我感觉好孤独、好忧伤。”

Eliza：“为什么你感觉好孤独、好忧伤？”

患者：“家人和朋友都不关心我。”

Eliza：“跟我讲讲你的家庭。”

……

从这段对话中，可以发现 Eliza 并不能理解患者说的话，而是在用引导性的话让这段对话延续下去。现在常见的微软小冰、苹果 Siri、谷歌 Allo 及亚马逊 Alexa 都是运用了类似的语言技巧，它们都是 Eliza 的现代加强版。它们使人感觉已经基

本能与人沟通了，但是离真正的人工智能还是有一定差距的。在图灵测试里，有一项非常有效的测试，就是不停地问对方同样的问题，问很多遍，如果对方总是不急不慢、很有耐心地回答同一个问题，那么对方多半是个聊天程序。

值得注意的是，图灵测试的核心不是“计算机是否能和人对话”，而是“计算机是否能在智力行为上表现得和人无法区分”。

2. 人工智能的发展

从 20 世纪 60 年代到 80 年代，人工智能经历了快速发展的阶段。在这个时期，人们开始研究机器学习、神经网络等技术，使得人工智能的应用范围不断扩大。1985 年，机器学习领域的神经网络算法诞生，这一算法在语音识别、图像识别等领域得到了广泛应用。

3. 人工智能的低谷

在 20 世纪 90 年代初期，人工智能经历了一次低谷期。由于当时计算机的计算能力较弱，加上数据集和算法方面的限制，导致人工智能的应用受到限制。但是，在这个时期，人们开始研究支持向量机、随机森林等新的机器学习算法，并且计算机的计算能力不断得到提升，这些因素为人工智能的复兴奠定了基础。

4. 人工智能的复兴

21 世纪初，随着大数据和云计算等技术的出现，人工智能再次进入快速发展的阶段。人们开始研究深度学习、自然语言处理、计算机视觉等技术，使得人工智能的应用范围更加广泛。目前，人工智能已经应用于医疗、金融、交通等多个领域，并且在未来还有很大的发展空间。

人工智能是一个充满希望和挑战的领域。从发展历程来看，人工智能经历了高潮和低谷，但是它的前景依然充满希望。从发展趋势来看，人工智能将会应用于更多的领域，算法将会进一步优化，人工智能将会与人类融合，同时也将会带来很多影响。在未来，人们需要更加注重人工智能的可持续发展，研究更加智能和可靠的算法，使得人工智能能够更好地服务于人类。

1.1.3 人工智能的研究内容

人工智能的研究是高度技术性和专业的，各分支领域都是深入且各不相通的，因而涉及范围极广。人工智能学科研究的主要内容包括：知识表示、认知、自动推理、搜索、机器学习、知识处理系统、自然语言理解、计算机视觉、智能机器人、自动程序设计等方面。下面介绍部分研究领域。

（1）知识表示是人工智能的基本问题之一，推理和搜索都与表示方法密切相关。常用的知识表示方法有：逻辑表示法、产生式表示法、语义网络表示法和框架表示法等。

（2）认知是人类智能的重要表现，其基石和燃料是规范化的知识（如概念、属性和关系等），基于规范化知识就可形成对学习对象的理解和分类。比如，13 世纪末雷蒙·卢尔（Ramon Llull）提出的“知识树”和莱布尼兹（Leibniz）提出的“人类知识字母表”就是对知识进行规范的一种努力。对人工智能所涵盖内容的分类越细致周全，明晰不同内容之间的边界和联系，对人工智能的理解就越清晰。

（3）问题求解中的自动推理是知识的使用过程，由于有多种知识表示方法，因而相应地就有多种推理方法。推理过程一般可分为演绎推理和非演绎推理。谓词逻辑是演绎推理的基础。结构化表示下的继承性推理是非演绎推理。由于知识处理的需要，近年来提出了多种非演绎推理，如连接机制推理、类比推理、基于示例的推理、反绎推理和受限推理等。

（4）搜索是人工智能的一种问题求解方法，搜索策略决定着问题求解的一个推理步骤中知识被使用的优先关系。搜索可分为无信息导引的盲目搜索和利用经验知识导引的启发式搜索。启发式知识常由启发式函数来表示，启发式知识利用越充分，求解问题的搜索空间就越小。典型的启发式搜索方法有 A*、AO* 算法等。近年来，搜索方法研究开始注意那些具有百万节点的超大规模的搜索问题。

（5）机器学习是人工智能的另一重要课题。机器学习是指在一定的知识表示意义下获取新知识的过程，按照学习机制的不同，主要有归纳学习、分析学习、连接机制学习和遗传学习等。例如，机器学习能够通过分析大规模的金融数据，提取其中的模式和趋势，并根据这些模式和趋势做出预测。这种能力使得投资者能够更准确地判断市场走势、预测股票价格和货币汇率等重要金融指标。通过机器学习算法的不断优化和训练，投资者可以更精确地选择投资组合，从而获得更好的投资回报。

（6）知识处理系统主要由知识库和推理机组成。知识库存储系统所需要的知识量较大而又有多种表示方法时，知识的合理组织与管理是很重要的。推理机在问题求解时，规定使用知识的基本方法和策略，推理过程中为记录结果或通信需设数据库或采用黑板机制。如果在知识库中存储的是某一领域（如医疗诊断）的专家知识，则这样的知识系统称为专家系统。为适应复杂问题的求解需要，单一的专家系统向多主体的分布式人工智能系统发展，这时知识共享、主体间的协作、矛盾的出现和处理将是研究的关键问题。

人工智能的研究可以分为几个技术问题。其分支领域主要集中在解决具体问题，如怎么使用各种不同的工具完成特定的应用程序。人工智能的核心问题包括推理、知识、规划、学习、交流、感知、移动和操作物体的能力等。目前强人工智能仍然是该领域的长远目标，比较常用的方法包括统计方法、计算智能和传统意义的人工智能。目前有大量的工具应用了人工智能，包括搜索和数学优化、逻辑推演。而基于仿生学、认知心理学，以及概率论和经济学的算法等也在逐步探索当中。

1.1.4　我国人工智能的发展现状

我国人工智能技术攻关和产业应用虽然起步较晚，但在国家多项政策和科研基

金的支持与鼓励下，近年来发展势头迅猛。《新一代人工智能发展规划》提出，到 2030 年要使我国成为世界主要的人工智能创新中心。目前我国在基础研究方面已经拥有人工智能研发队伍和国家重点实验室等设施齐全的研发机构，并先后设立了各种与人工智能相关的研究课题，研发产出数量和质量也有了很大提升，已取得许多突出成果。

伴随着人工智能的研究热潮，我国人工智能产业化应用也在蓬勃发展。智能产品和应用大量涌现，人工智能产品在医疗、商业、通信、城市管理等方面得到了快速应用。

2017 年 7 月 5 日，百度首次发布人工智能开放平台的整体战略、技术和解决方案。这也是百度 AI 技术首次整体亮相。其中，对话式人工智能系统，可以让用户以自然语言对话的交互方式实现诸多功能；Apollo 自动驾驶技术平台，可以帮助汽车行业及自动驾驶领域的合作伙伴快速搭建一套属于自己的完整的自动驾驶系统。

2017 年 8 月 3 日，腾讯公司正式发布了人工智能医疗影像平台——腾讯觅影。同时，还宣布发起成立人工智能医学影像联合实验室。

2017 年 10 月 11 日，阿里巴巴宣布成立全球研究院——达摩院。达摩院的成立，代表着阿里巴巴正式迈入全球人工智能等前沿科技的竞争行列。

此外，科大讯飞在智能语音技术上处于国际领先水平；依图科技搭建了全球首个 10 亿级人像对比系统，在 2017 年美国国家标准与技术研究院组织的人脸识别技术测试中，成为第一个获得冠军的中国团队。

我国的人工智能发展取得了显著的成就，已经成为全球人工智能领域的重要力量。国家的政策支持、投资的推动及研究机构和企业的努力，为我国人工智能的发展提供了良好的环境和机遇。未来，我国人工智能将继续蓬勃发展，为各个行业带来创新和变革。同时，我国也要面对挑战，加强技术创新、人才培养和伦理规范，以推动人工智能行业的可持续发展和社会效益的最大化。值得注意的是，我国人工智能的发展也面临着一些挑战，如数据隐私保护、伦理道德问题和人才供给等方面的挑战，需要持续加以解决。

1.2 人工智能研究的主要学派

1.2.1 符号主义

符号主义（Symbolism）是一种基于逻辑推理的智能模拟方法，又称为逻辑主义（Logicism）、心理学派（Psychlogism）或计算机学派（Computerism），其原理主要为物理符号系统假设和有限合理性原理。长期以来，符号主义一直在人工智能中处于主导地位。

符号主义学派认为，人工智能源于数学逻辑。数学逻辑从19世纪末起就获得迅速发展，到20世纪30年代开始用于描述智能行为。计算机出现后，又在计算机上实现了逻辑演绎系统。该学派认为人类认知和思维的基本单元是符号，而认知过程就是在符号表示上的一种运算。符号主义致力于用计算机的符号操作来模拟人的认知过程，其实质就是模拟人的左脑抽象逻辑思维，通过研究人类认知系统的功能机理，用某种符号来描述人类的认知过程，并把这种符号输入到能处理符号的计算机中，从而模拟人类的认知过程，实现人工智能。

1.2.2 连接主义

连接主义（Connectionism）是一种基于神经网络及神经网络间的连接机制与学习算法的智能模拟方法，又称为仿生学派（Bionicsism）或生理学派（Physiologism），其原理主要为神经网络和神经网络间的连接机制和学习算法。该学派认为人工智能源于仿生学，特别是人脑模型的研究。

连接主义学派从神经生理学和认知科学的研究成果出发，把人的智能归结为人脑的高层活动的结果，强调智能活动是由大量简单的单元通过复杂的相互连接后并行运行的结果，其中人工神经网络就是其具有代表性的技术。

1.2.3 行为主义

行为主义是一种基于“感知—行动”的行为智能模拟方法，又称为进化主义（Evolutionism）或控制论学派（Cyberneticsism）。

行为主义最早来源于20世纪初的一个心理学派，认为行为是有机体用以适应环境变化的各种身体反应的组合，它的理论目标在于预见和控制行为。维纳和麦洛克等提出的控制论和自组织系统，以及钱学森等提出的工程控制论和生物控制论，影响了许多领域。控制论把神经系统的工作原理与信息理论、控制理论、逻辑及计算机联系起来。早期的研究工作重点是模拟人在控制过程中的智能行为和作用，对自寻优、自适应、自校正、自镇定、自组织和自学习等控制论系统的研究，并进行“控制动物”的研制。到20世纪六七十年代，上述这些控制论系统的研究取得一定进展，并在20世纪80年代诞生了智能控制和智能机器人系统。

人工智能研究进程中的这几种假设和研究范式推动了人工智能的发展。就人工智能三大学派的历史发展来看，符号主义认为认知过程在本体上就是一种符号处理过程，人类思维过程总可以用某种符号来进行描述，其研究是以静态、顺序、串行的数字计算模型来处理智能，寻求知识的符号表征和计算，它的特点是自上而下。连接主义则是模拟发生在人类神经系统中的认知过程，提供一种完全不同于符号处理模型的认知神经研究范式，主张认知是相互连接的神经元的相互作用。行为主义与前两者均不相同。行为主义认为智能是系统与环境的交互行为，是对外界复杂环境的一种适应。这些理论与范式在实践中都形成了自己特有的问题解决方法体系，

并在不同时期都有成功的实践范例。

就解决问题而言，符号主义有从定理机器证明、归结方法到非单调推理理论等一系列成就，而连接主义有归纳学习，行为主义有反馈控制模式及广义遗传算法等解题方法。它们在人工智能的发展中始终保持着一种经验积累及实践选择的证伪状态。

1.3　人工智能的发展趋势

1.3.1　人工智能未来主要应用场景

人工智能未来主要应用场景可能包括以下 10 个方面：

（1）智能家居。目前，人工智能在智能家居领域的应用场景正在不断扩展，如语音控制、智能音响、智能灯具等。未来，智能家居可能会向多模态智能技术的方向发展，结合多种感知模态，如语音、图像、视频、传感器等，以提供更加智能和个性化的服务。

（2）自动驾驶汽车。自动驾驶汽车已经成为人工智能的一个重要应用场景，其发展趋势可能会包括更高级别的自动驾驶、车路协同，以及更加智能的交通系统。

（3）可穿戴设备。可穿戴设备包括智能手表、智能眼镜等，已经成为人们日常生活的一部分。未来，可穿戴设备可能会与医疗健康、健身、娱乐等领域更加深入地结合，提供更加个性化的服务。

（4）聊天机器人。聊天机器人也称为虚拟助手，它们可以理解用户所说的话，并回答问题。未来，聊天机器人可能会变得更加智能，能够理解更复杂的语言和情境，同时也会向更加多样化的方向发展，如虚拟导游、虚拟销售等。

（5）人工智能辅助医疗。人工智能在医疗领域的应用包括疾病诊断、预测、治疗等方面。未来，人工智能可能会在医疗健康领域发挥更大的作用，如药物研发、个性化治疗等。

（6）人工智能辅助决策。人工智能可以辅助企业和政府做出更好的决策。未来，这种应用场景可能会变得更加普遍，如市场预测、投资决策等。

（7）游戏娱乐。游戏娱乐（电子游戏）是人工智能的一个重要应用场景。未来，随着游戏技术的不断进步，游戏可能会变得更加智能化和真实，同时也会向更加多样化的方向发展，如虚拟现实游戏、社交游戏等。

（8）语音识别。语音识别已经广泛应用于各种领域，如智能音箱、语音助手等。未来，随着技术的不断进步，语音识别可能会变得更加准确和智能，同时也会向更加多样化的语种和场景扩展。

（9）推荐系统。推荐系统已经广泛应用于各种互联网服务中，如电影、音乐、购物网站等。未来，推荐系统可能会变得更加智能化和个性化，能够更好地满足用户的需求。

（10）机器学习。机器学习是人工智能的核心技术之一，其应用范围非常广泛。未来，随着算法和硬件的不断进步，机器学习的应用场景可能会进一步扩展，如自然语言处理、图像处理等。

1.3.2 人工智能的发展趋势

总的来说，未来人工智能的发展趋势可能包括以下几个方面：

（1）多模态智能技术。结合多种感知模态和认知模型，实现更加全面和智能的识别和分析。

（2）深度学习技术的进一步发展。深度学习是人工智能领域的重要技术之一，未来可能会向更加高效和复杂的应用方向发展。

（3）自主决策和自主控制。人工智能将逐渐实现自主决策和自主控制，如在自动驾驶、机器人等领域中的应用。

（4）跨领域应用。人工智能将在更多领域得到应用，如医疗健康、金融、教育等。

（5）数据安全和隐私保护。随着人工智能应用的普及，数据安全和隐私保护将成为需要关注的重要问题。

（6）更加智能化和个性化的用户体验。随着技术的不断进步，人工智能将提供更加智能化和个性化的用户体验。

（7）新的商业模式和创新机会。人工智能将创造新的商业模式和创新机会，如智能家居、智能医疗健康等领域。

需要注意的是，对于人工智能，人们要以开放、客观的态度观察、思考和把握人工智能的未来发展及其对社会的影响。在充分利用人工智能带来便利的同时，注意加强人工智能不当应用的风险研判和防范，引导和规范人工智能向更有利于人类生存和发展的方向发展。

1.4 人工智能的三大核心要素

目前，人工智能的发展可谓如火如荼。人工智能是利用机器学习和数据分析，对人的意识和思维过程进行模拟、延伸和拓展，赋予机器人类的能力。人工智能有三大核心要素，那就是数据、算法、算力。

1.4.1 数据

实现人工智能的首要因素是数据，数据是一切智慧体的学习资源，没有了数据，

任何智慧体都很难学习到知识。在这个时代，无时无刻不在产生数据（包括语音、文本、影像等），人工智能产业的飞速发展，也萌生了大量垂直领域的数据需求。

人工智能系统的核心是在训练的框架中加上数据。在实际的工程应用中，我们可以发现，人工智能系统落地效果的好坏只有 20% 取决于算法，而 80% 取决于数据的质量。可以说，数据是人工智能的“原油”，因此人们应该更加关注数据层面。全球领先的信息技术研究和咨询公司高德纳（Gartner）在《2023 年十大战略技术趋势》中提到，适应 AI 系统，通过不断反复训练模型并在运行和开发环境中使用新的数据进行学习，才能迅速适应在最初开发过程中无法预见的现实世界情况变化。

值得注意的是，以数据为中心的人工智能是近年来所提出的一个新名词。过去传统的人工智能是以模型为中心的，人们更关注如何设计并训练更好的模型。但随着开源框架不断落地之后，人们开始关注数据能够带来的提升。当前 AI 的重大瓶颈不再是训练模型，而是所需的数据。缺乏高质量的数据可能会严重破坏举措，并减缓人工智能的进展。收集、清洗、标记和汇总数据以进行训练、测试和验证模型很烦琐。因此，这些数据处理过程也可能昂贵且耗时，对团队来说可能是一个巨大的挑战。此外，培训、确定和管理一个项目的注释员可能会成为一项复杂的任务。而以数据为中心的人工智能将重点转移到治理和增强用于模型训练的数据上，高质量的训练数据集、完备的数据应用策略将会更好地服务于模型的开发与应用。通过数据处理、数据自动化、建立数据供给全流程等方式，利用数据采集标注平台、数据管理平台、数据质量评估等工具和数据增强、数据挖掘、数据分析等技术手段，改进、完善、评估数据，形成优质的标准化数据产品和完备的数据全生命周期管理体系，提升数据质量，最大化释放数据的价值。

1.4.2 算法

算法是一组解决问题的规则，是计算机科学中的基础概念。人工智能是指计算机系统能够模仿人类智能的一种技术，其核心是算法。人工智能算法是数据驱动型算法，是人工智能背后的推动力量。主流的算法主要分为传统的机器学习算法和神经网络算法，目前神经网络算法因为深度学习（源于人工神经网络的研究，特点是试图模仿大脑的神经元之间传递和处理信息的模式）的快速发展而达到了高潮。

尤瓦尔·赫拉利（Yuval Harari）曾预言，未来将是算法控制的时代，人类不再由自己主导，而是习惯将思考和决策交给算法。预言正在逐步实现，算法通过全方位地为人类提供推荐和决策逐渐实现网络控制，使人类越来越依赖算法，智能机器人中的算法是机器人行为的施号发令者和控制者。而为了使其输出更加准确、得到人类更大程度的认同，算法会更大程度地监视人类的行为和习惯。

随着大数据和计算能力的长足发展，人工智能算法迎来飞跃时期，人工智能借助算法、算力和数据“三驾马车”，使其具有区别于普通法律客体的类人概念学习、思考、辨别和决策等能力。例如，AlphaGo 在围棋比赛中取胜人类的关键就在于对人工智能算法的运用。2012 年，在代表计算机智能图像识别最前沿的 ImageNet 竞赛中，人工智能算法在识别准确率上突飞猛进，甚至超过了普通人类的肉眼识别准确率，由此开始迎来人工智能算法的爆发时期。

目前，人工智能算法迅速在语音识别、数据挖掘、自然语音处理等不同领域攻城略地，并被推向了各个主流应用领域，如交通运输、银行、保险、医疗、教育和法律等，快速实现人工智能技术与产业链条的有机结合。

以智能推荐算法为例，该算法的本质是从一个聚合内容池里给当前用户匹配出最感兴趣的内容，而在这个内容池里，每天有上百万的内容，主要依据三种要素：内容、用户及用户对内容的感兴趣程度。该算法主要依托于关键词识别技术，通过提取关键词，根据关键词将内容进行粗分类，然后根据细分领域的关键词对分类进行细化。算法会估算用户对每一个作品的点击概率，然后再从系统的内容流量池中，将所有的作品按照兴趣由高到低排序，作品此时会脱颖而出，被推荐到用户的手机上进行展现。

1.4.3 算力

算力是指计算机或其他计算设备在一定时间内可以处理的数据量或完成的计算任务的数量。算力通常用来描述计算机或其他计算设备的性能，是衡量一台计算设备处理能力的重要指标。算力概念的提出可以追溯到计算机发明之初，最初的计算机是由机械装置完成计算任务，而算力指的是机械装置的计算能力。随着计算机技术的发展，算力的概念逐渐演化，现在的算力通常指的是计算机硬件（CPU、GPU、FPGA 等）和软件（操作系统、编译器、应用程序等）协同工作的能力。在人工智能技术中，算力是算法和数据的基础设施，它支撑着算法和数据，进而影响人工智能的发展。算力的大小代表了数据处理能力的强弱。

算法和算力之间的联系在于，算法的效率和优化程度直接影响计算机的算力。一个优化良好的算法能够更好地利用计算机的硬件资源，提高计算机的性能和算力。因此，在进行计算机编程和人工智能算法设计时，需要考虑如何最大化地利用计算机的算力，同时设计高效的算法以提高计算效率。

算力与人工智能之间的关系密切，因为人工智能通常需要大量的计算能力来进行训练和推断。人工智能的应用领域涵盖机器学习、深度学习、自然语言处理、计算机视觉等，这些应用需要处理大量的数据，进行复杂的数学运算和统计分析。因此，高效的计算能力是人工智能应用的基础。

值得注意的是，量子计算是一种基于量子物理原理的计算方式，可以大幅提高计算速度和效率。未来随着量子计算技术的发展，量子计算机的算力将会越来越强，并将能够解决目前传统计算机无法处理的复杂问题。

图 1.4 所示为人工智能中算法、算力、数据之间的关系。

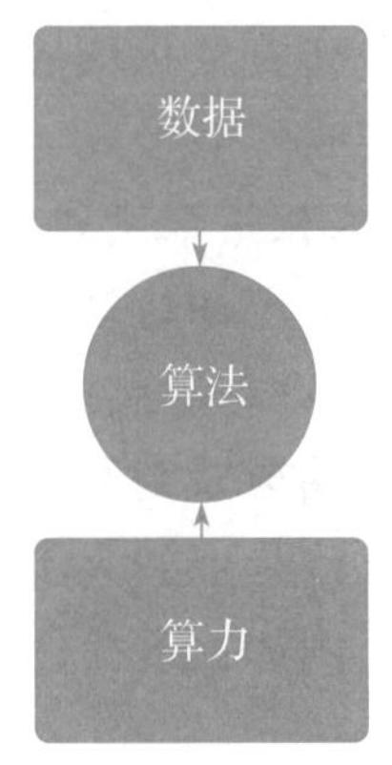

图 1.4　算法、算力、数据之间的关系

1.5　人工智能的伦理

人工智能技术的快速发展和广泛应用，推动了经济社会向智能化的加速跃升，为人类生产和生活带来了诸多便利。然而，在人工智能应用广度和深度不断拓展的过程中，也不断暴露出一些风险隐患（如隐私泄露、偏见歧视、算法滥用、安全问题等），引发了社会各界的广泛关注。面对人工智能应用中的伦理风险，各国纷纷展开伦理探讨，寻求应对人工智能伦理风险的路径和规范，以保证人工智能的良性发展。因此，人工智能伦理（AI Ethics）成为社会各界关注的议题，并成为一个备受关注的研究领域。

1.5.1　人工智能伦理概述

人工智能伦理是探讨人工智能带来的伦理问题及风险、研究解决人工智能伦理问题、促进人工智能向善、引领人工智能健康发展的一个多学科研究领域。人工智能伦理领域所涉及的内容非常丰富，是一个哲学、计算机科学、法律、经济等学科交汇碰撞的领域。人工智能伦理领域涉及的内容和概念非常广泛，且很多问题和议题被广泛讨论但尚未达成共识，解决人工智能伦理问题的手段方法大多还处于探索研究阶段。可见，人工智能伦理这个领域内涵丰富、议题广泛，未来将迎来百花齐放的研究态势。

1.5.2　个人层面的人工智能伦理问题

在个人层面，人工智能对个人的安全、隐私、自主和人格尊严产生了影响。人工智能应用给个人安全带来了一些风险。隐私问题是人工智能带来的严重风险之一。为了获得良好的性能，人工智能系统通常需要大量数据，其中通常包括用户的私人数据。但是，这种数据收集存在着严重的风险，主要问题之一是隐私和数据保护。

此外，人工智能应用可能会给人权带来挑战，如自主性和尊严。自主性是指独立、自由且不受他人影响的思考、决定和行动的能力。当基于人工智能的决策在我们的日常生活中被广泛采纳时，就存在限制我们自主性的巨大危险。人的尊严是关于一个人受到尊重和以合乎道德的方式对待的权利。在人工智能的背景下，保护人的尊严至关重要。人的尊严应该是保护人类免受伤害的基本概念之一，在开发人工智能技术时应该受到尊重。例如，致命的自主武器系统可能违反人类尊严原则。

1.6 人工智能的常用语言

1.6.1 Python 简介

Python 是一种计算机程序设计语言，是一种面向对象的动态类型语言。Python 最早是由吉多·范罗苏姆（Guido van Rossum）于 20 世纪 80 年代末 90 年代初，在荷兰国家数学和计算机科学研究所设计出来的，目前由一个核心开发团队在维护。

Python 是完全面向对象的语言，函数、模块、数字、字符串都是对象，并且完全支持继承、重载、派生、多继承，有益于增强源代码的复用性。

1. Python 语言的特点

Python 语言具有如下特点：

（1）开源、免费、功能强大。

（2）语法简洁清晰，强制用空白符作为语句缩进。

（3）具有丰富且强大的库。

（4）易读、易维护，用途广泛。

（5）解释性语言，其变量类型可改变，类似于 JavaScript 语言。

2. 启动 Python 3.7

启动 Python 3.7，在程序编译环境中输入程序：

```
print("Hi, My First Python Application! ")
```

在键盘上按“回车”键，就可以看到运行结果，如图 1.5 所示。

此外，在 Windows 中的 cmd 命令提示符中，输入 Python 进入程序运行界面，然后在 >>> 后输入内容 print（“hi，all”），也可直接显示运行结果，如图 1.6 所示。

```
Python 3.7.0 Shell
File  Edit  Shell  Debug  Options  Window  Help
Python 3.7.0 (v3.7.0:1bf9cc5093, Jun 27 2018, 04:59:51) [MSC v.1914 64 bit (AMD64)] on win32
Type "copyright", "credits" or "license()" for more information.
>>> print("Hi, My First Python Application! ")
Hi, My First Python Application!
>>> |
Ln: 5  Col: 4
```

图 1.5　Python 3.7 运行程序效果

```
管理员: 命令提示符 - python
Microsoft Windows [版本 6.1.7601]
版权所有 (c) 2009 Microsoft Corporation。保留所有权利。

C:\Users\xxx>python
Python 3.7.0 (v3.7.0:1bf9cc5093, Jun 27 2018, 04:59:51) [MSC v.1914 64 bit (AMD6
4)] on win32
Type "help", "copyright", "credits" or "license" for more information.
>>> print("hi,all")
hi,all
>>>
```

图 1.6　在命令提示符中运行 Python

1.6.2　Python 基础语法与实例

1. Python 的语句风格

Python 的语句风格很特别，它不需要把要执行的语句用成对的花括号“{}”括起来（不同于 C 语言等其他多种语言），而是把语句向右边缩进了。它是靠缩进语句来表示要执行的语句的。在 Python 的编译环境中会自动地把要缩进的语句进行缩进，用户也可以按“Tab”键或空格键进行缩进。

下面为典型的 Python 程序语句风格。

```
if s>=0:
    s=math.sqrt(s)
print( “平方根是:” , s)
else:
```

```
    print("负数不能开平方")
```

2. Python 的程序设计实例

（1）input 输入。

代码如下：

```
name=input("please enter your name:")
print("hello,"+name+"！ ")
```

运行结果如下：

```
please enter your name:owen
hello,owen！
```

（2）for 循环。

代码如下：

```
sum=1
for num in range(1,4):
    sum+=num
print(sum)
```

运行结果为：7。

（3）while 循环。

代码如下：

```
n=1
while n<=100:
    print('当前数字是：',n)
    n+=1
```

运行结果如下：

```
当前数字是： 1
当前数字是： 2
当前数字是： 3
当前数字是： 4
当前数字是： 5
……
当前数字是： 97
当前数字是： 98
当前数字是： 99
当前数字是： 100
```

（4）if 判断。

代码如下：

```
age=input("please enter your age:")
age=int(age)
if age>=18:
    print("you are old enough to vote")
else:
    print("sorry,you are too young to vote")
```

运行结果如下：

```
please enter your age:32
you are old enough to vote
```

或

```
please enter your age:14
sorry,you are too young to vote
```

（5）异常语句。

代码如下：

```
import math
n=input("enter:")
try:
    n=float(n)
    print(math.sqrt(n))
    print("done")
except Exception as err:
    print(err)
print("end")
```

运行结果如下：

```
enter:9
3.0
done
end
```

如输入的值非法，则会抛出异常：

```
enter:a
could not convert string to float: 'a'
end
```

（6）定义函数。

Python 通过关键字 def 来定义函数，设计程序通过自定义函数来找出三个数（a，b，c）中的最大值，代码如下：

```
def max(a,b):
    c=a
    if b>a:
        c=b
    return c
a=input("a=")
b=input("b=")
c=input("c=")
a=int(a)
b=int(b)
c=int(c)
d=max(a,b)
e=max(d,c)
print("max=",e)
```

运行结果如下：

```
a=4
b=5
c=8
max= 8
```

或

```
a=7
b=3
c=1
max= 7
```

（7）字符串。

设计一个程序，该程序可由用户输入一个字符串来判断该字符串中的小写字母、大写字母及数字个数，代码如下：

```
s=input("输入一个字符串：")
def x():
    count=0
    for i in range(len(s)):
        if s[i]>="a" and s[i]<="z":
            count=count+1
```

```
    print("小写字母个数=",count)
def y():
    count=0
    for i in range(len(s)):
        if s[i]>="0" and s[i]<="9":
            count=count+1
    print("数字个数t=",count)
def z():
    count=0
    for i in range(len(s)):
        if s[i]>="A" and s[i]<="Z":
            count=count+1
    print("大写字母个数=",count)
x()
y()
z()
```

运行结果如下：

```
输入一个字符串:welcome
小写字母个数= 7
数字个数t= 0
大写字母个数= 0
或
输入一个字符串:wel123COME
小写字母个数= 3
数字个数t= 3
大写字母个数= 4
```

（8）列表。

首先定义一个列表，接着由用户自行输入一个单词，并判断该单词是否在列表中，代码如下：

```
s=["go","we","come","done"]
w=input("输入一个单词:")
for i in s:
        if w==i:
            print('存在这个单词')
            break
        else:
            print('不存在这个单词')
```

运行结果如下：

```
输入一个单词 :all
不存在这个单词
不存在这个单词
不存在这个单词
不存在这个单词
>>>
===================== RESTART: C:/Users/xxx/Desktop/1.py
=====================
输入一个单词 :go
存在这个单词
```

（9）字典。

创建一个字典并输出结果，代码如下：

```
scores={'语文':89,'数学':92}
print(scores)
```

运行结果如下：

```
'语文': 89, '数学': 92}
```

（10）元组。

创建一个元组，并判断输入的数字是星期几，代码如下：

```
week=("星期日","星期一","星期二","星期三","星期四","星期五","星期六")
print(week)
w=input ("enter a number:")
w=int(w)
if w>=0 and w<=6:
     print(week[w])
else:
    print("有误")
```

运行结果如下：

```
('星期日', '星期一', '星期二', '星期三', '星期四', '星期五', '星期六')
enter a number:1
星期一
```

（11）类。

首先创建类 animal，并定义方法 eat 和 drink，接着创建类 dog，该类继承类 animal，并拥有自己的方法 bark，代码如下：

```
class animal:
def eat(self):
    print("吃")
def drink(self):
    print("喝")
class dog(animal):
    def bark(self):
        print("汪汪叫")
gou = dog()
gou.eat()
gou.drink()
gou.bark()
```

运行结果如下：

```
吃
喝
汪汪叫
```

[例]猜数字游戏。

设计一个猜数字游戏，首先由系统生成一个 1 ～ 100 的随机数，接着用户从键盘中输入一个数字，如果输入的数字等于系统生成的随机数，则游戏结束；否则一直进行下去。代码如下：

```
import random
n=random.randint(1,100)
while True:
    num_input=int(input("请输入一个数字，在1和100之间:"))
    if n==int(num_input):
        print("猜对了")
        break
    elif n>int(num_input):
        print("猜小了")
    elif n<int(num_input):
        print("猜大了")
```

运行结果如下：

```
请输入一个数字，在1和100之间:50
猜小了
请输入一个数字，在1和100之间:60
猜小了
```

```
请输入一个数字，在 1 和 100 之间 :70
猜小了
请输入一个数字，在 1 和 100 之间 :80
猜大了
请输入一个数字，在 1 和 100 之间 :75
猜小了
请输入一个数字，在 1 和 100 之间 :76
猜小了
请输入一个数字，在 1 和 100 之间 :77
猜小了
请输入一个数字，在 1 和 100 之间 :78
猜小了
请输入一个数字，在 1 和 100 之间 :79
猜对了
```

本次程序生成的随机数为 79。

项目小结

本项目首先介绍了人工智能的概念和特点，然后介绍了人工智能的起源与研究内容，最后介绍了人工智能的学派、人工智能的伦理，以及人工智能的主要语言。

通过对本项目的学习，读者能够对人工智能及其相关特性有一个基本认识，重点需要掌握的是人工智能的研究内容和人工智能的主要语言，并会使用 Python 语言开发应用程序。

实训

本实训主要介绍如何使用 Python 进行基本的编程设计。

（1）使用字符串 split 对数据进行分离，代码如下：

```
def info():
    s="01?作者1"
    data={
        'rank':s.split('?')[0],
        'authon':s.split('?')[1]

        }
    print(data)
info()
```

运行结果如下：

```
{'rank': '01', 'authon': '作者1'}
```

（2）统计输入字符串中 0 的个数，代码如下：

```
s=input("输入一个字符串：")
def x():
    count=0
    for i in range(len(s)):
        if s[i]=="0":
            count=count+1
    print("count=",count)
x()
```

运行结果如下：

```
输入一个字符串：abc05010018
count= 4
```

习题

一、简答题

1. 简述什么是人工智能。

2. 简述什么是人工智能的数据、算法和算力。

3. 简述如何安装与运行 Python。

二、编程题

使用 Python 编写一个 Hello World 程序，并打印输出结果。

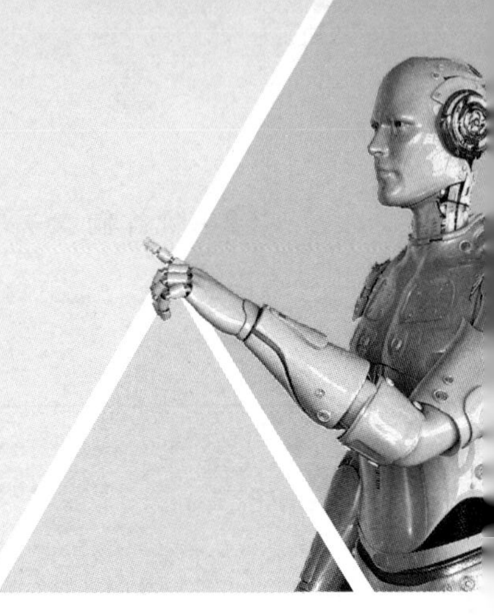

项目 2 人工智能的数学基础

教学目标

通过对本项目的学习，了解微积分，理解线性代数，理解概率论与数理统计，理解人工智能的最优化理论，熟悉人工智能的形式逻辑。

培养具备良好的学习习惯和独立思考的能力。

2.1 微积分

微积分又称为“初等数学分析”，它是一门纯粹的数学理论，也是现代数学的基础，在商学、科学和工程学领域有着广泛的应用，主要解决那些仅依靠代数学和几何学不能有效解决的问题。微积分的创立直接推动了现代科技的发展，有效解决了变速运动的瞬时速度，如行星椭圆轨迹运行时的瞬时速度、曲线上的某个点的切线；望远镜设计时要确定透镜曲面的法线、函数的最大值和最小值；计算炮弹的最大射程等……成为研究数学、图形、运动及变化的一把钥匙。

从发展历史来看，微积分理论由许多科学家和数学家共同努力才得以完善。牛顿和莱布尼茨被认为共同发明创立了微积分学，他们分别从不同角度进行描述，牛顿的出发点是力学，而莱布尼茨的出发点是几何学；牛顿偏向于不定积分，而莱布尼茨偏向于定积分。莱布尼茨创造的微积分符号沿用至今。

从内容来看，微积分包括微分和积分，其中微分学是关于函数局部变化率的学问，利用极限思维求斜率（求导数），是关于变化速率的理论。而积分学则为定义和计算面积等数据提供了一套通用的思路方法，也是数学分析的重要概念之一。

在人工智能的发展过程中，微积分是一种非常重要的数学工具，它可以帮助人们理解和优化人工智能算法的性能。有了微积分，人类就能把握运动的过程。微积分成为人们描述世界、寻求问题答案的有力工具。微积分促进了工业大革命，带来了大工业生产，许多现代化交通工具的产生都与微积分相关。微积分知识在人工智

能算法中可以说无处不在。

导数是变化率的极限，是用来找到“线性近似”的数学工具，是一种线性变换，体现了无穷、极限、分割的数学思想，主要用来解决极值问题。人工智能算法的最终目标是得到最优化模型，最后都可转化为求极大值或极小值的问题。梯度下降法和牛顿法是人工智能的基础算法，现在主流的求解代价函数最优解的方法都是基于这两种算法改造的，如随机梯度法和拟牛顿法，其底层运算就是基础的导数运算。级数也是微积分中非常重要的概念，常见的级数有泰勒级数、傅里叶级数等，它们在人工智能算法中也有着非常重要的地位。凸函数也是微积分中的重要概念，人工智能算法中涉及的优化问题要求函数模型必须是凸函数，否则优化问题没有最优解。除此以外，微积分中还有许多概念，如方向导数、梯度、伽马函数等，它们都在人工智能中有着广泛的应用。

未来随着人工智能的不断发展，微积分在人工智能中的应用也将越来越重要。

2.2　线性代数

2.2.1　认识线性代数

线性代数研究的是向量空间，以及将一个向量空间映射到另一个向量空间的函数。在人工智能中，线性代数是计算的根本，因为所有的数据都是以矩阵的形式存在的，任何一步操作都是在进行矩阵相乘、相加等操作。事实上，线性代数不仅是人工智能的基础，更是现代数学和以现代数学作为主要分析方法的众多学科的基础。从量子力学到图像处理都离不开向量和矩阵。而在向量和矩阵的背后，线性代数的核心意义在于提供一个看待世界的抽象视角，即万事万物都可以被抽象成某种特征的组合，并在由预制规则定义的框架下以静态和动态的方式加以观察。

线性代数的要点有：线性代数的本质是将具体的事物抽象为数学对象，并描述其静态和动态的特性；向量的实质是 n 维线性空间中的静止点；线性变换描述了向量或者作为参考系的坐标系的变化，可以用矩阵表示；矩阵的特征值和特征向量描述了变化的速度与方向。

线性代数在人工智能领域的应用主要如下：

1. 矩阵表示

矩阵作为线性代数中最基础的概念之一，具有广泛的应用范围。在人工智能中，经常会出现大量的数据，如各类声音、视频和图像等。为了便于对这些数据进行处理和分析，通常把这些信息表示成矩阵的形式。这种表示方式充分利用了矩阵倍增和加减运算的高效性，进而为数据的分析和处理提供了便捷的工具，如奇异值分解

（SVD）和特征值分解（EVD）等。

2. 线性变换

人工智能中经常需要对向量进行变换和计算，如转化或重新组合向量。线性代数提供了众多工具，如齐次坐标、刚体变换等，这些工具可以从理论基础上支持各种各样的向量变化，同时有效地处理变换后的信息。

3. 特征值分解

特征值分解（EVD）是线性代数中一个基础而重要的算法，通常被用于对矩阵的谱分析。在人工智能中，EVD 被广泛应用于数据降维、模式识别、多目标优化、图像压缩等方面。它可以将一个任意形状的矩阵分解成由一组由该矩阵的特征向量所构成的矩阵，因而被多个领域广泛使用，包括计算机视觉、自然语言处理等。

2.2.2 线性代数的核心内容

1. 线性代数的基本概念

线性方程组的一般形式为：

$$\begin{cases} a_{11}x_1+a_{12}x_2+\cdots+a_{1n}x_n=b_1 \\ a_{21}x_1+a_{22}x_2+\cdots+a_{2n}x_n=b_2 \\ \cdots \quad \cdots \quad \cdots \quad \cdots \quad \cdots \\ a_{m1}x_1+a_{m2}x_2+\cdots+a_{mn}x_n=b_m \end{cases}$$

其中，未知数的个数 n 和方程式的个数 m 不必相等。

线性方程组的解是一个 n 维向量（$k_1, k_2, \cdots, k_n$）（称为解向量），它满足：当每个方程中的未知数 x_i 都用 k_i 代替时都成为等式。

线性方程组的解有三种情况：无解，唯一解，无穷多解。

对线性方程组讨论的主要问题包括两个：（1）判断解的情况。（2）求解，特别是在有无穷多解时求通解。

$b_1=b_2=\cdots=b_m=0$ 的线性方程组称为齐次线性方程组。

n 维零向量总是齐次线性方程组的解，称为零解。因此齐次线性方程组解的情况只有两种：唯一解（即只有零解）和无穷多解（即有非零解）。

把一个非齐次线性方程组的每个方程的常数项都换成 0，所得到的齐次线性方程组称为原方程组的导出齐次线性方程组，简称导出组。

2. 矩阵和向量

矩阵和向量都是描述事物形态的数量形式的发展。

由 $m\times n$ 个数排列成的一个 m 行 n 列的表格，两边界为圆括号或方括号，就成为一个 $m\times n$ 矩阵。

$$A=\begin{pmatrix} a_{11}a_{12}\cdots a_{1n} \\ a_{21}a_{22}\cdots a_{2n} \\ \cdots\ \cdots\ \cdots \\ a_{m1}a_{m2}\cdots a_{mn} \end{pmatrix} \qquad (A \mid B)=\left(\begin{array}{c|c} a_{11}a_{12}\cdots a_{1n} & b_1 \\ a_{21}a_{22}\cdots a_{2n} & b_2 \\ \cdots\ \cdots\ \cdots & \cdots \\ a_{m1}a_{m2}\cdots a_{mn} & b_m \end{array}\right)$$

对于上面的线性方程组，称矩阵为其系数矩阵和增广矩阵。增广矩阵体现了方程组的全部信息，而齐次线性方程组只用系数矩阵就能体现其全部信息。

一个矩阵中的数称为它的元素，位于第 i 行第 j 列的数称为（i，j）位元素。

元素全为 0 的矩阵称为零矩阵，通常就记作 0。

两个矩阵 $\boldsymbol{A}$ 和 $\boldsymbol{B}$ 相等（记作 $\boldsymbol{A}=\boldsymbol{B}$），是指它的行数相等，列数也相等（即它们的类型相同），并且对应的元素都相等。

由 n 个数构成的有序数组称为一个 n 维向量，称这些数为它的分量。书写中可用矩阵的形式来表示向量，如分量依次是 a_1，a_2，…，a_n 的向量可表示成：

$$(a_1,a_2,\cdots,a_n)\ \text{或}\ \begin{pmatrix} a_1 \\ a_2 \\ \cdots \\ a_n \end{pmatrix}$$

注意：上式作为向量，它们并没有区别，但是作为矩阵，它们不一样（左边是 $1\times n$ 矩阵，右边是 $n\times 1$ 矩阵）。习惯上把它们分别称为行向量和列向量（注意与下面规定的矩阵的行向量和列向量概念的区别）。

一个 $m\times n$ 矩阵的每一行是一个 n 维向量，称为它的行向量；每一列是一个 m 维向量，称为它的列向量。通常用矩阵的列向量组来写出矩阵，如当矩阵 $\boldsymbol{A}$ 的列向量组为 $a_1,a_2,\cdots,a_n$ 时（它们都是表示为列的形式），可记作 $\boldsymbol{A}=(a_1, a_2, \cdots, a_n)$。

矩阵的许多概念也可对向量来规定，如元素全为 0 的向量称为零向量，通常也记作 0。两个向量 $\boldsymbol{a}$ 和 $\boldsymbol{B}$ 相等（记作 $\boldsymbol{a}=\boldsymbol{B}$），是指它的维数相等，并且对应的分量都相等。

3. 矩阵运算

（1）线性运算和转置。

线性运算是矩阵和向量所共有的，下面以矩阵为例来说明。

加（减）法：两个 $m\times n$ 矩阵 $\boldsymbol{A}$ 和 $\boldsymbol{B}$ 可以相加（减），得到的和（差）仍是 $m\times n$ 矩阵，记作 $\boldsymbol{A}+\boldsymbol{B}$（$\boldsymbol{A}-\boldsymbol{B}$），法则为对应元素相加（减）。

数乘：一个 $m\times n$ 矩阵 $\boldsymbol{A}$ 与一个数 c 可以相乘，乘积仍为 $m\times n$ 矩阵，记作 $c\boldsymbol{A}$，法则为 $\boldsymbol{A}$ 的每个元素乘 c。

这两种运算统称为线性运算，它们满足以下规律：

①加法交换律：$\boldsymbol{A}+\boldsymbol{B}=\boldsymbol{B}+\boldsymbol{A}$。

②加法结合律：$(\boldsymbol{A}+\boldsymbol{B})+\boldsymbol{C}=\boldsymbol{A}+(\boldsymbol{B}+\boldsymbol{C})$。

③加乘分配律：$c(\boldsymbol{A}+\boldsymbol{B})=c\boldsymbol{A}+c\boldsymbol{B}$；$(c+d)\boldsymbol{A}=c\boldsymbol{A}+d\boldsymbol{A}$。

④数乘结合律：$c(d)\boldsymbol{A}=(cd)\boldsymbol{A}$。

⑤ $c\boldsymbol{A}=0 \Leftrightarrow c=0$ 或 $\boldsymbol{A}=0$。

转置：把一个 $m\times n$ 矩阵 $\boldsymbol{A}$ 的行和列互换，得到的 $n\times m$ 矩阵称为 $\boldsymbol{A}$ 的转置，记作 r（$\boldsymbol{A}$）$=n$（或 $\boldsymbol{A}^{\mathrm{T}}$）。它有以下规律：

①（$\boldsymbol{A}^{\mathrm{T}}$）$^{\mathrm{T}}=\boldsymbol{A}$。

②（$\boldsymbol{A}+\boldsymbol{B}$）$^{\mathrm{T}}=\boldsymbol{A}^{\mathrm{T}}+\boldsymbol{B}^{\mathrm{T}}$。

③（$c\boldsymbol{A}$）$^{\mathrm{T}}=c\boldsymbol{A}^{\mathrm{T}}$。

转置是矩阵所特有的运算，如把转置的符号用在向量上，就意味着把这个向量看作矩阵。当 $\boldsymbol{a}$ 是列向量时，$\boldsymbol{a}^{\mathrm{T}}$ 表示行向量；当 $\boldsymbol{a}$ 是行向量时，$\boldsymbol{a}^{\mathrm{T}}$ 表示列向量。

向量组的**线性组合**：设是一组 n 维向量 $a_1, a_2, \cdots, a_s, c_1,c_2, \cdots, c_s$ 是一组数，则称 $c_1a_1+c_2a_2+\cdots+c_sa_2$ 为 $a_1, a_2, \cdots, a_s$ 的（以 $c_1, c_2, \cdots, c_s$ 为系数）线性组合。

（2）矩阵乘法。

当矩阵 $\boldsymbol{A}$ 的列数和 $\boldsymbol{B}$ 的行数相等时，则 $\boldsymbol{A}$ 和 $\boldsymbol{B}$ 可以相乘，乘积记作 $\boldsymbol{AB}$。$\boldsymbol{AB}$ 的行数和 $\boldsymbol{A}$ 相等，列数和 $\boldsymbol{B}$ 相等。$\boldsymbol{AB}$ 的（i, j）位元素等于 $\boldsymbol{A}$ 的第 i 个行向量和 $\boldsymbol{B}$ 的第 j 个列向量（维数相同）对应分量乘积之和。

$$\boldsymbol{A}=\begin{pmatrix} a_{11}\,a_{12}\cdots\,a_{1n} \\ a_{21}\,a_{22}\cdots\,a_{2n} \\ \cdots\quad\cdots\quad\cdots \\ a_{m1}\,a_{m2}\cdots\,a_{mn} \end{pmatrix},$$

$$设\boldsymbol{C}=\boldsymbol{AB}=\begin{pmatrix} c_{11}\,c_{12}\cdots\,c_{1s} \\ c_{21}\,c_{22}\cdots\,c_{2s} \\ \cdots\quad\cdots\quad\cdots \\ c_{m1}\,c_{m2}\cdots\,c_{ms} \end{pmatrix}，则\ c_{ij}=a_{i1}b_{1j}+a_{i2}b_{2j}+\cdots+a_{in}b_{nj}。$$

矩阵的乘法在规则上与数的乘法有所不同，具体如下：

①矩阵乘法有条件。

②矩阵乘法无交换律。

③矩阵乘法无消去律，即一般情况下，

由 $\boldsymbol{AB}=0$ 推不出 $\boldsymbol{A}=0$ 或 $\boldsymbol{B}=0$。

由 $\boldsymbol{AB}=\boldsymbol{AC}$ 和 $\boldsymbol{A}\neq 0$ 推不出 $\boldsymbol{B}=\boldsymbol{C}$（无左消去律）。

由 $\boldsymbol{BA}=\boldsymbol{CA}$ 和 $\boldsymbol{A}\neq 0$ 推不出 $\boldsymbol{B}=\boldsymbol{C}$（无右消去律）。

矩阵乘法适合以下运算法则：

①加乘分配律：$\boldsymbol{A}(\boldsymbol{B}+\boldsymbol{C})=\boldsymbol{AB}+\boldsymbol{AC}$，$(\boldsymbol{A}+\boldsymbol{B})\boldsymbol{C}=\boldsymbol{AC}+\boldsymbol{BC}$。

②数乘性质：$(c\boldsymbol{A})\boldsymbol{B}=c(\boldsymbol{AB})$。

③结合律：$(\boldsymbol{AB})\boldsymbol{C}=\boldsymbol{A}(\boldsymbol{BC})$。

④ $(\boldsymbol{AB})^{\mathrm{T}}=\boldsymbol{B}^{\mathrm{T}}\boldsymbol{A}^{\mathrm{T}}$。

（3）矩阵方程。

矩阵不能规定除法，乘法的逆运算用来解下面两种基本形式的矩阵方程。

① $\boldsymbol{AX}=\boldsymbol{B}$，　② $\boldsymbol{XA}=\boldsymbol{B}$。

这里假定 $\boldsymbol{A}$ 是行列式不为 0 的 n 阶矩阵，在此条件下，这两个方程的解都是存在并且唯一的（否则解的情况比较复杂）。

（4）矩阵的秩。

一个矩阵 $\boldsymbol{A}$ 的行向量组的秩和列向量组的秩相等，称此数为矩阵 $\boldsymbol{A}$ 的秩，记作 $r(\boldsymbol{A})$。于是 $r(\boldsymbol{A})=0 \Leftrightarrow \boldsymbol{A}=0$。如果 $\boldsymbol{A}$ 是 $m \times n$ 矩阵，则 $r(\boldsymbol{A}) \leqslant \mathrm{Min}\{m，n\}$。

当 $r(\boldsymbol{A})=m$ 时，称 $\boldsymbol{A}$ 为行满秩；当 $r(\boldsymbol{A})=n$ 时，称 $\boldsymbol{A}$ 为列满秩。

对于 n 阶矩阵 $\boldsymbol{A}$，行满秩和列满秩是一样的，此时就称 $\boldsymbol{A}$ 满秩。于是：

n 阶矩阵 $\boldsymbol{A}$ 满秩 $\Leftrightarrow r(\boldsymbol{A})=n$［即 $\boldsymbol{A}$ 的行（列）向量组无关］$\Leftrightarrow |\boldsymbol{A}| \neq 0 \Leftrightarrow \boldsymbol{A}$ 可逆。

矩阵的秩还可以用它的非 0 子式来看。

$\boldsymbol{A}$ 的 r 阶子式：任取 $\boldsymbol{A}$ 的 r 行和 r 列，在它们的交叉位置上的元素所构成的行列式，如果它的值不为 0，就称为非 0 子式。

$r(\boldsymbol{A})$ 就是 $\boldsymbol{A}$ 的非 0 子式阶数的最大值［即 $\boldsymbol{A}$ 的每个阶数大于 $r(\boldsymbol{A})$ 的子式的值都为 0，但是 $\boldsymbol{A}$ 有阶数等于 $r(\boldsymbol{A})$ 的非 0 子式］。

2.3　概率论与数理统计

2.3.1　认识概率论与数理统计

概率论与数理统计是研究人工智能、机器学习领域的理论基础。概率论是研究随机现象数量规律的数学分支，是一门研究事情发生可能性的学问。而数理统计则以概率论为基础，研究大量随机现象的统计规律性。

虽然数理统计以概率论为理论基础，但两者之间存在方法上的本质区别。概率论作用的前提是随机变量的分布已知，根据已知的分布来分析随机变量的特质与规律；而数理统计的研究对象则是未知分布的随机变量，研究方法是对随机变量进行独立重复的观察，根据得到的观察结果对原始分布做出推断。

概率论与数理统计源于生活与生产，又能有效应用于生活与生产，应用十分广泛。除了可以应用于解决人们生活中的各类问题外，在前沿的人工智能领域，同样有着重要的作用。例如，机器学习除了处理不确定量，还需处理随机量，而不确定性和随机性可能来自多个方面，可以使用概率论来量化其不确定性。现阶段，在人工智能算法中，无论是对于数据的处理还是分析，数据的拟合还是决策等，概率论与数理统计都可以为其提供重要的支持。

2.3.2 认识概率论与数理统计的核心内容

1. 频率

在相同的条件下，进行 n 次试验，其中事件 A 发生的次数 m 与试验总次数 n 的比值 $\frac{m}{n}$ 称为事件 A 发生的频率，记为 $f_n(A)$。

即 $$f_n(A)=\frac{m}{n}=\frac{\text{事件}A\text{发生的次数}}{\text{试验总次数}}$$

可见，频率描述了事件 A 发生的频繁程度，频率越大，说明事件 A 发生就越频繁，也意味着事件 A 在一次试验中发生的可能性也就越大，反之亦然。这个规律就是频率的稳定性。

对于随机试验，就某一次具体的试验而言，其结果带有很大的偶然性，似乎没有规律可言，但大量的重复试验证实结果会呈现出一定的规律性，即“频率的稳定性”，这一频率的稳定性就是通常所说的统计规律性，可以用它来表示事件 A 发生的可能性大小。

2. 概率

当随机试验次数 n 增大时，事件 A 发生的频率 $f_n(A)$ 将稳定于某一常数 p，则称该常数 p 为事件 A 发生的概率，记为 $P(A)=p$。

此定义称为概率的统计定义，这个定义没有具体给出求概率的方法，因此不能根据此定义确切求出事件的概率。但该定义具有广泛的应用价值，它的重要性不容忽视。它给出了一种近似估算概率的方法，即通过大量的重复试验得到事件发生的频率，然后将该频率作为概率的近似值，从而得到所要的概率。有时试验次数不是很大时，也可以这样使用。

（1）概率的性质。

由概率的统计定义可知，概率具有以下基本性质：

①对任一事件 A，有 $0\leqslant P(A)\leqslant 1$。

② $P(\Omega)=1$。

③ $P(\phi)=0$。

注意：由上述概率的性质可知，事件的概率不可能为 0。反过来思考，概率为 0 的事件是否一定是不可能事件呢？回答是否定的。因为事件的概率为 0 仅仅说明事件出现的频率稳定于 0，而频率不一定就等于 0。例如，陨石击毁房屋的概率等于 0，但“陨石击毁房屋”不一定是不可能事件。

若某事件 A 的概率 $P(A)$ 与 0 非常接近，则事件 A 在大量的重复试验中出现的频率非常小，就称事件 A 为小概率事件。小概率事件虽然不是不可能事件，但在一次试验中它几乎不会出现。

（2）等可能概型（古典概型）。

如果一个随机试验，满足下列两个条件：

①有限性：每次试验只有有限个可能的结果，即组成试验的基本事件总数有限。

②等可能性：每一个结果在一次试验中发生的可能性相等。

满足以上两个条件，则称该试验模型为等可能概型（又称古典概型）。它是概率论发展中最早的、最重要的研究对象，而且在实际应用中也是最常用的一种概率模型。

古典概型中随机事件的概率的计算公式如下：

设某一试验 E 的样本空间 Ω 中共有 n 个基本事件，事件 A 包含 m 个基本事件，则事件 A 的概率为：

$$P(A)=\frac{m}{n}=\frac{\text{事件}A\text{包含的基本事件数}}{\Omega\text{中基本事件总数}}$$

（3）条件概率。

设 A、B 是两个事件，且 $P(B)>0$，则称 $P(A|B)=\dfrac{P(AB)}{P(B)}$ 为在事件 B 发生的条件下，事件 A 发生的条件概率。

与之相仿，$P(B|A)=\dfrac{P(AB)}{P(A)}$ 为在事件 A 发生的条件下，事件 B 发生的条件概率。

（4）全概率公式。

全概率公式是概率论中非常重要的一个基本公式，它将计算一个复杂事件的概率问题，转化为在不同情况或不同原因下发生的简单事件的概率的求和问题。

设 $A_1, A_2, \cdots, A_n$ 是一完备事件组，那么对任一事件 B 均有：

$$P(B)=P(A_1)P(B|A_1)+P(A_2)P(B|A_2)+\cdots+P(A_n)P(B|A_n)$$

$$=\sum_{i=1}^{n}P(A_i)P(B|A_i)$$

此公式为全概率公式。

（5）贝叶斯公式。

设 $A_1, A_2, \cdots, A_n$ 构成一个完备事件组，那么对任意事件 $B[P(B)>0]$ 有 $P(A_j|B)=\dfrac{P(A_j)P(B|A_j)}{\sum_{i=1}^{n}P(A_i)P(B|A_i)}$ $(j=1, 2, \cdots, n)$，此公式为贝叶斯公式，也称逆概公式。

3. 随机变量

设随机试验的样本空间为 $\Omega=\{\omega\}$，$X=X(\omega)$ 是定义在样本空间 Ω 上的实值单值函数，称 $X=X(\omega)$ 为随机变量。

（1）离散型随机变量。

如果随机变量 X 仅取有限个或可列无穷个值，则称 X 为一个离散型随机变量。

设离散型随机变量 X 可能取的值为 $x_1, x_2, \cdots, x_n, \cdots$，且 X 取这些值的概率为

$$P\{X=X_i\}=p_i \quad (i=1,2,\cdots,n,\cdots)$$

则上式称为离散型随机变量 X 的概率分布律，简称分布律。

（2）连续型随机变量。

如果随机变量 X 的取值范围是某个实数区间 I（有界或无界），且存在非负函数 $f(x)$ 使得对于区间 I 上任意实数 a，b（设 $a<b$）均有

$$P\{a<X\leqslant b\}=\int_a^b f(x)\mathrm{d}x$$

则称 X 为连续型随机变量，函数 $f(x)$ 称为连续型随机变量 X 的概率密度函数（简称密度函数）。概率密度函数图像称为密度曲线，如图 2.1 所示。

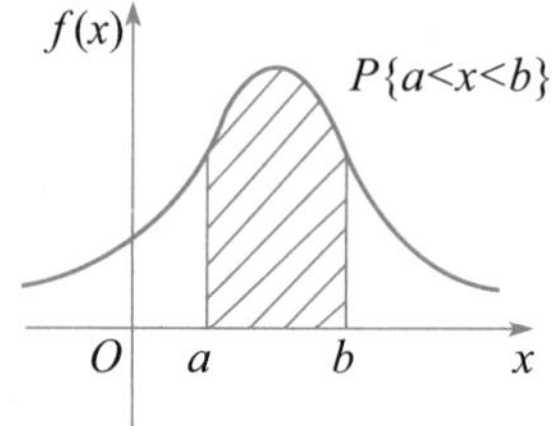

图 2.1　概率密度函数图像（密度曲线）

（3）随机变量的分布函数。

离散型随机变量概率的规律性集中体现在它的分布律上，而连续型随机变量概率的规律性集中体现在它的概率密度函数上。为了从数学上能统一地对这两类随机变量的概率分布进行更进一步的研究，这里引出随机变量的分布函数的概念。

设 X 是一个随机变量，x 是任意实数，则事件 $X\leqslant x$ 的概率 $P(X\leqslant x)$ 称为随机变量 X 的**分布函数**，记为 $F(x)$。

即：$F(x)=P(X\leqslant x)$ $(-\infty<x<+\infty)$。

由分布函数的定义可知：

- 若 X 是离散型随机变量，则：$F(x)=P(X\leqslant x)=\sum_{x_i\leqslant x}P(X=x_i)=\sum_{x_i\leqslant x}P_i$。
- 若 X 是连续型随机变量，则：$F(x)=P(X\leqslant x)=\int_{-\infty}^{x}f(t)\mathrm{d}t$。

其中分布函数 $F(x)$ 与密度函数 $f(x)$ 的关系为：$F'(x)=f(x)$。

①离散型随机变量的数学期望。

设离散型随机变量 X 的分布律为 $P(X=x_i)=p_i\ (i=1,2\cdots)$。

若级数 $\sum_{i=1}^{\infty}x_i p_i$ 绝对收敛，则称级数 $\sum_{i=1}^{\infty}x_i p_i$ 的和为随机变量 X 的**数学期望**（或均值），记为 $E(X)$，即 $E(X)=\sum_{i=1}^{\infty}x_i p_i$。

②连续型随机变量的数学期望。

设连续型随机变量 X 的概率密度函数为 $f(x)$，若积分 $\int_{-\infty}^{\infty}xf(x)\mathrm{d}x$ 收敛，则称 $\int_{-\infty}^{+\infty}xf(x)\mathrm{d}x$ 为 X 的数学期望，简称期望或均值，记作 $E(x)$。

③方差。

设 X 是一个随机变量，若 $E\{[X-E(X)]^2\}$ 存在，则称它为 X 的**方差**，记为 $D(X)$，即 $D(X)=E\{[X-E(X)]^2\}$。

方差的算术平方根 $\sqrt{D(X)}$ 称为标准差或均方差。

若 X 为离散型随机变量，其概率分布为 $P(X=x_i)=p_i\ (i=1,2\cdots)$，则有

$$D(X)=\sum_{i}[x_i-E(X)]^2 p_i$$

若 X 为连续型随机变量，其概率密度函数为 $f(x)$，则有

$$D(X)=\int_{-\infty}^{+\infty}[x-E(X)]^2 f(x)\mathrm{d}x$$

2.4　人工智能的最优化理论

2.4.1　认识最优化理论

最优化理论是关于系统的最优设计、最优控制、最优管理问题的理论与方法。最优化，就是在一定的约束条件下，使系统具有所期待的最优功能的组织过程；是从众多可能的选择中做出最优选择，使系统的目标函数在约束条件下达到最大或最小。最优化是系统方法的基本目的。现代优化理论及方法是从 20 世纪 40 年代发展起来的，其理论和方法越来越多，如线性规划、非线性规划、动态规划、排队论、对策论、决策论、博弈论等。

从本质上讲，人工智能的目标就是最优化，即在复杂环境与多体交互中做出最

优决策。几乎所有的人工智能问题最后都会归结为一个优化问题的求解，因而最优化理论同样是人工智能必备的基础知识。最优化理论研究的问题是判定给定的目标函数的最大值（最小值）是否存在，并找到令目标函数取最大（最小）的数值。如果把给定的目标函数看成一座山脉，最优化的过程就是判断顶峰的位置并找到到达顶峰路径的过程。

要实现最小化或最大化的函数被称为目标函数（Objective Function）或评价函数，大多数最优化问题都可以通过使目标函数最小化来解决。不过当目标函数的输入参数较多、解空间较大时，绝大多数实用算法都不能满足全局搜索对计算复杂度的要求，因而只能求出局部极小值。但在人工智能和深度学习的应用场景下，只要目标函数的取值足够小，就可以把这个值当作全局最小值使用，作为对性能和复杂度的折中。

2.4.2 凸函数

凸函数是在人工智能的算法模型中经常见到的一种形式。它拥有非常好的性质，在计算上拥有更多的便利。凸函数作为一个十分经典的模型被不断研究学习，它也是众多优化算法的基础。

1. 凸集

如果一个集合 C 被称为凸集，那么这个集合中的任意两点间的线段仍然包含在该集合中，如果用形式化的方法描述，那么对于任意两个点 $x_1+x_2 \in C$ 和任意一个处于 [0, 1] 的实数 θ，都有

$$\theta x_1+(1-\theta)x_2 \in C$$

2. 凸函数的概念

凸函数和非凸函数的对比图像，如图 2.2 所示。可以看出，对于图 2.2（a）中的凸集区域，任意两点间的线段都在集合中；而对于图 2.2（b）中的非凸集区域，可以找到两点间的一条线段，使得线段上的点在集合外。

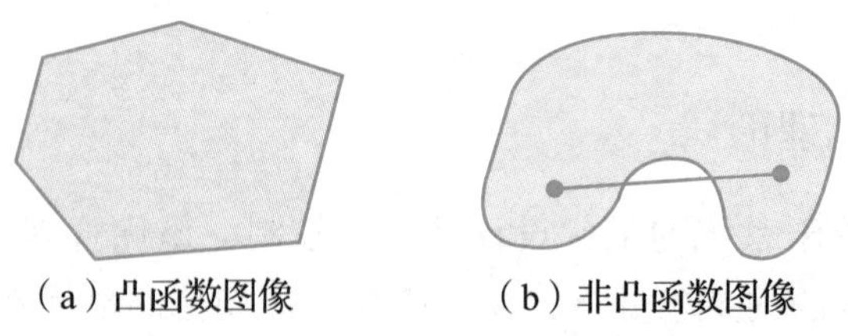

（a）凸函数图像　　（b）非凸函数图像

图 2.2　凸函数和非凸函数的对比图像

凸函数的定义域就是一个凸集，除此之外，它还具备另外一个性质：给定函数中任意两点 x，y，和任意一个处于 [0, 1] 的实数 θ，有

$$f[\theta x+(1-\theta)y] \leqslant \theta f(x)+(1-\theta)f(y)$$

这里给出一个凸函数的例子：$f(x)=x^2$，然后看看这个性质在函数上的表现，它的图像如图 2.3 所示。图中的横截线代表不等式右边的内容，横截线下方的曲线代表不等式左边的内容，从图中确实可以看出不等式所表达的含义，如果一个凸函数像 x^2 这样是一个严格的凸函数，那么实际上除非 θ 等于 0 或者 1，否则等号不会成立。

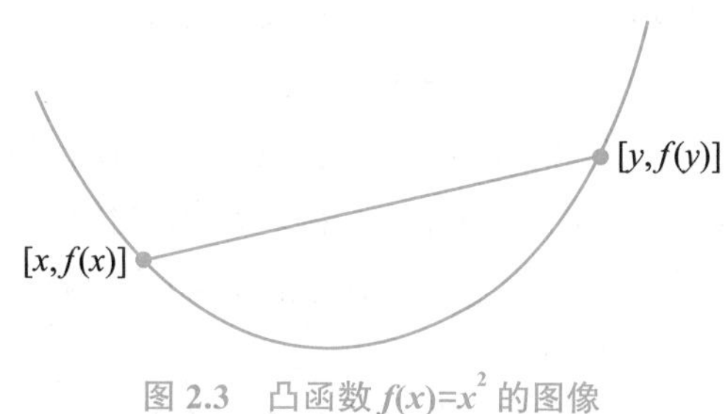

图 2.3　凸函数 $f(x)=x^2$ 的图像

凸函数满足的这个不等式也被称为“Jensen 不等式”。要判定一个函数是不是凸函数，除了用“Jensen 不等式”来判定，还可以用下面两种方式来判定。

（1）一阶导数条件。

令 x，y 是凸函数的任意两个点，那么下式成立：

$$f(y)\geqslant f(x)+\nabla f(x)^{\mathrm{T}}(y-x)$$

（2）二阶导数条件。

令 a 是凸函数上的任意一点，那么下式成立：

$$\nabla^2 f(x)\geqslant 0$$

这两个条件是凸函数成立的充要条件，同时也揭示了凸函数的重要性质。从直观的角度分析，对于前面提到的凸函数 $f(x)=x^2$，这两个性质显然成立：

$$f(y)=y^2\geqslant x^2+2x(y-x)=y^2-(y-x)^2$$

$$\nabla^2 f(x)=2\geqslant 0$$

如果一个点是凸函数的局部最优值，那么这个点就是函数的全局最优值。更进一步来说，如果这个函数是强凸函数，那么这个点是函数唯一的全局最优值，这是凸函数的优良性质之一。这个问题可以通过一阶条件证明，当一个点 x 是凸函数的局部最优值时，它的导数为 0，那么对于任意点 y，都有

$$f(y)\geqslant f(x)+\nabla f(x)^{\mathrm{T}}(y-x)$$

当函数为强凸函数时，大于等于号（≥）将变为大于号（>）。

有了这个性质，就可以轻松地做函数的优化了。只要找到一个导数为 0 的局部最优值，就找到了全局最优值。

2.4.3 最优化理论的常见算法

1. 遗传算法

遗传算法（Genetic Algorithm，GA）是一种启发式的寻优算法，该算法以达尔文自然选择学说理论为基础发展而来，是通过观察和模拟自然生命的迭代进化，建立起的一个计算机模型，通过搜索寻优得到最优结果的算法。

遗传算法是模拟人类和生物的遗传进化机制，主要基于达尔文的生物进化论中的“物竞天择”、“适者生存”和“优胜劣汰”理论。具体实现流程是：首先从初代群体里选出比较适应环境且表现良好的个体；其次利用遗传算子对筛选后的个体进行组合交叉和变异，然后生成第二代群体；接着从第二代群体中选出环境适应度良好的个体进行组合交叉和变异，形成第三代群体；如此不断进化，直至最后产生末代种群，即问题的近似最优解。

遗传算法通常应用于路径搜索问题，如迷宫寻路问题、八数码问题等。

遗传算法提供了一种求解复杂系统问题的通用框架，它不依赖于问题的具体领域，对问题的种类有很强的鲁棒性，所以广泛应用于很多学科，如工程结构优化、计算数学、制造系统、航空航天、交通、计算机科学、通信、电子学、材料科学等。

（1）在数值优化上的应用。

最优化问题是遗传算法经典应用领域，但采用常规方法对于大规模、多峰函数、含离散变量等问题的有效解决往往存在许多障碍。对于全局变化问题，目前存在确定性和非确定性两类方法，这两类方法虽然收敛快、计算效率高，但算法复杂，求得全局极值的概率不大。实践证明，遗传算法作为现代最优化的手段，它适用于大规模、多峰函数、含离散变量等情况下的全局优化问题，在求解速度和质量上远超常规方法。

（2）在组合优化中的应用。

组合优化（Combinational Optimization）是遗传算法最基本也是最重要的研究和应用领域之一。组合优化是指在离散的、有限的数学结构上，寻找一个满足给定约束条件并使其目标函数值达到最大或最小的解。

一般来说，组合优化问题通常带有大量的局部极值点，往往是不可微的、不连续的、多维的、有约束条件的、高度非线性的非确定性多项式完全问题，因此精确地求出组合优化问题的全局最优解一般是不可能的。遗传算法作为一种新型的、模拟生物进化过程的随机化搜索与优化方法，近十几年来在组合优化领域得到了相当广泛的研究和应用，并在解决诸多典型组合优化问题中显示出了良好的性能和效果，如求解背包问题、八皇后问题和作业调度问题等。

（3）在机器学习中的应用。

机器学习系统实际上是对人的学习机制的一种抽象和模拟，是一种理想的学习模型。基于符号学习的机器学习系统，如监督型学习系统、条件反射学习系统、类

比式学习系统、推理学习系统等，只具备一些较初级的学习能力。近年来，随着遗传算法的发展，基于进化机制遗传学习成为一种新的机器学习方法，它将知识表达为另一种符号形式——遗传基因型，通过模拟生物的进化过程，实现专门领域知识的合理增长型学习。

（4）在并行处理中的应用。

遗传算法固有的并行性和大规模并行机的快速发展，促使许多研究者开始研究遗传算法的并行问题，研究更加接近自然界的软件群体。遗传算法与并行计算的结合，能把并行机的高速性和遗传算法固有的并行性两者的长处结合起来，从而促进并行遗传算法的研究与发展。

（5）在人工生命中的应用。

人工生命是用人工的方法模拟自然生命的特有行为，而基于遗传算法的进化模型是研究人工生命的主要基础理论之一，因此二者有着密切的关系。遗传算法、遗传编程和进化计算等是人工生命系统开发的有效工具。一般而言，遗传操作过程和进化计算机制非常适合描述人工生命系统。

（6）在图像处理和模式识别中的应用。

图像处理和模式识别是计算机视觉中的一个重要研究领域。在图像处理过程中，如扫描、特征提取等不可避免地会产生一些误差，这些误差会影响图像处理和模式识别的效果。如何让这些误差最小是使计算机视觉达到实用化的主要要求。遗传算法在图像处理中的优化计算方面是完全能胜任的，目前已在图像校准、几何形状识别、图像压缩、三维重建优化及图像检索等方面得到了应用。

（7）在生产调度问题中的应用。

生产调度问题在许多数学模型中难以精确求解，即使经过一些简化之后可以进行求解，也会因简化太多而使得求解结果与实际相差甚远。因此，目前在现实生产中主要靠经验进行调度。遗传算法已成为解决复杂调度问题的有效工具，在单件生产车间调度、流水线车间调度、生产规划、任务分配等方面都得到了有效的应用。

（8）在计算智能系统中的应用。

计算智能系统是在神经网络、模糊系统、进化计算 3 个分支发展相对成熟的基础上，通过相互之间的有机融合而形成的新的科学方法，也是智能理论和技术发展的新阶段。这些不同的成员方法从表面上看各不相同，但实际上它们是紧密相关、互为补充和促进的。

研究发现：神经网络反映大脑思维的高层次结构；模糊系统模仿低层次的大脑结构；进化计算与一个生物体种群的进化过程有许多相似的特征。这些研究方法各自可以在某些特定方面起到特殊的作用，但是也存在一些固有的局限。因此，将这些智能方法有机地融合起来进行研究，能为建立统一的智能系统设计和优化方法提供基础。基于这种考虑，将三者结合起来研究已经成为一种发展趋势。

2. 蚁群算法

蚁群算法是一种群智能算法，它是由一群无智能或有轻微智能的个体（Agent）通过相互协作而表现出智能行为，从而为求解复杂问题提供一个新的可能性。

蚁群算法是一种仿生学算法，是由自然界中蚂蚁觅食的行为而启发的。在自然界中，蚂蚁觅食过程中，蚁群总能够寻找到一条从蚁巢到食物源的最优路径。蚁群算法的灵感来源于观察蚂蚁集体觅食行为，蚂蚁有能力在没有任何提示的情形下找到从巢穴到食物源的最短路径，并且能随环境的变化，适应性地搜索新的路径，产生新的选择。其根本原因是蚂蚁在寻找食物时，能在走过的路径上释放一种特殊的分泌物——信息素（也称外激素）。随着时间的推移，信息素会逐渐挥发，后来的蚂蚁选择该路径的概率与当时这条路径上信息素的强度成正比。当一条路径上通过的蚂蚁越来越多时，其留下的信息素也越来越多，后来蚂蚁选择该路径的概率也就越高，从而增加了该路径上的信息素强度。而强度大的信息素会吸引更多的蚂蚁，从而形成一种正反馈机制。通过这种正反馈机制，蚂蚁最终可以发现最优路径。

蚁群算法的实现流程是：首先初始化参数，构建整体路径的框架；其次随机将预先设定好的蚂蚁数量放置在不同的出发点，记录每只蚂蚁走的路径，并在路径上释放信息素；最后更新信息素浓度，判定是否达到最大迭代次数，若“否”则重复第二步，若“是”则结束程序，输出信息素浓度最大的路径即为获取的最优路径。蚁群算法和遗传算法类似，主要用于寻找最优路径，尤其在旅行商问题（TSP）上被广泛采纳。

“蚂蚁系统”是基本的蚁群算法，为其他蚁群算法提供了基本框架。该基本框架主要由初始化、构建解和信息素更新三部分组成。蚂蚁系统基本框架如图 2.4 所示。

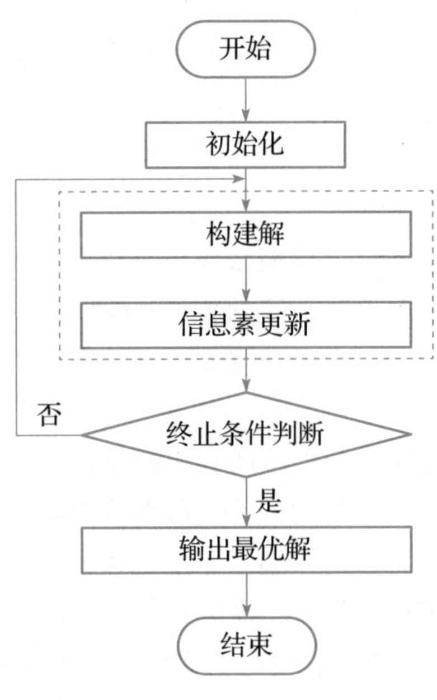

图 2.4　蚂蚁系统基本框架

第一步是初始化。其主要包括信息素初始化，启发信息初始化及种群规模、信息素挥发率等参数初值的设置等。

第二步是构建解。构建解是蚁群算法迭代运行的基础，是算法最关键的环节，主要内容是在问题空间按照状态转移规则如何构建解。当用于路径规划时，构建解主要是按照状态转移规则选择下一路径点，最终形成完整路径。

第三步是信息素更新。构建解完成后需要进行信息素更新，信息素更新包括两个环节。第一个环节是信息素挥发，减少路径上的信息素，减小信息素对未来蚂蚁行为的影响，增加算法的探索能力；第二个环节是信息素释放，蚂蚁在其所经过的路径上释放信息素，加强对未来蚂蚁选择该路径的影响，增强算法的开发能力。

重复第二步和第三步，直至满足终止条件。

蚂蚁系统对所有路径都进行信息素更新，既具有较好的优化能力，又能保持良好的种群多样性。因此，蚁群算法在机器人路径规划领域得到了广泛的应用，但是由于缺乏对最优路径的开发，该算法的收敛速度较慢。蚁群算法擅长解决组合优化问题。蚁群算法能够有效解决著名的旅行商问题（TSP），不仅如此，在其他一些领域也取得了一定的成效，如工序排序问题、图着色问题、网络路由问题等。

2.5　人工智能的形式逻辑

2.5.1　形式逻辑简介

人工智能主要研究用人工方法模拟和扩展人的智能，最终实现机器智能。人工智能研究与人的思维研究密切相关。逻辑学始终是人工智能研究中的基础科学问题，它为人工智能研究提供了根本观点与方法。

逻辑方法是人工智能研究中的主要形式化工具，逻辑学的研究成果不但为人工智能学科的诞生奠定了理论基础，而且还被应用于人工智能系统中。由于人工智能需要模拟人的智能，它的难点不在于人脑所进行的各种必然性推理，而是最能体现人的智能特征的能动性、创造性思维，这种思维活动包括学习、抉择、尝试、修正、推理诸多因素。例如，选择性地搜集相关的经验证据，在不充分信息的基础上做出尝试性的判断或抉择，不断根据环境反馈调整、修正自己的行为，由此达到实践的成功。于是，逻辑学将不得不全面地研究人的思维活动，着重研究人的思维活动中最能体现其能动性特征的各种不确定性推理，由此发展出的逻辑理论也将具有更强的可应用性。

在人工智能中，形式逻辑是实现知识表示的一种普遍的方法。

形式逻辑是研究人的认知性阶段思维规律的学说，狭义上指演绎逻辑，广义上还包括归纳逻辑。形式逻辑的思维规律也是思维形式和思维内容的统一，形式逻辑靠概念、判断、推理（主要包括归纳推理与演绎推理）来反映事物的实质。

在人工智能的“襁褓期”，人们的共同愿望是让“具备抽象思考能力的程序解释合成的物质如何能够拥有人类的心智”。通俗地说，理想的人工智能应该具有抽象意义上的学习、推理与归纳能力，其通用性将远远强于解决国际象棋或围棋等具体问题的算法。

在人工智能的研究中，用形式逻辑实现知识表示是一种普遍的方法。形式逻辑可谓包罗万象，其最简单的实例就是由古希腊哲学家亚里士多德提出并流传至今的三段论，它由两个前提和一个结论构成。

- 每个三段论中，必须有一个前提是肯定的，并且必须有一个前提是全称命题。
- 每个三段论中，两个前提中否定命题的数目必须与结论中否定命题的数目相同。
- 每个证明都是且只能是通过三个词项得到的。

例如，人工智能三段论：

- 科学是不断发展的（大前提）。
- 人工智能是科学（小前提）。
- 所以，人工智能是不断发展的（结论）。

亚里士多德提出的三段论，不仅证明了人工智能的不断发展，更确定了在大前提和小前提的基础上推导出一个结论的形式化过程，这个过程完全摆脱了内容的限制。由此诞生的符号推理，给数理逻辑的研究带来了深远的影响。

2.5.2 谓词逻辑

如果将认知过程定义为对符号的逻辑运算，人工智能的基础就是形式逻辑。而谓词逻辑是知识表示的主要方法，因此谓词逻辑系统可以实现具有自动推理能力的人工智能。

在人工智能中，得到广泛应用的主要是一阶谓词逻辑。谓词逻辑是最基本的逻辑系统，也是形式逻辑的重要部分。谓词逻辑的一个特例是命题逻辑。在命题逻辑中，命题是逻辑处理的基本单位，只能对其真伪做出判断。

谓词逻辑将命题拆分为个体词、谓词和量词，三者的意义如下：

（1）个体词是可以独立存在的具体或抽象的描述对象。

（2）谓词用于描述个体词的属性与相互关系。

（3）量词用于描述个体词的数量关系，包括全称量词 ∀ 和存在量词 ∃。

以上三种元素可以共同构成命题。不同的命题之间则可以用逻辑联结词建立联系，由简单命题形成复合命题。按照优先级由高到低排列，逻辑联结词包括以下 5 种：

（1）“¬”否定：表示“非”，如机器人不在 5 号房间。

（2）“∨”析取：表示“或”，如小明打篮球或踢足球。

（3）“∧”合取：表示“和”，如我喜欢玩游戏和看电影。

（4）“→”蕴涵：表示“如果 P，那么 Q”，比如，如果小雷学习好，那么他会考上更好的大学。

（5）“↔”等价：表示“P 当且仅当 Q”，如 P：两个三角形全等；Q：三角形的三条边全部相等；P ↔ Q：两个三角形全等当且仅当三角形的三条边全部相等。

在谓词逻辑中出现的不只有常量符号，变量符号也是合法的，同时还可以出现函数符号。变量和函数的引入拓展了谓词逻辑的表示范围，也提升了其普适性。谓词逻辑既可以用于表示事物的概念、状态、属性等事实性知识，也可以用于表示事物间具有确定因果关系的规则性知识。

值得注意的是：使用形式逻辑进行知识表示只是手段，其目的是让人工智能在知识的基础上实现自动化的推理、归纳与演绎，最终得到新结论与新知识。就现阶段而言，人类智能与人工智能的主要区别就体现在推理能力上。

2.5.3 产生式系统

人工智能实现自动推理的基础是产生式系统。产生式系统以产生式的规则描述符号串来替代运算，把推理和行为的过程用产生式规则表示，其机制类似人类的认知过程，早年间被大多数专家系统所使用。

产生式规则通常用于表示事物之间的因果关系，其基本形式为 P → Q。它既可以用来表示在前提 P 下得到结论 Q，也可以表示在条件 P 下实施动作 Q。这里的 P 称为规则前件，它既可以是简单条件，也可以是由多个简单条件通过联结词形成的复合条件；Q 则称为规则后件。

当一组产生式规则相互配合、协同作用时，一个产生式规则生成的结论就可以为另一个产生式规则作为已知的前提或条件使用，以进一步解决更加复杂的问题，这样的系统就是产生式系统。

一般来说，产生式系统包括规则库、事实库和推理机三个基本部分。规则库是专家系统的核心与基础，存储着以产生式形式表示的规则集合，其中规则的完整性、准确性和合理性都将对系统性能产生直接的影响。事实库存储的是输入事实、中间结果与最终结果，当规则库中的某个产生式的前提可与事实库中的某些已知事实匹配时，该产生式就被激活，其结论也就可以作为已知事实存储在事实库中。推理机则是用于控制和协调规则库与事实库运行的程序，包含了推理方式和控制策略。

项目小结

本项目首先介绍了微积分、线性代数、概率论与数理统计的概念和特点，然后介绍了最优化理论的起源与研究内容，最后介绍了形式逻辑。

通过对本项目的学习，读者能够对人工智能数学基础及其相关特性有一个基本认识，重点需要掌握的是概率论与数理统计及形式逻辑的基本特点。

实训

本实训主要介绍如何使用 Python 实现数学运算。

（1）求一元二次方程的根。

代码如下：

```
from sympy import*      # 导入 sympy 模块
x = symbols('x')        # 将 x 定义为符号变量
# 通过 sympy 模块的 solve() 命令可以求得一元二次方程的两个根
X = solve(x**2-5*x+6,x)
print('一元二次方程的两个根为：',X)
```

运行结果如下：

```
一元二次方程的两个根为：[2, 3]
```

（2）求硬币正面朝上的概率。

代码如下：

```
import numpy as np
from scipy import stats as sts
n = 10                                  # 独立实验次数
p = 0.5                                 # 每次正面朝上的概率
k = np.arange(0,11)                     # 总共有 0~10 次正面朝上的可能
binomial = sts.binom.pmf(k,n,p)
# 0~10 次正面朝上的概率
print('0~10 次正面朝上的概率分别为：\n ',binomial)
print('概率总和为：',sum(binomial))   # 概率总和为 1
print('2 次正面朝上的概率为：',binomial[2])   # 2 次正面朝上的概率
```

运行结果如下：

```
0 ~ 10 次正面朝上的概率分别为：
[0.00097656 0.00976563 0.04394531 0.1171875  0.20507812 0.24609375
 0.20507812 0.1171875  0.04394531 0.00976563 0.00097656]
概率总和为：0.9999999999999999
2 次正面朝上的概率为：0.04394531250000004
```

（3）创建矩阵。

代码如下：

```
import numpy as np
A1 = np.mat('1 2 3 4;3 4 5 6;5 6 7 8;7 8 9 0')
print('使用 mat 函数创建的矩阵为：\n', A1)
```

运行结果如下：

```
使用mat函数创建的矩阵为：
[[1 2 3 4]
[3 4 5 6]
[5 6 7 8]
[7 8 9 0]]
```

习题

简答题

1. 设有如下关系：（1）如果甲是乙的父亲，乙是丙的父亲，则甲是丙的祖父；（2）老李是大李的父亲；（3）大李是小李的父亲。

问上述人员中谁和谁是祖孙关系？

2. 请写出一个正确的三段论。

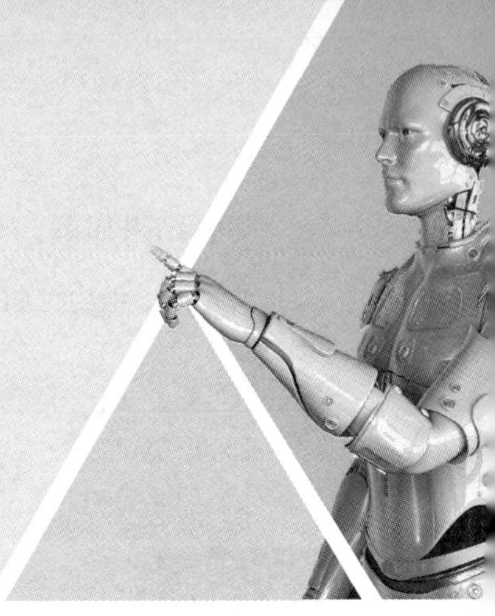

项目 3 人工智能与大数据

教学目标

通过对本项目的学习，了解大数据的概念，理解数据采集、数据清洗、数据存储、数据计算、数据分析与可视化、数据治理及大数据安全，理解人工智能与大数据的关系。

培养认真负责的工作态度和求真务实的科学精神。

3.1 认识大数据

当今时代，数字经济已经成为推动社会生产方式、生活方式和治理方式深刻变革的关键力量。大数据产业作为数字经济的基础之一，是以数据生成、采集、存储、加工、分析、服务为主的战略性新兴产业，是激活数据要素潜能的关键支撑。不断繁荣的大数据产业，使数据资源的“家底”更加殷实，让数字经济的发展基础更加牢固。各类大数据产品和服务的广泛应用，为数字经济提供了更为广阔的发展平台，乘数效应和倍增作用发挥明显。

当前，大数据产业正快速发展成为新一代信息技术和服务业态，即对数量巨大、来源分散、格式多样的数据进行采集、存储和关联分析，并从中发现新知识、创造新价值、提升新能力。

大数据是信息技术发展的必然产物，更是信息化进程的新阶段，其发展推动了数字经济的形成与繁荣。信息化已经历了两次高速发展的浪潮：第一次是 20 世纪 80 年代，个人计算机大规模普及应用所带来的以单机应用为主要特征的数字化时代（信息化 1.0）；第二次是 20 世纪 90 年代中期，以互联网大规模商业应用为主要特征的网络化时代（信息化 2.0）。当前，人们正在进入以数据的深度挖掘和融合应用为主要特征的智能化阶段（信息化 3.0）。在“人机物”三元融合的大背景下，以“万物均需互联、一切皆可编程”为目标，数字化、网络化和智能化呈融合发展新态势。

在信息化发展历程中，数字化、网络化和智能化是三条并行的主线。数字化奠定基础，实现数据资源的获取和积累；网络化构建平台，促进数据资源的流通和汇聚；智能化展现能力，通过多源数据的融合分析呈现信息应用的类人智能，帮助人们更好地认知复杂事物和解决问题。

例如，大数据智能制造能够实现产品故障诊断与预测，降低生产过程能耗，控制产品生命周期。典型企业有海尔集团，在其互联工厂布置上万个传感器，每天产生数万组数据，不仅对整个工厂的运行情况进行实时监控，实时报警；同时将这些传感器布置在设备中，可对自动化设备进行实时预警，在设备发生故障之前，通过大数据预测的方式对设备进行及时维护与修复。

3.1.1 数据采集

数据采集作为大数据生命周期的第一个环节，是指通过传感器、摄像头、RFID射频数据及互联网等方式获取的各种结构化、半结构化与非结构化数据。

区别于小数据采集，大数据采集不再仅仅使用问卷调查、信息系统的数据库取得结构化数据。大数据的来源有很多，主要包括使用网络爬虫获取的网页文本数据、使用日志收集器收集的日志数据、从关系型数据库中获得的数据和由传感器收集到的时空数据等，而对于一些图像和语音数据则需要高端技术才能使其变成普通的大数据分析师所需要的数据。

例如，许多公司的平台每天会产生大量的日志（一般为流式数据），处理这些日志需要特定的日志系统。日志系统是一种非常关键的组件，可以记录系统中硬件、软件和系统问题的信息，包括系统日志、应用程序日志和安全日志。查看系统日志可以让工程师们快速了解故障或者攻击发生之前的所有事件，同时还可以用来检查故障发生的原因，或者寻找受到攻击时攻击者留下的痕迹。如今，大量机器日夜处理日志数据，供离线和在线的分析系统使用，以生成可读性的报告来帮助人们做出决策。

1. Flume

Flume是由Cloudera于2009年7月开源的日志系统。它内置的各种组件非常齐全，用户几乎不必进行任何额外开发即可使用。

Flume是一个分布式的、可靠的、高可用的海量日志采集、聚合和传输的系统。在Flume中，将数据表示为事件，事件是一种简单的数据结构，具有一个主体和一个报头集合。Flume中最简单的部署单元是Agent，Agent是一个Java应用程序，接收生产和缓存数据，直至最终写入其他Agent或者存储系统中。

Agent包含3个重要的组件，分别是Source、Channel和Sink。其中，Source是从其他生产数据的应用中接收数据的组件；Channel主要是用来缓冲Agent；Sink会连续轮询各自的Channel来读取和删除事件，Sink将事件推送到下一阶段，或者到达最终目的地。

在使用过程中，Flume本身不限制Agent中Source、Channel和Sink的数量，因此 Source 可以接收事件，并通过配置将事件复制到多个目的地，这使得 Source 可以通过 Channel 处理器、拦截器和 Channel 选择器，写入 Channel。因此，Flume 真正适合做的是实时推送事件，尤其在数据流是持续的且量级很大的情况下。

使用 Flume 可以实现数据采集，如图 3.1 所示。

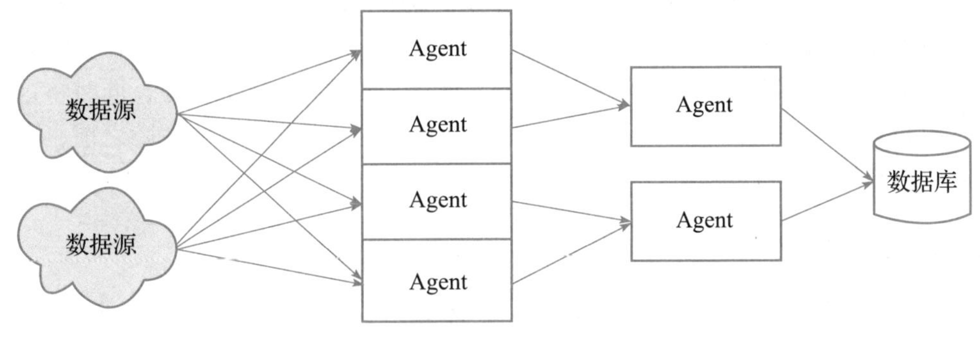

图 3.1　Flume 数据采集

2. Kafka

Kafka 是由 Apache 软件基金会开发的一个开源流处理平台，由 Scala 和 Java 编写，使用了多种效率优化机制，适合于异构集群。它可以处理消费者规模网站中的所有动作流数据，具有高性能、持久化、多副本备份、横向扩展能力，是基于 Zookeeper 协调的分布式消息系统。

Kafka 有如下特性：

（1）通过 I/O（输入 / 输出）的磁盘数据结构提供消息的持久化，这种结构对于即使 TB 量级的消息存储也能够保持长时间的稳定性能。

（2）高吞吐量，即使是非常普通的硬件 Kafka 也可以支持每秒百万级的消息。

（3）支持通过 Kafka 服务器和集群消费来分区消息。

（4）支持 Hadoop 并行数据加载。

在客户端应用和消息系统之间异步传递消息，有两种主要的消息传递模式：点对点传递模式和发布 – 订阅模式。大部分消息系统选用发布 – 订阅模式，Kafka 就是一种发布 – 订阅模式。

因此，Kafka 实际上是一个消息发布 – 订阅系统，它主要有 3 种角色，分别为生产者（Producer）、服务器节点（Broker）和消费者（Consumer）。在工作时生产者将消息发送（Send）到 Broker，而消费者采用拉模式（Pull）订阅消息。同时，Kafka 通过 Zookeeper 管理集群（Kafka Cluster）元数据。图 3.2 显示了 Kafka 系统中三种角色之间的关系。

3.1.2　数据清洗

在大数据时代，数据清洗通常是指把“脏”数据彻底洗掉。“脏”数据是指不完

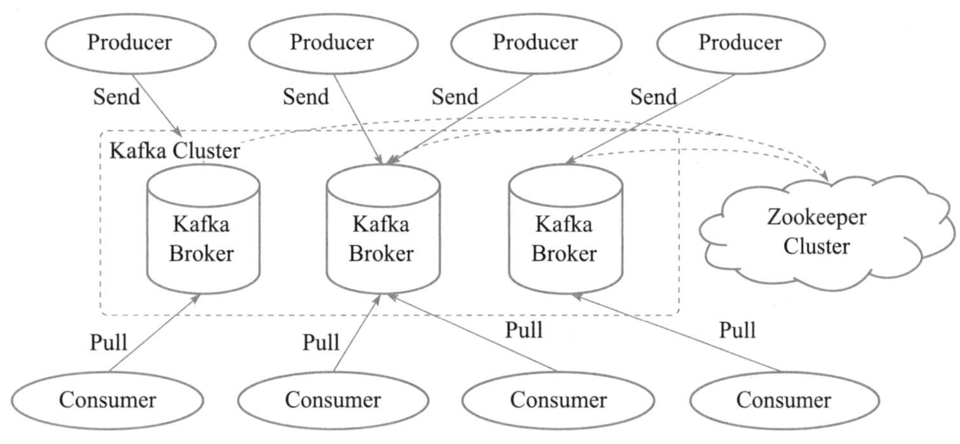

图 3.2　Kafka 系统中三种角色之间的关系

整、不规范、不准确的数据，只有通过数据清洗才能从根本上提高数据质量。数据清洗是发现并纠正数据文件中可识别错误的一道程序，该步骤针对数据审查过程中发现的明显错误值、缺失值、异常值、可疑数据，选用适当的方法进行清理，使“脏”数据变成“干净”数据，有利于后续的统计分析得出可靠的结论。

1. 数据清洗的原理

数据清洗的原理为：利用相关技术，如统计方法、数据挖掘方法、模式规则方法等将“脏”数据转换为满足数据质量要求的数据。数据清洗按照实现方式与范围，可分为手工清洗和自动清洗。

（1）手工清洗。

手工清洗是通过人工对录入的数据进行检查。这种方法较为简单，只要投入足够的人力、物力与财力就能发现所有错误，但效率低下。例如，可以通过人工对遗漏值进行填补，这种方法比较耗时，而且对于存在许多遗漏情况的大规模数据集而言，可行性较差。因此，在数据量较大的情况下，手工清洗数据的操作几乎是不可能的。

（2）自动清洗。

自动清洗是由机器进行相应的数据清洗。这种方法能解决某个特定的问题，但不够灵活，特别是在清洗过程需要反复进行（很少有数据清洗一遍就能达到要求）时，程序复杂，工作量大，而且这种方法也没有充分利用目前数据库提供的强大数据处理能力。

2. 数据清洗的规则

在数据清洗中，原始数据源是数据清洗的基础，数据分析是数据清洗的前提，而定义数据清洗转换规则是关键。具体的数据清洗规则主要包括：非空检核、主键重复、非法代码与非法值清洗、数据格式检核、记录数检核等。

（1）非空检核：要求字段为非空的情况下，对该字段数据进行检核。如果数据为空，需要进行相应处理。

（2）主键重复：多个业务系统中同类数据经过清洗后，在统一保存时，为保证主键唯一性，需进行检核工作。

（3）非法代码与非法值清洗：非法代码问题包括非法代码、代码与数据标准不一致等，非法值问题包括取值错误、格式错误、多余字符、乱码等，需根据具体情况进行检核及修正。

（4）数据格式检核：通过检查表中属性值的格式是否正确来衡量其准确性，如时间格式、币种格式、多余字符、乱码等。

（5）记录数检核：指各个系统相关数据之间的数据总数检核或者数据表中每日数据量的波动检核。

值得注意的是：当下，机器学习和众包技术的发展为数据清洗的研究工作注入了新的活力。机器学习技术可以从用户记录中学习制定清洗决策的规律，从而减轻用户标注数据的负担。同时，从清洗规则到机器学习模型的转换使得用户不再需要制定大量的数据清洗规则。

图 3.3 显示了数据清洗中的异常值检测，图 3.4 显示了检查数据缺失值。

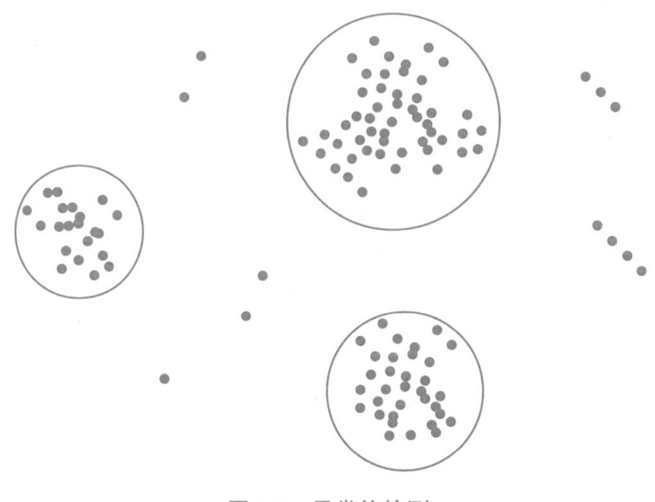

图 3.3　异常值检测

3.1.3　数据存储

如今大数据的势头正盛，其带来的第一道障碍就是关于大数据存储的问题。大数据因为规模大、类型多样、更新速度快，所以在存储和计算上都需要技术支持，依靠传统的数据存储和处理工具，已经很难实现高效处理了。

以往的数据存储主要基于关系型数据库。而关系型数据库，在面对大数据的时候，存储设备所能承受的数据量是有上限的，当数据规模达到一定的量级之后，数据检索的速度就会急剧下降，对于后续的数据处理来说，也带来了困难。为了解决

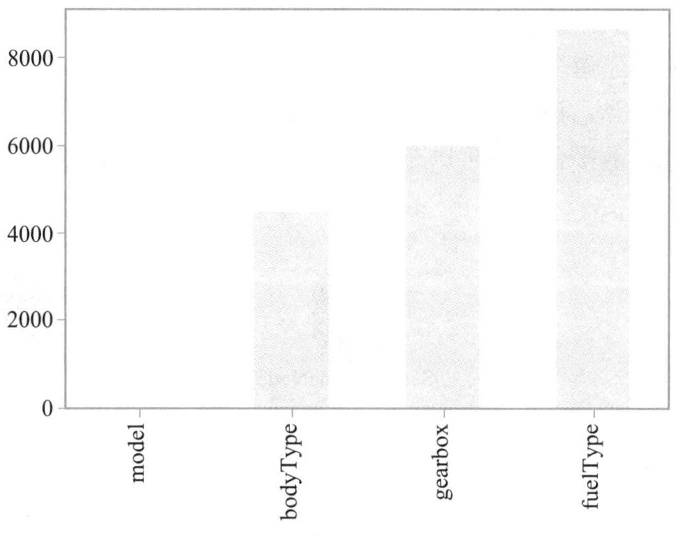

图 3.4 检查数据缺失值

这个难题，主流的数据库系统纷纷给出解决方案。例如，MySQL 提供了 MySQL Proxy 组件，实现了对请求的拦截，结合分布式存储技术，可以将一张很大表中的记录拆分到不同的节点上进行查询，对于每个节点来说，数据量不会很大，从而提高了查询效率。但是实际上，这种方式没有从根本上解决问题。

目前常见的大数据存储方式主要有分布式存储、NoSQL 数据库和云数据库 3 种。

1. 分布式存储

分布式存储是相对于集中式存储而言的。在分布式存储出现之前，企业级的存储设备都是集中式存储。集中式存储从概念上可以看出来是具有集中性的，也就是整个存储是集中在一个系统中的。但集中式存储并不是一个单独的设备，是集中在一套系统当中的多个设备。这个存储系统包含了很多组件，除了核心的机头（控制器）、磁盘阵列（JBOD）和交换机等设备外，还有管理设备等辅助设备。

分布式存储最早是由谷歌提出的，其目的是通过廉价的服务器来提供大规模、高并发场景下的 Web 访问问题。与常见的集中式存储技术不同，分布式存储技术并不是将数据存储在某个或多个特定的节点上，而是通过网络使用企业中的每台机器上的磁盘空间，并将这些分散的存储资源构成一个虚拟的存储设备，数据分散地存储在企业的各个角落。分布式存储目前大多借鉴谷歌的经验，在众多的服务器上搭建一个分布式文件系统，再在这个分布式文件系统上实现相关的数据存储业务。图 3.5 显示了使用 Hadoop 来实现分布式存储。

Hadoop 是 Apache 软件基金会旗下的一个开源分布式计算平台。以 Hadoop 分布式文件系统（Hadoop Distributed File System，HDFS）和 MapReduce（谷歌 MapReduce 的开源实现）为核心的 Hadoop，为用户提供了系统底层细节透明的分布式基础架构。HDFS 的高容错性、高伸缩性等优点允许用户将 Hadoop 部署在低廉的硬件上，形成分布式系统，为海量的数据提供了存储方法；MapReduce 分布式编程模型允许用户在不了解分布式系统底层细节的情况下开发并行应用程序，为海量的数据提供了计算方法。所以用户可以利用 Hadoop 轻松地组织计算机资源，从而搭建自己的分布式计算平台，并可以充分利用集群的计算和存储能力，完成海量数据的处理。

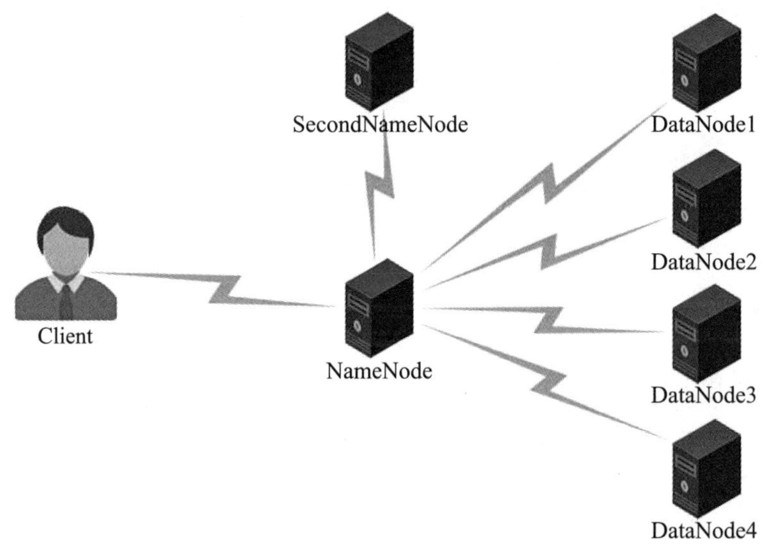

图 3.5　使用 Hadoop 来实现分布式存储

Hadoop 框架的原理是利用大量的计算机同时计算来提高大量数据的处理速度。例如，一个搜索引擎公司要从上万亿条没有进行规约的数据中筛选和归纳热门词汇，这就需要组织大量的计算机组成集群来处理这些信息。如果使用传统数据库来处理这些信息的话，将会需要很长的时间和很大的处理空间，这个量级的数据对于任何单台计算机来说都变得难以实现，主要难度在于组织大量的硬件并高速地集成为一台计算机，即使成功实现也会产生昂贵的维护成本。

Hadoop 可以在多达几千台廉价的量产计算机上运行，并把它们组织为一个计算机集群。一个 Hadoop 集群可以高效地存储数据、分配处理任务，这样会有很多优点：（1）可以降低计算机的建造和维护成本；（2）其中任何一台计算机出现硬件故障，不会对整个计算机系统造成致命的影响，因为面向应用层开发的集群框架本身就必须假定计算机会出故障。

2. NoSQL 数据库

传统关系型数据库采用关系模型作为数据的组织方式，但是随着对数据存储要求的不断提高，在大数据存储中，常用的关系型数据库已经无法满足 Web 2.0 的需求。主要表现为：无法满足海量数据的管理需求；无法满足数据高并发的需求；高可扩展性和高可用性的功能太低。在这种情况下，NoSQL 数据库应运而生。

NoSQL 数据库又称为非关系型数据库，和数据库管理系统（RDBMS）相比，NoSQL 不使用 SQL 作为查询语言，其存储也不需要固定的表模式，用户操作 NoSQL 时通常会避免使用 RDBMS 的 JOIN 操作。NoSQL 数据库一般具备水平可扩展的特性，并且可以支持超大规模数据存储，灵活的数据模型也可以很好地支持 Web 2.0 的应用，此外还具有强大的横向扩展能力。典型的 NoSQL 数据库包含以下几种：键值数据库、列族数据库、文档数据库和图形数据库。值得注意的是：每种类型的数据库都能够解决传统关系型数据库无法解决的问题。图 3.6 显示了 Redis 在 Windows 下的运行界面。

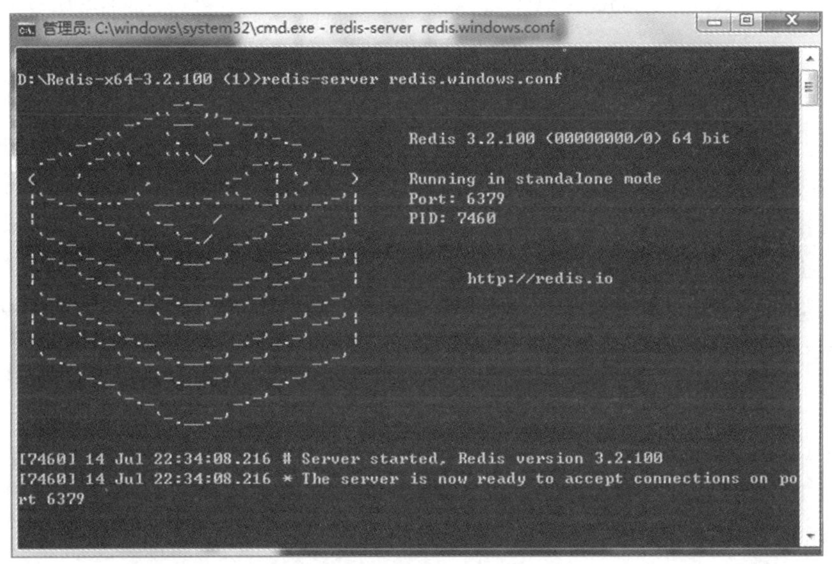

图 3.6　Redis 在 Windows 下的运行界面

Redis 是使用 C 语言开发的一个高性能键值数据库，该数据库可以通过一些键值类型来存储数据。Redis 的性能十分优越，可以支持每秒十几万的读写操作，其性能优异，支持集群、分布式、主从同步等配置，还支持一定的事务能力。Redis 的出色之处不仅仅是性能，其最大的魅力是支持保存多种数据结构。Redis 的主要缺点是数据库容量受到物理内存的限制，不能用作海量数据的高性能读写，因此 Redis 适合的场景主要局限在较小数据量的高性能操作和运算上。

3. 云数据库

云数据库是指被优化或部署到一个虚拟计算环境中的数据库，是在云计算的大背景下发展起来的一种新兴的共享基础架构的方法，它极大地增强了数据库的存储能力，消除了人员、硬件、软件的重复配置，让软件、硬件升级变得更加容易。因此，云数据库具有高可扩展性和高可用性、采用多租形式和支持资源有效分发等特点，可以实现按需付费和按需扩展。

从数据模型的角度来说，云数据库并非是一种全新的数据库技术，如云数据库并没有专属于自己的数据模型，它所采用的数据模型可以是关系型数据库所使用的关系型模型，也可以是 NoSQL 数据库所使用的非关系型模型。针对不同的企业，云数据库可以提供不同的服务，如云数据库既可以满足大企业的海量数据存储需求，也可以满足中小企业的低成本数据存储需求，还可以满足企业动态变化的数据存储需求。

3.1.4 数据计算

大数据处理的数据查询、统计、分析、挖掘等需求，促生了大数据计算的不同计算模式。整体上，人们把大数据计算分为离线批处理计算、实时交互计算和流计算 3 种。

1. 离线批处理计算

随着云计算技术的发展，基于开源的 Hadoop 分布式存储系统和 MapReduce 数据处理模式的分析系统得到了广泛的应用。Hadoop 通过数据分块及自恢复机制，能支持 PB 级的分布式数据存储，以及基于 MapReduce 分布式处理模式对这些数据进行分析和处理。MapReduce 编程模型可将多个通用批数据处理任务和操作在大规模集群上并行化，而且有自动化的故障转移功能。MapReduce 编程模型在 Hadoop 这样的开源软件带动下，被广泛应用到 Web 搜索、欺诈检测等领域中。除了 MapReduce 计算模型外，以 Swift 为代表的工作流计算模式和以 Pregel 为代表的图计算模式，也都可以处理包含大规模的计算任务的应用流程和图算法。Swift 系统作为科学工作流和并行计算之间的桥梁，是一个面向大规模科学和工程工作流的快速、可靠的定义、执行和管理的并行化编程工具。

2. 实时交互计算

当今的实时交互计算一般都需要针对海量数据进行，除了要满足非实时计算的一些需求（如计算结果准确）以外，实时计算最重要的一个需求是能够实时响应计算结果，一般要求为秒级。实时交互计算技术中，谷歌的 Dremel 系统表现最为突出。Dremel 系统是交互式数据分析系统，可以组建成规模上千的集群，处理 PB 级的数据。作为 MapReduce 的发起人，谷歌开发了 Dremel 系统，将处理时间缩短到秒级，作为 MapReduce 的有力补充，Dremel 作为谷歌 Big Query 的报表引擎，获得了成功。

Spark 是由加州大学伯克利分校的 AMP 实验室开发的实时数据分析系统，采用一种与 Hadoop 相似的开源集群计算环境，但是 Spark 在任务调度、工作负载优化方面的设计和表现更加优越。Spark 启用了内存分布数据集，除了能够提供交互式查询外，它还可以优化迭代工作负载。Spark 是在 Scala 语言中实现的，它将 Scala 用作其应用程序框架，Spark 和 Scala 能够紧密集成，其中 Scala 可以像操作本地集合对象一样轻松地操作分布式数据集。创建 Spark 可以支持分布式数据集上的迭代作业，是对 Hadoop 的有效补充，支持对数据的快速统计分析。此外，Spark 也可以在 Hadoop 文件系统中并行运行。

图 3.7 显示了 Spark 在 Windows 系统中的运行界面。

```
Microsoft Windows [版本 6.1.7601]
版权所有 (c) 2009 Microsoft Corporation。保留所有权利。

C:\Users\xxx>spark-shell
Using Spark's default log4j profile: org/apache/spark/log4j-defaults.properties
Setting default log level to "WARN".
To adjust logging level use sc.setLogLevel(newLevel). For SparkR, use setLogLeve
l(newLevel).
Spark context Web UI available at http://windows10.microdone.cn:4040
Spark context available as 'sc' (master = local[*], app id = local-1681437493784
).
Spark session available as 'spark'.
Welcome to
      ____              __
     / __/__  ___ _____/ /__
    _\ \/ _ \/ _ `/ __/  '_/
   /___/ .__/\_,_/_/ /_/\_\   version 3.1.2
      /_/

Using Scala version 2.12.10 (Java HotSpot(TM) 64-Bit Server VM, Java 1.8.0_181)
Type in expressions to have them evaluated.
Type :help for more information.

scala> 23/04/14 09:58:31 WARN ProcfsMetricsGetter: Exception when trying to comp
ute pagesize, as a result reporting of ProcessTree metrics is stopped


scala>
```

图 3.7 Spark 在 Windows 系统中的运行界面

3. 流计算

传统的流计算系统一般基于事件机制，处理的数据量也不大。新型的流处理技术，如雅虎的 S4，主要解决的是高数据率和大数据量的流处理。S4 是一个通用的、分布式的、可扩展的、部分容错的、可插拔的平台，开发者可以很容易在其上面开发面向无界不间断流数据处理的应用。

Storm 是 Twitter 开源的一个类似于 Hadoop 的实时数据处理框架，这种高可拓展性、能处理高频数据和大规模数据的实时流计算解决方案，将被应用于实时搜索、高频交易和社交网络上。Storm 可以用来并行处理密集查询，Storm 的拓扑结构是一个等待调用信息的分布函数，当它收到一条调用信息后，会对查询进行计算，并返回查询结果。图 3.8 显示了 Storm 的运行界面。

Apache Flink 是一个分布式的流计算引擎，其针对数据流的分布式计算提供了数据分布、数据通信及容错机制等功能。Apache Flink 是一个框架和分布式处理引擎，用于对无界和有界数据流进行有状态计算。Flink 被设计在所有常见的集群环境中运行，以内存执行速度和任意规模来执行计算。Flink 的分布式特点体现在它能够在成百上千台机器上运行，它将大型的计算任务分成许多部分，每台机器执行一部分。Flink 能够自动确保发生机器故障或者其他错误时计算能够持续进行，或者在修复故障或进行版本升级后有计划地再执行一次。这种能力使得开发人员不需要担心运行失败。Flink 本质上使用容错性数据流，这使得开发人员可以分析持续生成且永远不结束的数据（即流处理）。

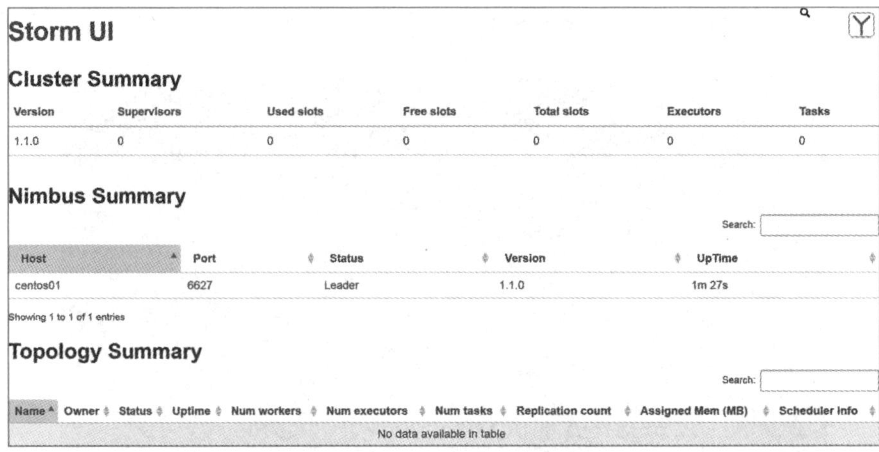

图 3.8　Storm 的运行界面

图 3.9 显示了 Flink 在 Windows 系统中的运行界面。

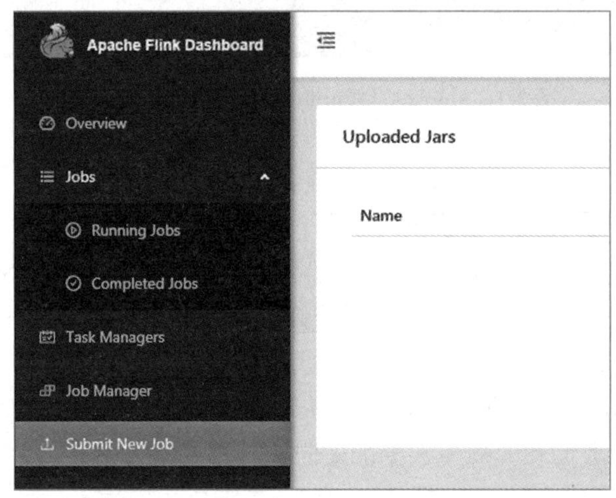

图 3.9　Flink 在 Windows 系统中的运行界面

3.1.5　数据分析与可视化

1. 数据分析

数据分析是指用适当的统计分析方法对收集来的大量数据进行分析，并提取有用信息和形成结论，进而对数据加以详细研究和概括总结的过程。随着大数据时代的来临，大数据分析应运而生。一般来讲，大数据分析通常是指对规模巨大的数据进行分析，其目的是提取海量数据中的有价值的内容，找出内在的规律，从而帮助人们做出最正确的决策。

大数据分析主要包括描述性统计分析、探索性数据分析及验证性数据分析等类型。

（1）描述性统计分析。

描述性统计分析是指运用制表和分类、图形及计算概括性数据来描述数据特征的各项活动。描述性统计分析要对调查总体所有变量的有关数据进行统计性描述，主要包括数据的频数分析、集中趋势分析、离散程度分析及一些基本的统计图形。

（2）探索性数据分析。

探索性数据分析是指为了形成值得假设的检验而对数据进行分析的一种方法，是对传统统计学假设检验手段的补充。它是对已有的数据（特别是调查或观察得来的原始数据）在尽量少的先验假定下进行探索，通过作图、制表、方程拟合、计算特征量等手段探索数据的结构和规律的一种数据分析方法。特别是在大数据时代，人们面对各种杂乱的“脏”数据时，往往不知所措，不知道从哪里开始了解目前手上的数据，这时探索性数据分析就非常有效。

从逻辑推理上讲，探索性数据分析属于归纳法，有别于从理论出发的演绎法。因此，探索性数据分析成为大数据分析中不可缺少的一步，并且逐渐走向前台。

（3）验证性数据分析。

验证性数据分析注重对数据模型和研究假设的验证，侧重于已有假设的证实或证伪。假设检验是根据数据样本所提供的证据，肯定或否定有关总体的声明。

验证性数据分析一般包含以下流程：

①提出零假设，以及对应的备择假设。

②在零假设前提下，推断样本统计量出现的概率（统计量可符合不同的分布，对应不同的概率分布有不同的检验方法）。

③设定拒绝零假设的阈值，样本统计量在零假设下出现的概率小于阈值，则拒绝零假设，承认备择假设。

2. 数据可视化

数据可视化在大数据技术中也至关重要，因为数据最终需要为人们所使用，为生产、运营、规划提供决策支持。选择恰当的、生动直观的展示方式能够帮助人们更好地理解数据及其内涵和内在关系，也能够更有效地解释和运用数据，发挥其价值。在展现方式上，除了传统的报表、图形之外，人们还可以结合现代化的可视化工具及人机交互手段，甚至增强现实技术等来实现数据与现实的无缝接口。

与传统的立体建模之类的特殊技术方法相比，数据可视化所涵盖的技术方法要广泛得多，它是以计算机图形学及图像处理技术为基础，将数据转换成图形或图像形式显示到屏幕上，并进行交互处理的理论、方法和技术。它涉及计算机视觉、图像处理、计算机辅助设计、计算机图形学等多个领域，并逐渐成为一项研究数据表示、数据综合处理、决策分析等问题的综合技术。

值得注意的是：由于对海量的数据做出有意义的理解非常困难，而许多大数据集中又包含了有价值的数据，因此数据可视化已成为决策者的重要方法。为了利用所有数据，许多企业认识到数据可视化的价值在于清晰有效地理解重要信息，使决策者能够理解困难的概念，识别新的模式，并获得数据驱动的洞察力，以便做更好的决策。对于图形设计人员来说，确定呈现数据集的最佳方式，并遵循数据可视化最佳实践，在创建视觉效果时非常重要。特别是在处理规模非常大的数据集时，开发有张力的表达方式，对于创建既有用又具有视觉吸引力的可视化至关重要。图 3.10 显示了数据可视化中的柱状图表。

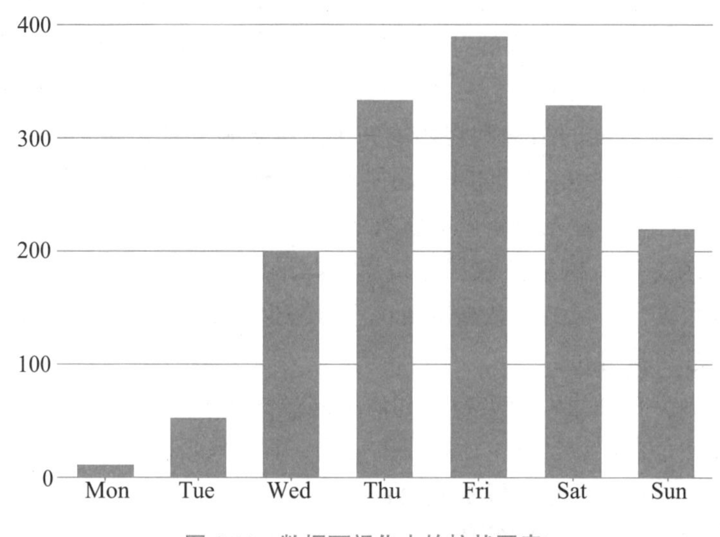

图 3.10　数据可视化中的柱状图表

数据可视化越来越普及，在工业物联网、电信、智慧医疗、智能交通、现代农业等多个行业都有广泛的应用。

3.1.6　数据治理

在现代社会，数据是企业的资产，组织必须从中获取业务价值，最大程度地降低风险并寻求方法以进一步开发和利用数据。数据治理的目标是提高数据的质量（准确性和完整性），保证数据的安全性（保密性、完整性及可用性），实现数据资源在各组织机构部门的共享；推进信息资源的整合、对接和共享，从而提升集团公司或政务单位的信息化水平，充分发挥信息化作用。

数据治理是指对数据的收集、存储、共享、分析和使用等过程进行规范和管理，以保证数据的质量、安全和合规，促进数据价值的发挥。数据治理涉及数据拥有者、数据提供者、数据使用者和数据监管者等多个利益相关方，包括政府、企业、公共组织、公众等不同主体，涵盖政府数据、企业数据、公共数据、互联网数据、个人数据等。

在数据治理中，既包含了企业各种前端数据的输入（企业交易数据、运营数据等），也包含了三方数据（通信数据、客户数据等），甚至还包含了各种采集数据（社交数据、传感数据、图像数据等）。实施数据治理，能够为企业带来新的数据价值。

随着大数据在各个行业领域应用的不断深入，数据作为基础性战略资源的地位日益凸显，数据标准化、数据确权、数据质量、数据安全、隐私保护、数据流通管控、数据共享开放等问题越来越受到国家、行业、企业各个层面的高度关注，这些内容都属于数据治理的范畴。因此，数据治理的概念就越来越多地受到关注，成为目前大数据产业生态系统中的新热点。

一般来说，数据治理主要包括以下三个部分：

（1）定义数据资产的具体职责和决策权，应用角色分配决策需要执行的确切任务的决策和规范活动。

（2）为数据管理实践制定企业范围的原则、标准、规则和策略。数据的一致性、可信性和准确性对于确保增值决策至关重要。

（3）建立必要的流程，以提供对数据的连续监视和控制实践，并帮助在不同职能部门之间执行与数据相关的决策，以及业务用户类别。

因此，数据治理能够有效帮助企业利用数据建立全面的评估体系，实现业务增长；通过数据优化产品，提升运营效率，真正实现数据系统赋能业务系统，提升以客户为中心的数字化体验能力，实现业绩的增长。

图 3.11 显示了数据治理框架。该数据治理框架比较符合我国企业和政府的组织现状，更加全面和精炼地描述了数据治理的工作内容，包含顶层设计、数据治理环境、数据治理域和数据治理过程。

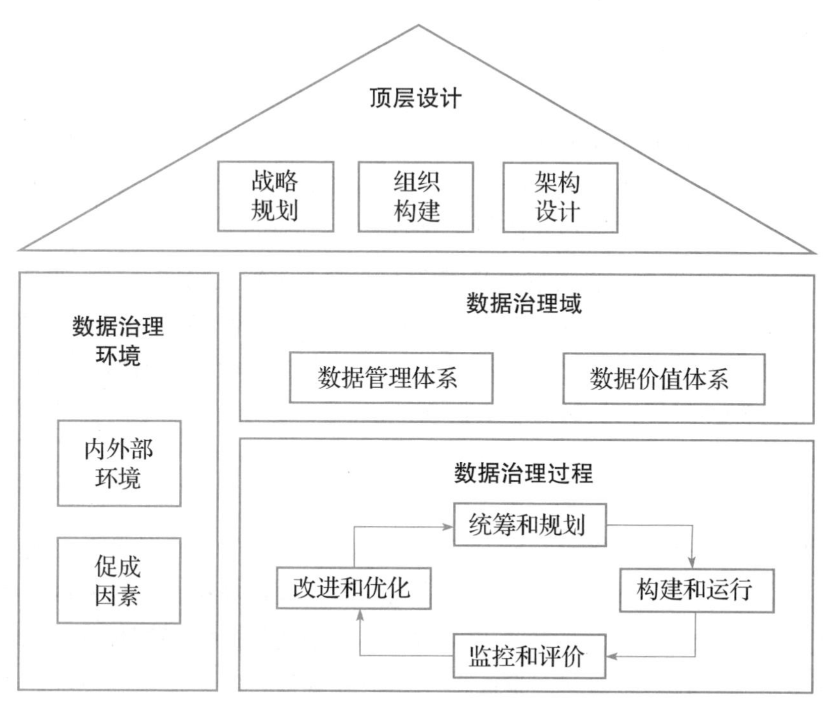

图 3.11　数据治理框架

图 3.12 显示了数据治理中的企业业务架构。业务架构是企业治理结构、商业能力与价值流的正式蓝图，并将企业的业务战略转化为日常运作的渠道。业务架构定义了企业的治理架构（组织结构）、业务能力、业务流程及业务数据。其中，业务能力定义企业做什么，而业务流程定义企业该怎么做。此外，在具体实施中，业务架构还包括企业业务的运营模式、流程体系、组织结构、地域分布等内容，并体现企业从大到板块、小到最细粒度的流程环节之间的所有业务逻辑。

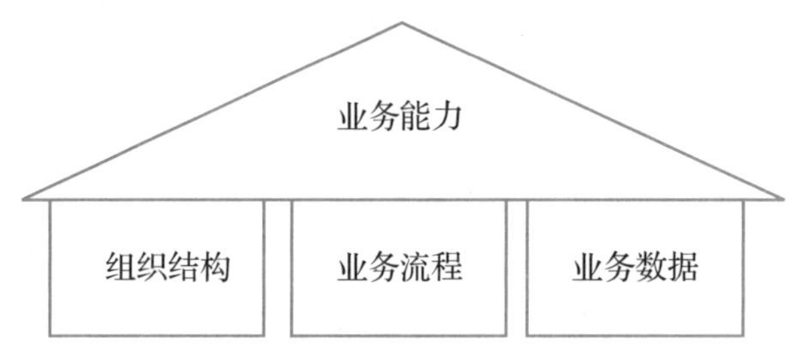

图 3.12　数据治理中的企业业务架构

3.1.7　大数据安全

数据是国家基础性战略资源，没有数据安全就没有国家安全。以数据为核心发展数字经济是实现新旧动能转换、培育新业态发展的重要路径，数据作为一种新型生产要素，已成为推动我国经济高质量发展的重要资源。近年来，我国不断推进网络强国、数字中国、智慧社会建设，以数据为新生产要素的数字经济蓬勃发展，数据的竞争已成为国际竞争的重要领域。

一般来说，安全可以分为四层，自下而上分别为物理安全、系统安全、数据安全和业务安全。物理安全指的是包括电磁泄漏等在内的物理环境的安全；系统安全指的是从操作系统到上层应用在内实现各种功能的软件系统的正常运行（网络本身也可以看成系统）；数据安全是和其他安全不同的相对独立的部分，指的是信息系统中产生、存储、处理数据本身的安全；业务安全指的是业务逻辑方面的安全。这些数据要么是和一个组织的客户相关，要么是和组织自身相关。当然，这几个不同层面的安全是相互关联的，如物理安全层面的电磁泄漏、系统安全层面的网络入侵等也会导致数据被窃取。

1. 大数据安全的特点

大数据的广泛应用对数据安全的定义与防护带来了根本性的变革。首先，传统数据全生命周期安全保障被扩展到了近乎无限的开放空间中，互联网的每个节点和用户都成为数据保障与泄露的攻防点，数据保障体系的涵盖范围空前扩大；其次，海量的数据种类导致信息泄露渠道的多元化与高概率，多条低敏感度泄露数据的关联综合可能会组合成一条高敏感度数据，分布式的存储机制使数据泄露位置更加分散和随机，这导致控制与查找数据泄露来源的难度空前提高；最后，高速的海量数

据处理速度，也使原始数据被重复和多种维度利用的成本更加降低，原始数据被反复泄露、售卖的概率与次数更高，数据安全问题所造成的影响更大。因此，大数据安全保障将迎来新的挑战。

大数据时代的数据安全问题主要包括数据被滥用、被误用和被窃取这三种情况。

（1）数据被滥用。

数据被滥用指的是对数据的使用超出了其预先约定的场景或目的。例如，员工在没有工作场景支持的情况下访问了客户的个人敏感信息。需要强调的是，在今天的大数据业务环境下，无法做到针对每一条个人信息、每一个员工在每一个工作场景的请求下，进行单独的数据访问许可授权。

（2）数据被误用。

数据被误用指的是在正常范围内，在对数据处理的过程中泄露个人敏感信息。这是在大数据时代变得更加突出的典型问题。大数据时代，是通过对数据的各种分析，带来各种业务创新、保持业务价值。但是，这个分析过程是否泄露某个特定人的隐私，就属于是否误用的问题。企业如果知道用户的喜好和需求，就可以给用户发送更加精准的广告、提供更加适合的服务，但是在这个过程中，用户不希望自己的一举一动都被企业了如指掌地看到。如今，企业都在采集和分析数据，但是很多企业还缺乏技术能力或者安全意识，避免这些数据在分析处理的全过程中泄露用户的隐私。

（3）数据被窃取。

数据被窃取在本质上和系统安全相关。外部或者内部的网络攻击者，通过各种技术手段非法入侵系统，目的可能是为了窃取数据，这就变成了数据安全问题。如今，大量网站或应用的安全防护水平不高，导致“黑灰产”人员可以从中大量窃取数据，最终令用户防不胜防。另外，内部人员入侵作案，偷取客户数据或者公司商业秘密，数量往往比外部入侵的比例要大很多。可是，很多企业依然只重视对外部入侵的防御而忽视了内部入侵的防范，或者只重视了系统安全层面的防御能力，而没有意识到数据安全层面的不足。

2. 大数据安全相关的法律法规和政策

随着大数据安全问题越来越引起人们的重视，包括美国、欧盟和中国在内的很多国家、地区和组织都制定了大数据安全相关的法律法规和政策，以推动大数据应用和数据保护。

我国高度重视大数据安全问题。鉴于大数据的战略意义，我国近几年发布了一系列大数据安全相关的法律法规和政策。

2013 年 7 月，工业和信息化部公布了《电信和互联网用户个人信息保护规定》（中华人民共和国工业和信息化部令第 24 号），明确电信业务经营者、互联网信息服务提供者收集、使用用户个人信息的规则和信息安全保障措施要求。

2015 年 8 月，国务院印发了《促进大数据发展行动纲要》(国发〔2015〕50 号)，提出要健全大数据安全保障体系，完善法律法规制度和标准体系。在产业界和学术界，对大数据安全的研究已经成为热点。

国际标准化组织、产业联盟、企业和研究机构等都已开展相关研究以解决大数据安全问题。2012 年，云安全联盟（CSA）成立了大数据工作组，旨在寻找大数据安全和隐私问题的解决方案。2016 年，全国信息安全标准化技术委员会正式成立了大数据安全标准特别工作组，负责大数据和云计算相关的安全标准化研制工作。2021 年，我国颁布实施了《数据安全法》,《数据安全法》是贯彻落实总体国家安全观，聚焦数据安全领域的风险隐患，加强国家数据安全工作的统筹协调，确立数据分类分级管理、数据安全审查、数据安全风险评估、数据安全监测预警和应急处置等基本法律制度。《数据安全法》为相关职能机构、部门、企业在后续制定数据安全配套制度、措施、规范和标准指明了方向。一方面，互联时代数据开放并不意味着随意使用数据，而应依法使用、合法提取数据。只有明晰界定数据使用内容、使用流程、交易边界，才能让数据提供者更安心地将数据拿出来流通共享，让需求者更省心、更有效地获取所需数据；另一方面。利用法律武器实现网络数据的安全保护和合法利用，能够制约和限制互联网对个人权益的侵犯和影响，打击网络犯罪，维护网络安全秩序。

此外，加强数据安全防护，要坚持积极防范，构建基于等级保护的数据纵深防御防护体系架构，加强可信免疫、主动防护以确保数据可信、可控、可管。因此，《数据安全法》的出台，有助于进一步提升国家数据安全保障能力，有助于全面维护国家主权、安全和发展利益。

3.2 人工智能与大数据的关系及应用

3.2.1 人工智能与大数据的关系

人工智能是计算机科学的一个分支，它模仿人类的一系列思考和做出决策的能力。在这些能力的帮助下，机器可以做出自动化决策，解决复杂问题，以及更有利地应用数据和信息。大数据技术就是为了解决这类问题而开发出来的，它通过对大量不断变化的数据进行分析，深入了解它们背后的关联，以帮助企业做出更明智的决策。

2016 年以来，全球迎来人工智能发展的新一轮浪潮，人工智能成为各方关注的焦点。从软件时代到互联网时代，再到如今的大数据时代，数据的体量和复杂性都经历了从量到质的改变，可以说大数据引领人工智能发展进入重要战略窗口。

从发展意义来看，人工智能的核心在于数据支持。首先，大数据技术的发展打造坚实的素材基础。大数据具有体量大、多样性、价值密度低、速度快等特点。大数据技术能够通过数据采集、预处理、存储及管理、分析及挖掘等方式，从各种各样的海量数据中，快速获得有价值的信息，为深度学习等人工智能算法提供坚实的

素材基础。人工智能的发展也需要学习大量的知识和经验，而这些知识和经验就是数据。人工智能需要有大数据支撑，反过来人工智能技术也同样促进了大数据技术的进步，两者相辅相成，任何一方技术的突破都会促进另一方的发展。

人工智能创新应用的发展更离不开公共数据的开放和共享。从国际上看，开发、开放和共享政府数据已经成为普遍潮流，英国、美国等发达国家已经在公共数据驱动人工智能方面取得一定成效。在开放政府数据成为全球政府共识的背景下，我国应抓住大数据背景下发展人工智能这一珍贵历史机遇，加快数据开发、开放和共享步伐，提升国家经济与社会竞争力。

大数据为人工智能的发展提供了必要条件。不过值得注意的是：现阶段，在大数据角度，制约我国人工智能发展的关键在于缺乏高质量大数据应用基础设施、公共数据开放共享程度不够、社会参与数据增值开发进展缓慢、标准缺乏时效性等。

3.2.2　大数据的行业应用

1. 大数据建模

DIKW 模型是一个关于数据（Data）、信息（Information）、知识（Knowledge）、智慧（Wisdom）的模型，该模型如图 3.13 所示。

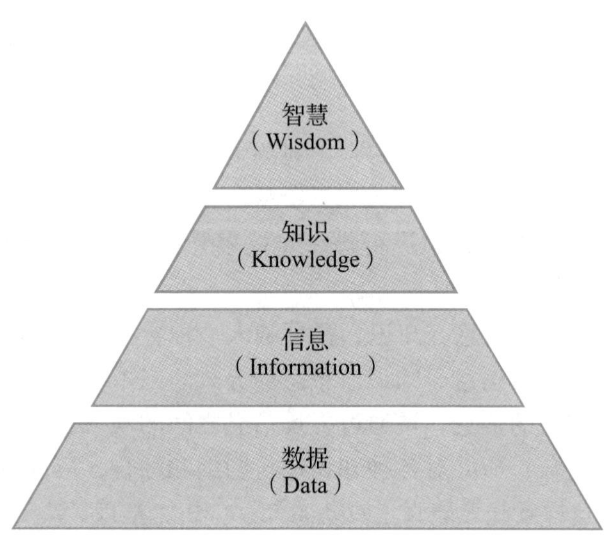

图 3.13　DIKW 模型

（1）DIKW 模型层级解释。

DIKW 模型将数据分为 4 个层级，由低到高分别是数据、信息、知识和智慧。

数据：数据是使用约定俗成的关键字，对客观事物的数量、属性、位置及其相互关系进行抽象表示，以适合在特定领域中使用人工或自然的方式进行保存、传递和处理。

信息：具有时效性的、有一定含义的、有逻辑的、经过加工处理的、对决策有价值的数据流。信息 = 数据 + 时间 + 处理。

知识：通过人们的参与利用归纳、演绎、比较等手段对信息进行挖掘，使其有价值的部分沉淀下来，并与已存在的知识体系相结合，这部分有价值的信息就转变成知识。

智慧：人类基于已有的知识，针对物质世界运动过程中产生的问题，再依据已获得的信息进行分析、对比、演绎，找出解决方案的能力。这种能力运用的结果是将信息的价值挖掘出来并使其成为知识架构的一部分。

（2）DIKW 模型中信息转化案例。

DIKW 模型中提及的数据、信息、知识和智慧之间的转化，依赖于人们个人的经验、创造力和对内容的理解程度。结合气象数据的案例，就可以直观地了解这个分级模型。

例如，飞机的每一款新机型在交付给航空公司之前都会接受一系列残酷的飞行测试。极端天气测试就是多项严格的测试之一。该测试的目的是确保飞机的发动机、材料和控制系统能在极端天气条件下正常运行。

数据：某个观测站观测到某日的最高气温是 35℃，这就是一个数据。数据必须要放到相应的环境中一起分析，才能了解数据之间的关系，可以分析出问题的根本原因（Root Cause）。

信息：综合整月、全年乃至更长时段的气温数据，便能得到这个观测站的气温序列，这就是信息。

知识：基于某城市多个观测站的常年观测资料，人们就能够判断当地的气候条件，这就形成了知识。

智慧：如果人们能够对知识进行进一步挖掘分析，利用它提炼出正确的决策，就进一步提升到了智慧。

DIKW 模型将数据、信息、知识、智慧纳入一种金字塔形的层次体系，展现了数据是如何一步步转化为信息、知识、智慧的方式。当系统采集到原始数据后，通过加工处理得到有逻辑的信息，再通过提炼信息之间的联系获得规则和知识，形成行动的能力和完成任务，最终对各种知识进行归纳和综合，形成关注未来不确定性业务的预测能力，这样系统才能真正具备感知、分析、推理、决策、控制的功能。

（3）数据建模的本质。

数据建模的本质，是根据一部分已有的数据获得另一部分不统一直接获得的数据。某个工业对象可以用函数 $Y=F(X)$ 描述，在这里 $F(X)$ 是个固定的映射，输入 X 可计算 Y。不过在实际中，X 往往是无法准确获得的。这时，人们要设法在已有的数据中，寻找一些与 X 相关的变量，如 Z。于是，现实的数据模型往往就变成 $Y=H(Z)$。

例如，某厂发现一种材料的合格率与生产这种材料的班组有关。事实上，合格率与某个工艺参数有关，不同班组采用的工艺参数不一样。但在实际中，每个班组采用的不同参数并没有记录。所以，人们只能看到合格率与班组有关。在这个案例

中，工艺参数就是 X，而班组就是 Z。

2. 工业大数据

工业大数据的建模要求用数理逻辑去严格地定义业务问题。由于工业生产过程中，本身受到各种机理约束条件的限制，利用历史过程数据定义问题边界，往往达不到工业的生产要求。因此，人们往往需要采用数据驱动 + 模型驱动 + 场景部署的多轮驱动方式，实现数据和机理的深度融合，去解决实际的工业问题。

事实上，工业大数据的方法，早已出现在前人的实践中。这类方法的基本思路就是：找一个类似的做法，在此基础上进行修订。例如，钢水冶炼前，需要给出合适的工艺参数。计算过程涉及很多参数，不容易算对，解决这个问题的思路是先从历史数据中找到类似的成功案例，以此为基础，根据案例炉与本炉次的参数差异进行修正。工业大数据的根本优势是数据的质量好。质量好的一个方面，就是数据分布范围大，覆盖了各种可能发生的情况，这就是所谓的"样本等于全体"。在这样的前提下，总能从历史数据中找到类似的案例。所以，大数据的本质优势是数据来源全面，而不是数量多到什么程度。如果数据存储得足够久、场景存储得足够多，新问题就会越来越少，这类方法就容易走向实用。以设备故障诊断为例，针对单台设备研究问题时，故障样本少，甚至每次都不一样。但是，如果把成千上万台设备的信息收集起来，情况就不一样了。每次出现问题，都容易在历史数据中找到类似的案例。这时，人们研究的重点，往往是如何利用理论的指导，更加准确地寻找类似案例，更加准确地修正。

图 3.14 显示了使用时序数据分析工业生产中的机器异常状况。

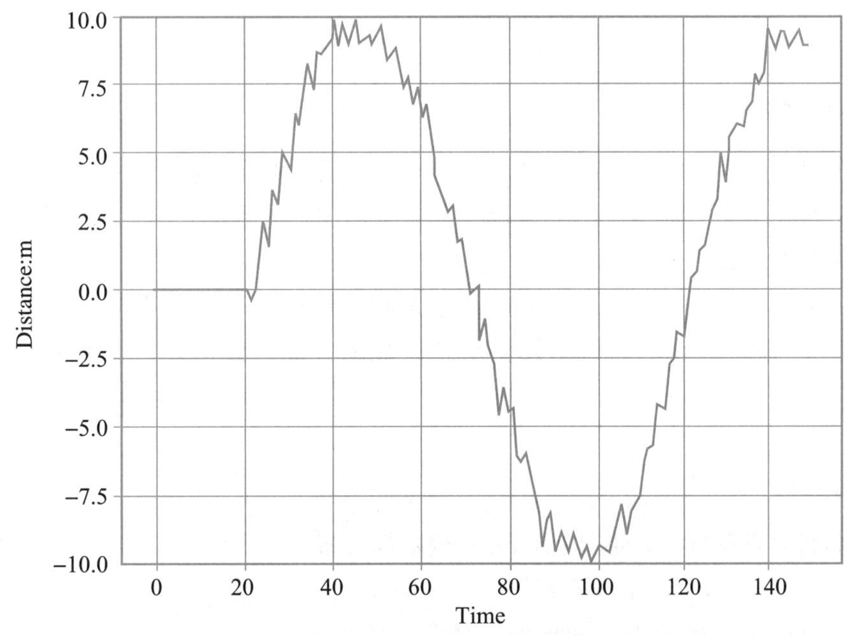

图 3.14 使用时序数据分析工业生产中的机器异常状况

图 3.15 显示了数控车床寿命预测模型。该模型设备部件为主轴，设备名称为数控车床，通过建立模型来预测其使用寿命，并通过可视化图表来显示。

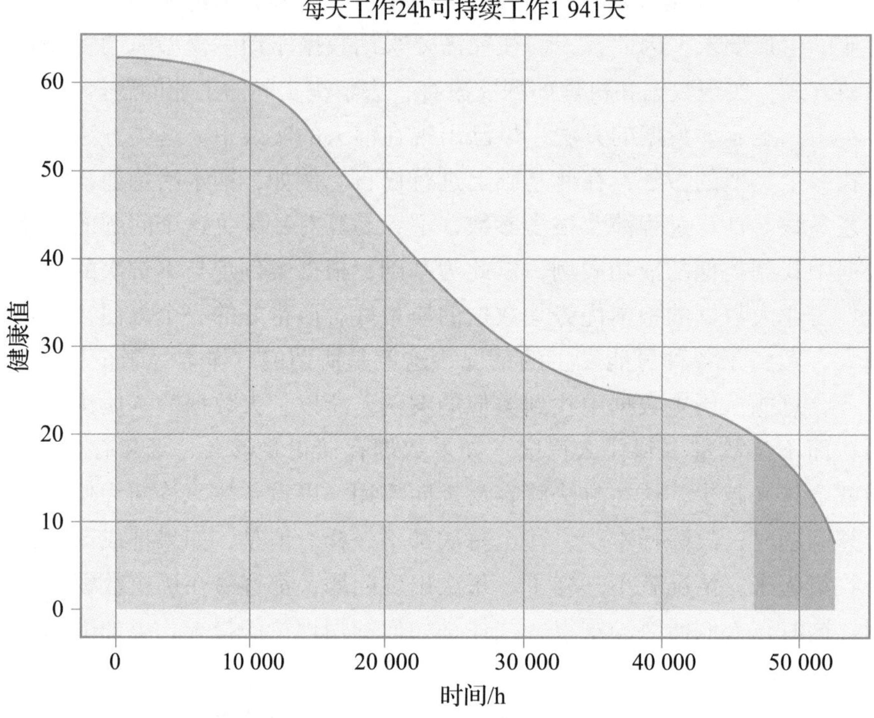

图 3.15　数控车床寿命预测模型

项目小结

本项目首先介绍了大数据的概念和特点，然后介绍了数据采集、数据清洗、数据存储、数据计算、数据分析与可视化、数据治理及大数据安全，最后介绍了人工智能与大数据的关系及应用。

通过对本项目的学习，读者能够对大数据的概念有一个基本的认识，需要读者重点掌握的是数据采集、数据清洗、数据存储、数据计算及数据分析与可视化。

实训

本实训主要介绍如何使用 Python 实现数据分析。

1. 使用 NumPy 进行数据分析

（1）使用 NumPy 创建一维数组，如图 3.16 所示。

```
>>> import numpy as np
>>> a=np.array([1,2,3])
>>> a
array([1, 2, 3])
>>>
```

图 3.16 创建一维数组

（2）创建多维数组，如图 3.17 所示。

```
>>> import numpy as np
>>> a=np.array([[1,2,3],[4,5,6],[7,8,9]])
>>> a
array([[1, 2, 3],
       [4, 5, 6],
       [7, 8, 9]])
>>>
```

图 3.17 创建多维数组

（3）生成 0, 1 数组，如图 3.18 所示。

```
>>> import numpy as np
>>> a=np.ones((3,3),dtype=np.int64)
>>> a
array([[1, 1, 1],
       [1, 1, 1],
       [1, 1, 1]], dtype=int64)
>>> b=np.zeros((3,3),dtype=np.int64)
>>> b
array([[0, 0, 0],
       [0, 0, 0],
       [0, 0, 0]], dtype=int64)
```

图 3.18 生成 0,1 数组

（4）生成序列，如图 3.19 所示。

```
>>> import numpy as np
>>> data=np.arange(10)
>>> data
array([0, 1, 2, 3, 4, 5, 6, 7, 8, 9])
>>>
```

图 3.19 生成序列

（5）获取最大值、最小值和平均值，如图 3.20 所示。

```
>>> import numpy as np
>>> a=np.array([[1,2,3],[4,5,6],[7,8,9]])
>>> a.max()
9
>>> a.min()
1
>>> a.mean()
5.0
>>>
```

图 3.20 获取最大值、最小值和平均值

（6）执行四则运算，如图 3.21 所示。

```
>>> a+1
array([[ 2,  3,  4],
       [ 5,  6,  7],
       [ 8,  9, 10]])
>>> a*2
array([[ 2,  4,  6],
       [ 8, 10, 12],
       [14, 16, 18]])
>>> a/2
array([[0.5, 1. , 1.5],
       [2. , 2.5, 3. ],
       [3.5, 4. , 4.5]])
>>>
```

图 3.21　执行四则运算

（7）查看形状、元素个数和最大值索引，如图 3.22 所示。

```
>>> import numpy as np
>>> a=np.array([[1,2,3],[4,5,6],[7,8,9]])
>>> a.shape
(3, 3)
>>> a.size
9
>>> a.argmax
<built-in method argmax of numpy.ndarray object at 0x0000000009ACF710>
>>>
```

图 3.22　查看形状、元素个数和最大值索引

2. MySQL 数据分析

（1）在 MySQL 中创建数据库 test，在 test 中创建数据表 company，并在表 company 中插入字段和数据，如图 3.23、图 3.24 和图 3.25 所示。

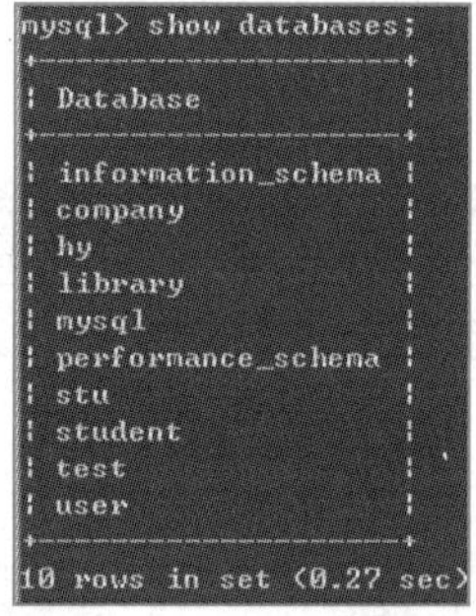

```
mysql> show databases;
+--------------------+
| Database           |
+--------------------+
| information_schema |
| company            |
| hy                 |
| library            |
| mysql              |
| performance_schema |
| stu                |
| student            |
| test               |
| user               |
+--------------------+
10 rows in set (0.27 sec)
```

图 3.23　创建数据库 test

```
mysql> show tables;
+----------------+
| Tables_in_test |
+----------------+
| company        |
| company1       |
| user           |
| user1          |
| xs             |
+----------------+
5 rows in set (0.00 sec)
```

图 3.24　创建数据表 company

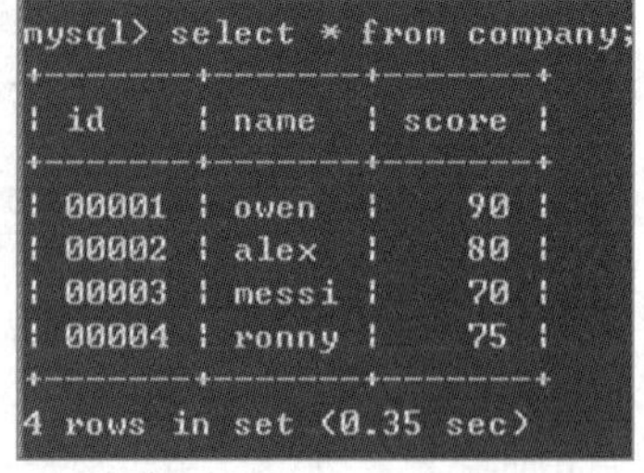

```
mysql> select * from company;
+-------+-------+-------+
| id    | name  | score |
+-------+-------+-------+
| 00001 | owen  |    90 |
| 00002 | alex  |    80 |
| 00003 | messi |    70 |
| 00004 | ronny |    75 |
+-------+-------+-------+
4 rows in set (0.35 sec)
```

图 3.25　插入字段和数据

（2）使用 Python 连接 test 数据库，并读取其中数据，绘制柱状图，代码如下：

```
import pandas as pd
import pymysql
import matplotlib.pyplot as plt
plt.rcParams['font.sans-serif'] = ['SimHei']                    # 设置字体
db=pymysql.connect("localhost","root","","test")                # 连接数据库
sql="select * from company"                 # 查询语句
data=pd.read_sql(sql,db)                    # 从数据库中读取数据
print(data)                                 # 打印数据
name=data['name']
score=data['score']
plt.bar(name,score)                         # 绘制柱状图
plt.title(" 成绩图 ")
plt.show()
```

运行结果如图 3.26、图 3.27 所示。

```
===================== RESTART: C:/Users/xxx/Desktop/4.py =====================
      id   name  score
0  00001   owen     90
1  00002   alex     80
2  00003  messi     70
3  00004  ronny     75
```

图 3.26　打印数据

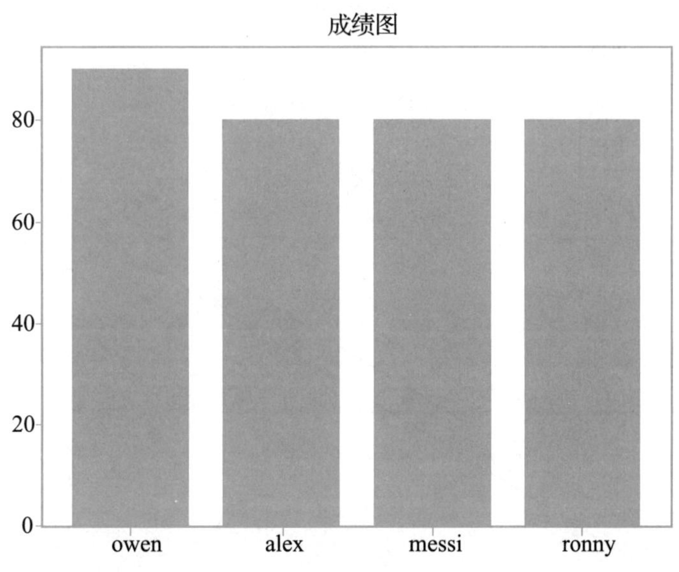

图 3.27　显示柱状图

3. 数据可视化

（1）利用 NumPy 与 Pandas 绘图，代码如下：

```
import pandas as pd
import numpy as np
import matplotlib.pyplot as plt
plt.rcParams['font.sans-serif'] = ['SimHei'] # 设置字体
data = pd.DataFrame(np.arange(16).reshape((4,4)),columns= ['北京','上海','天津','重庆'],index = [ str(i) + '月' for i in np.arange(1,5)])
print(data)
data.plot()
plt.title('四个城市的对比')
plt.show()
data1=data['北京'].plot()
plt.title('北京数据')
plt.show()
```

（2）该例首先生成 1—4 月四个城市的数据，如下所示：

	北京	上海	天津	重庆
1 月	0	1	2	3
2 月	4	5	6	7
3 月	8	9	10	11
4 月	12	13	14	15

（3）接着用折线图来描述四个城市的数据，如图 3.28 所示。

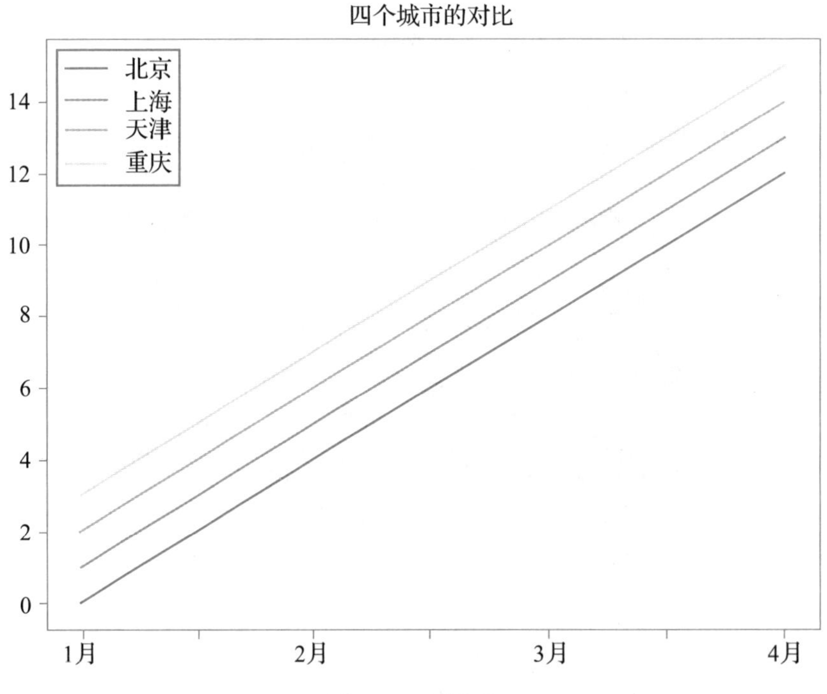

图 3.28　折线图

（4）最后用折线图来描述北京的数据，如图 3.29 所示。

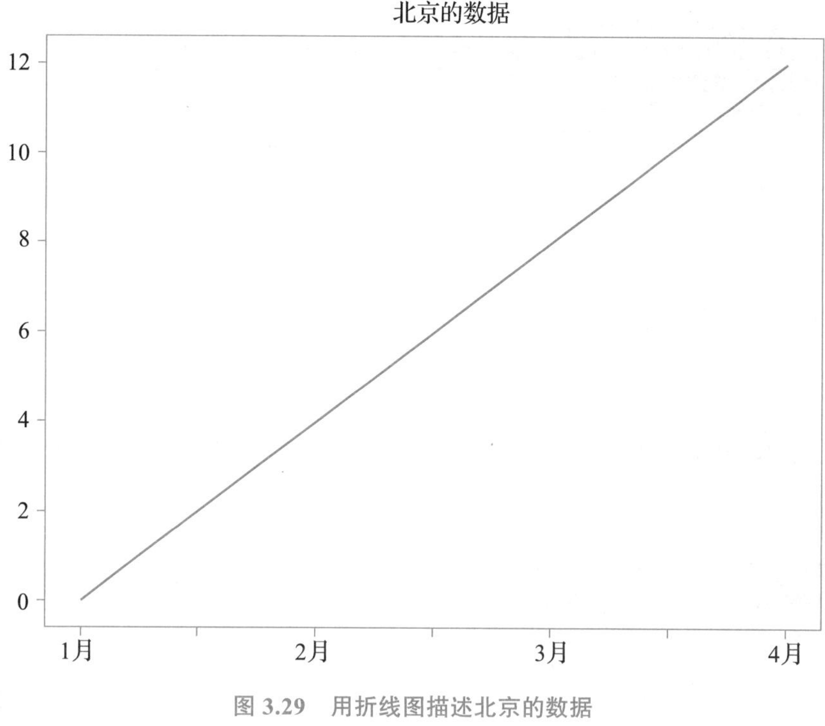

图 3.29　用折线图描述北京的数据

4. 安装与使用 Flink

（1）登录官网 https://archive.apache.org/dist/flink/flink-1.9.0/ 下载 Flink，如图 3.30 所示。此处下载的版本为 flink-1.9.0-bin-scala 2.12.tgz。

Index of /dist/flink/flink-1.9.0

Name	Last modified	Size	Description
Parent Directory		-	
flink-1.9.0-bin-scala 2.11.tgz	2019-08-19 17:02	243M	
flink-1.9.0-bin-scala 2.11.tgz.asc	2019-08-19 17:02	833	
flink-1.9.0-bin-scala 2.11.tgz.sha512	2019-08-19 17:02	161	
flink-1.9.0-bin-scala 2.12.tgz	2019-08-19 17:02	235M	
flink-1.9.0-bin-scala 2.12.tgz.asc	2019-08-19 17:02	833	
flink-1.9.0-bin-scala 2.12.tgz.sha512	2019-08-19 17:02	161	
flink-1.9.0-src.tgz	2019-08-19 17:02	20M	
flink-1.9.0-src.tgz.asc	2019-08-19 17:02	833	
flink-1.9.0-src.tgz.sha512	2019-08-19 17:02	150	

图 3.30　下载 Flink

（2）下载 Flink 软件并解压到 D 盘根目录中，安装路径：D:\flink-1.9.0-bin-scala_2.12，

如图 3.31 所示。

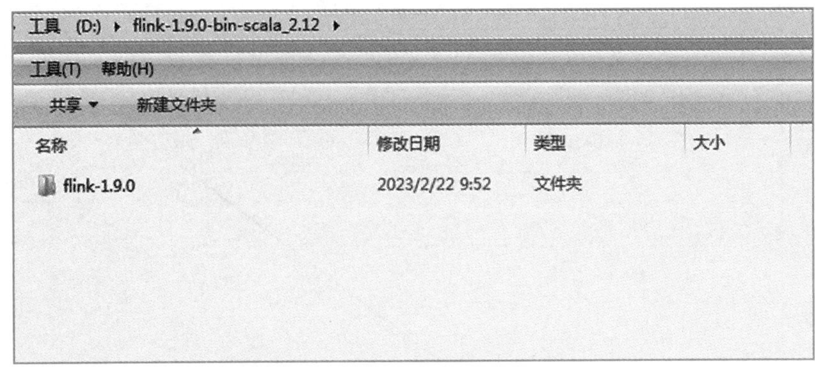

图 3.31 安装路径

（3）进入 Flink 的 bin 目录中，运行 start-cluster.bat 即可启动 Flink，如图 3.32 所示。

▸ 工具 (D:) ▸ flink-1.9.0-bin-scala_2.12 ▸ flink-1.9.0 ▸ bin

工具(T) 帮助(H)

打印 新建文件夹

名称	修改日期	类型	大小
config.sh	2019/8/20 0:21	SH 文件	29 KB
find-flink-home.sh	2019/8/20 0:21	SH 文件	2 KB
flink	2019/8/20 0:19	文件	3 KB
flink	2019/8/20 0:19	Windows 批处理...	2 KB
flink-console.sh	2019/8/20 0:19	SH 文件	3 KB
flink-daemon.sh	2019/8/20 0:19	SH 文件	7 KB
historyserver.sh	2019/8/20 0:19	SH 文件	2 KB
jobmanager.sh	2019/8/20 0:19	SH 文件	3 KB
mesos-appmaster.sh	2019/8/20 0:19	SH 文件	2 KB
mesos-appmaster-job.sh	2019/8/20 0:19	SH 文件	2 KB
mesos-taskmanager.sh	2019/8/20 0:19	SH 文件	2 KB
pyflink-gateway-server.sh	2019/8/20 0:21	SH 文件	4 KB
pyflink-shell.sh	2019/8/20 0:21	SH 文件	3 KB
sql-client.sh	2019/8/20 0:19	SH 文件	4 KB
standalone-job.sh	2019/8/20 0:19	SH 文件	3 KB
start-cluster	2019/8/20 0:19	Windows 批处理...	4 KB
start-cluster.sh	2019/8/20 0:19	SH 文件	2 KB
start-scala-shell.sh	2019/8/20 0:21	SH 文件	4 KB
start-zookeeper-quorum.sh	2019/8/20 0:19	SH 文件	2 KB
stop-cluster.sh	2019/8/20 0:19	SH 文件	2 KB
stop-zookeeper-quorum.sh	2019/8/20 0:19	SH 文件	2 KB
taskmanager.sh	2019/8/20 0:19	SH 文件	4 KB
yarn-session.sh	2019/8/20 0:19	SH 文件	2 KB
zookeeper.sh	2019/8/20 0:19	SH 文件	3 KB

图 3.32 运行 start-cluster.bat

（4）在浏览器中打开网址 http://localhost：8081，即可查看 Flink 的运行状态，如图 3.33 所示。Flink 集群启动时，会启动一个 Job Manager 进程、至少一个 Task Manager 进程。Flink 系统的协调者，负责接收 Job，调度组成 Job 的多个 Task 的执行。

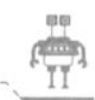

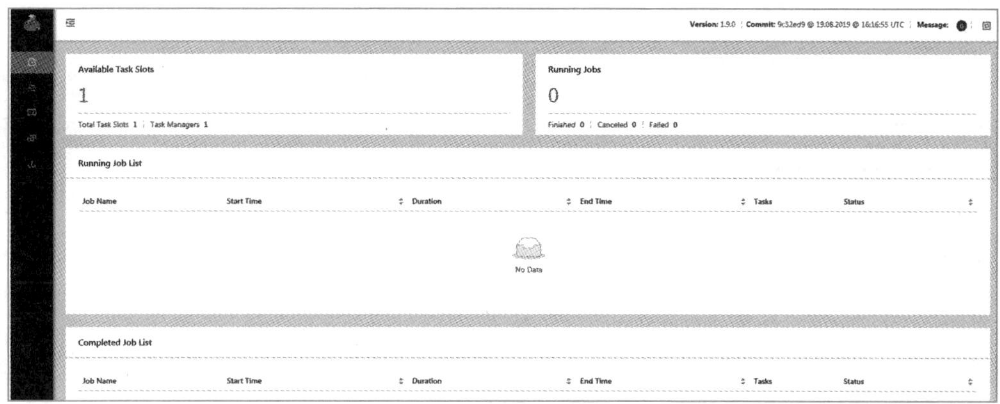

图 3.33　查看 Flink 的运行状态

Job Manager 收集 Job 的状态信息，并管理 Flink 集群中的 Task Manager。

Task Manager 负责执行计算的 Worker，在其上执行 Flink Job 的一组 Task，Task Manager 负责管理其所在节点上的资源信息，如内存、磁盘、网络，在启动的时候将资源的状态向 Job Manager 汇报。

（5）Flink 中的执行资源通过任务槽（Task Slots）来定义，如图 3.34 所示。每个 Task Manager 都有一个或多个任务槽，每个任务槽都可以运行一个并行任务管道（Pipeline of Parallel Tasks）。任务管道由多个连续任务组成，如 Map Function 的第 n 个并行实例及 Reduce Function 的第 n 个并行实例。请注意，Flink 经常并行执行连续任务（Successive Tasks）：对于流程序，无论如何都会发生，但对于批处理程序，它经常发生。

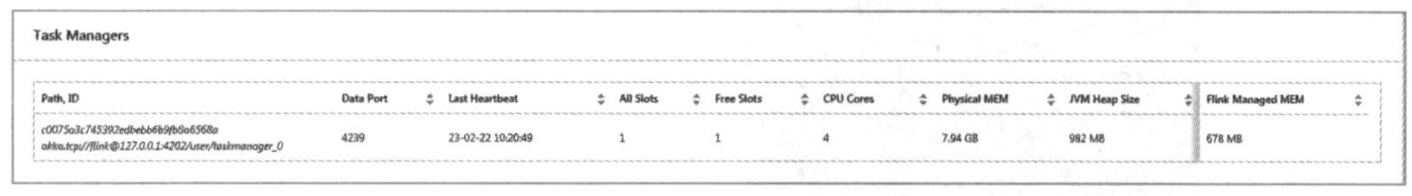

Task Managers

Path, ID	Data Port	Last Heartbeat	All Slots	Free Slots	CPU Cores	Physical MEM	JVM Heap Size	Flink Managed MEM
c0075a3c745392edbebb6b9fb8a6568a akka.tcp://flink@127.0.0.1:4202/user/taskmanager_0	4239	23-02-22 10:20:49	1	1	4	7.94 GB	982 MB	678 MB

图 3.34　任务槽

（6）在作业执行期间，Job Manager 会跟踪分布式任务，决定何时安排下一个任务（或一组任务），并对已完成的任务或执行失败做出反应，如图 3.35 所示。Job Manager 接收 Job Graph，它是由运算符（Job Vertex）和中间结果（Intermediate Data Set）组成的数据流的表示。每个运算算子（Operator）都具有属性，如并行性和它执行的代码。

此外，Job Graph 还有一组附加库，这些库是执行运算算子代码所必需的。Job Manager 将 Job Graph 转换为 Execution Graph。Execution Graph 是 Job Graph 的并行版本：对于每个 Job Vertex，它包含每个并行子任务的 Execution Vertex。并行度

Configuration　Logs　Stdout

Key	Value
parallelism.default	1
jobmanager.execution.failover-strategy	region
jobmanager.rpc.address	localhost
taskmanager.numberOfTaskSlots	1
FLINK_PLUGINS_DIR	D:\flink-1.9.0-bin-scala_2.12\flink-1.9.0\bin\..\plugins
web.tmpdir	C:\Users\xxx\AppData\Local\Temp\flink-web-11d742c4-611a-48d0-b6e8-b7ee6726d7f6
jobmanager.rpc.port	6123
taskmanager.heap.size	1024m
jobmanager.heap.size	1024m

图 3.35　跟踪分布式任务

为 100 的运算算子（Operator）将具有一个 Job Vertex 和 100 个 Execution Vertices。Execution Vertex 跟踪特定子任务的执行状态。来自一个 Job Vertex 的所有 Execution Vertices 都保存在 Execution Job Vertex 中，它跟踪整个运营商的状态。

除了顶点之外，Execution Graph 还包含 Intermediate Result 和 Intermediate Result-Partition。前者跟踪 Intermediate Data Set 的状态，后者是每个分区的状态。

（7）执行示例程序，首先选中“Submit New Job”，如图 3.36 所示。

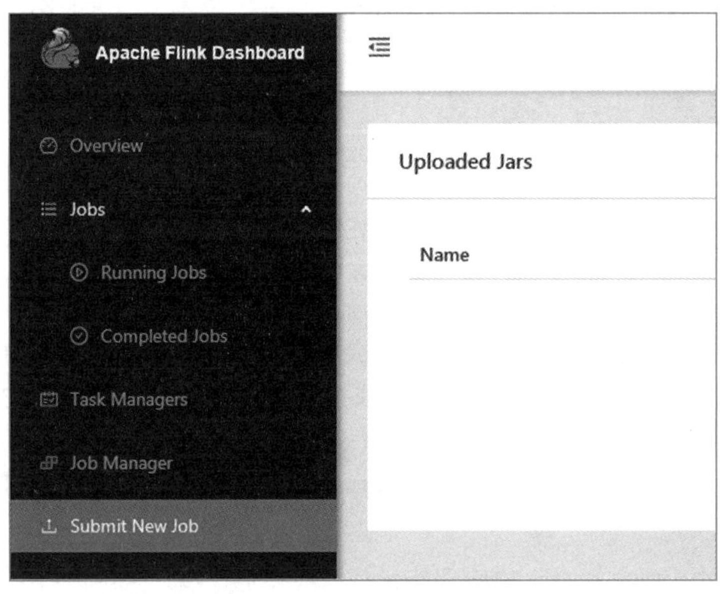

图 3.36　选中“Submit New Job”

（8）单击“Add New”按钮，选择一个 Flink 自带的程序，如图 3.37 所示。

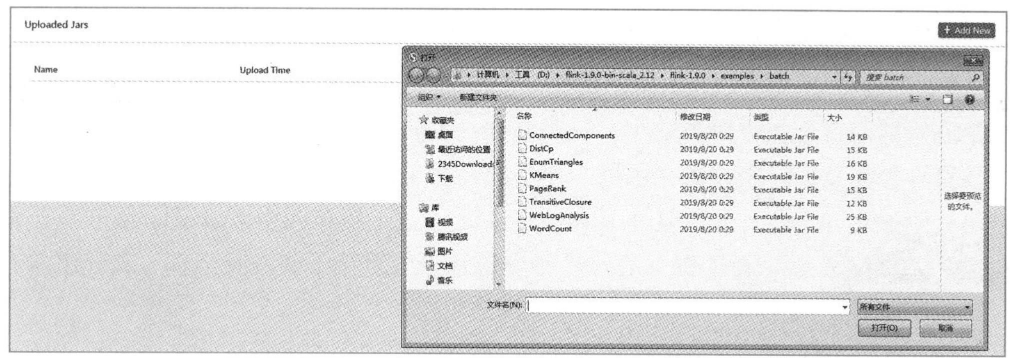

图 3.37　选择一个 Flink 自带的程序

（9）选中“WordCount”，并单击“Submit”按钮，提交程序如图 3.38 所示。

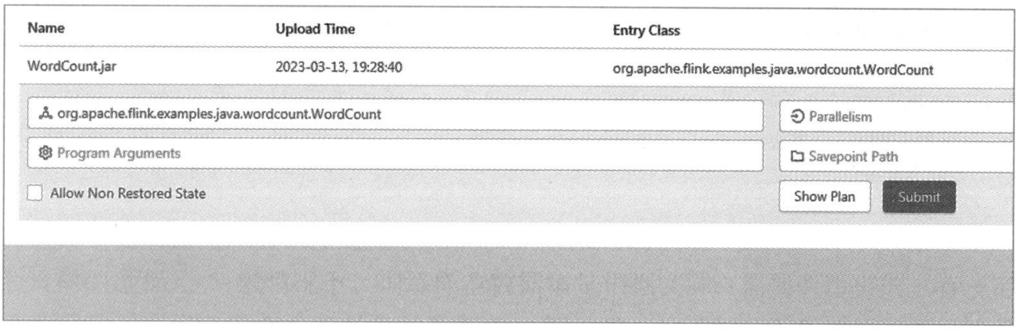

Name　Upload Time　Entry Class

WordCount.jar　2023-03-13, 19:28:40　org.apache.flink.examples.java.wordcount.WordCount

org.apache.flink.examples.java.wordcount.WordCount　Parallelism

Program Arguments　Savepoint Path

Allow Non Restored State　Show Plan　Submit

图 3.38　提交程序

（10）查看 Job 运行结果，如图 3.39 所示。

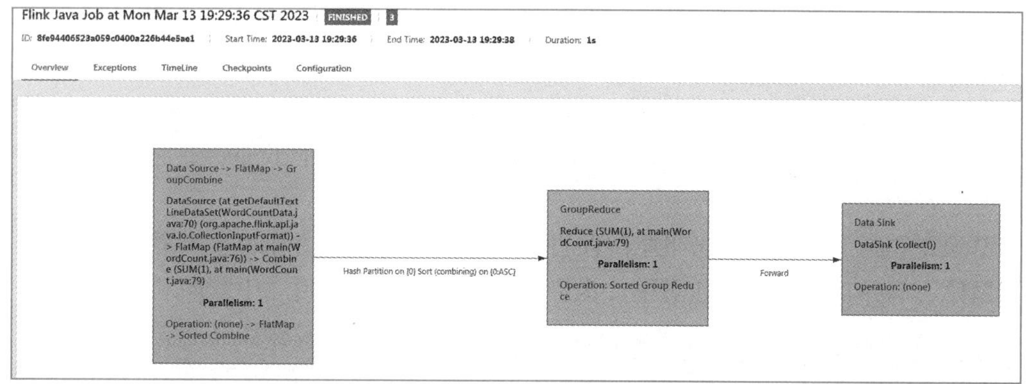

图 3.39　查看 Job 运行结果

（11）查看程序执行结果，如图 3.40 所示。

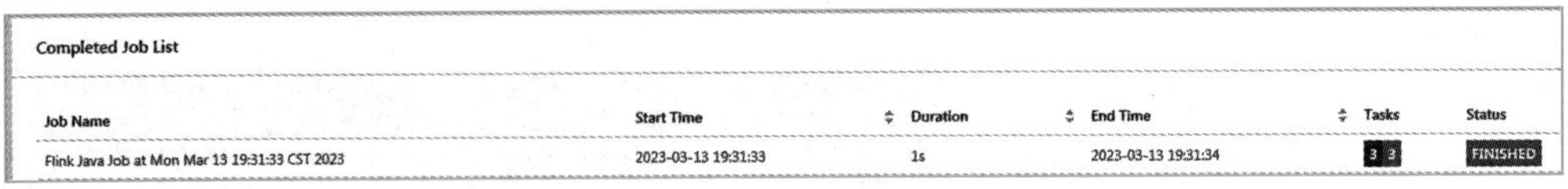

Completed Job List

Job Name	Start Time	Duration	End Time	Tasks	Status
Flink Java Job at Mon Mar 13 19:31:33 CST 2023	2023-03-13 19:31:33	1s	2023-03-13 19:31:34	3 3	FINISHED

图 3.40　查看程序执行结果

习题

一、简答题

1. 简述什么是大数据。

2. 简述什么是数据采集。

3. 简述什么是数据可视化。

二、编程题

使用 Python 编写一个程序，并打印输出三维数组。

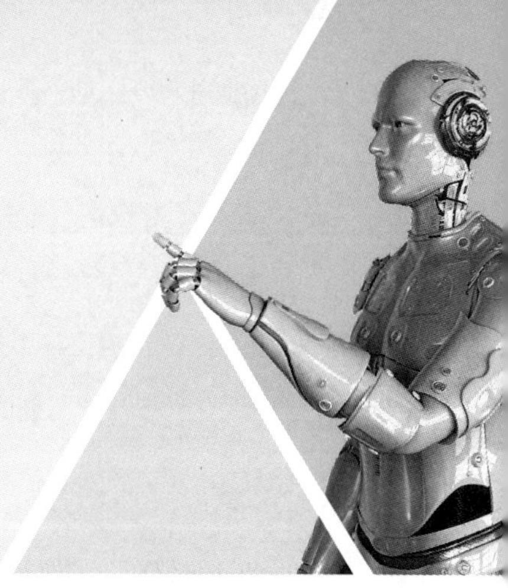

项目 4

机器学习

教学目标

通过对本任务的学习，认识机器学习，理解机器学习的分类、常见算法，了解机器学习的应用。

注重对比和分析，加强对科学素养的培养，掌握科学的世界观和方法论。

4.1 认识机器学习

机器学习是人工智能研究领域中最重要的分支之一。它是一门涉及多个领域的交叉学科，包含高等数学、统计学、概率论、凸分析和逼近论等多门学科。该学科专门研究计算机应如何模拟并实现人类的学习行为，以获取人类所不了解的新知识，并使计算机能够使用已有的知识或经验，不断改善自身的性能以得到更加精确的知识。机器学习的应用遍及人工智能的各个领域，机器学习主要使用归纳、综合而不是演绎的方法。值得注意的是：机器学习是基于推理的专家系统的另辟蹊径。机器学习的核心是大数据和概率论。

机器学习，通俗地讲就是让机器来实现学习的过程，让机器拥有学习的能力，从而改善系统自身的性能。对于机器而言，这里的“学习”指的是从数据中学习，从数据中产生“模型”的算法，即“学习算法”。有了学习算法，只要把经验数据提供给它，它就能够基于这些数据产生模型，在面对新的情况时，模型能够提供相应的判断，进行预测。机器学习的实质是基于数据集的，通过对数据集的研究，找出数据集中数据之间的联系和数据的真实含义。机器学习原理如图 4.1 所示。

需要注意的是：在机器学习中，常常要使用数据集来训练模型。在机器学习算法中，人们通常将原始数据集划分为三个部分：训练集、验证集和测试集。

一般而言，人们首先将数据集划分为训练集和验证集，由于模型的构建过程也需要检验模型的配置，以及训练程度是过拟合还是欠拟合，因此会将训练数据再划

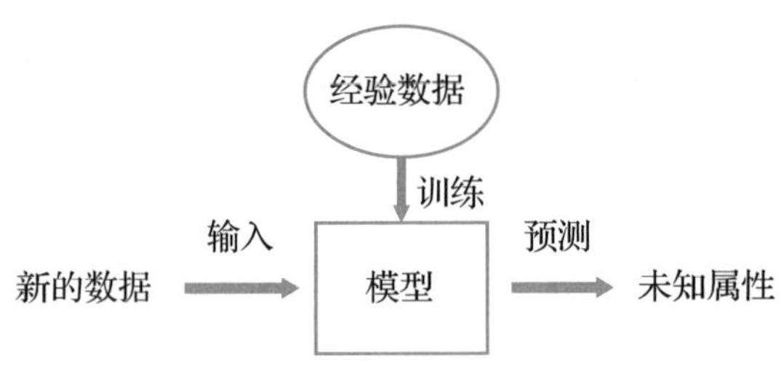

图 4.1　机器学习原理

分为两个部分，一部分是用于训练的训练集，另一部分是进行检验的验证集。机器学习中的数据集如图 4.2 所示。

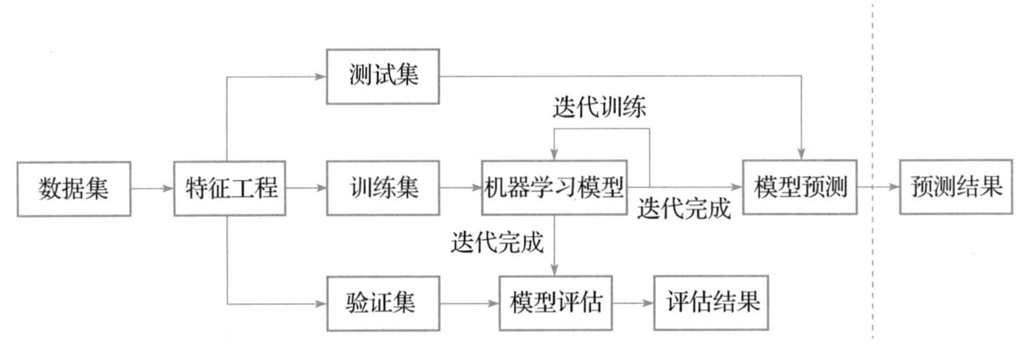

图 4.2　机器学习中的数据集

在实际应用中，机器学习将大量数据加载到计算机程序中并选择一种模型“拟合”数据，使计算机（在无须帮助的情况下）得出预测。计算机创建模型的方式是通过算法进行的，算法既包括简单的方程式（如直线方程式），又包括非常复杂的逻辑 / 数学系统，使计算机得出最佳预测。在制造业中，机器学习可以帮助企业将其拥有的大量数据转化为可操作的见解，从而实现价值。机器学习可以基于历史数据和任何其他相关数据集的算法进行信息分析，并以人类无法达到的规模和速度运行多个场景，从而提出有关最佳行动方案的建议。

4.2　机器学习的分类

根据学习方式的不同，机器学习可分为监督学习、无监督学习、半监督学习及强化学习。

4.2.1　监督学习

监督学习（Supervised Learning）是机器学习中的一种方法，可以由训练数据中

学到或建立一个学习模型（Learning Model），并依此模型推测新的实例，如图 4.3 所示。训练数据是由输入物件（通常是向量）和预期输出所组成。函数的输出可以是一个连续的值，该连续的值被称为回归分析，或是预测一个分类标签，该分类标签被称为分类。

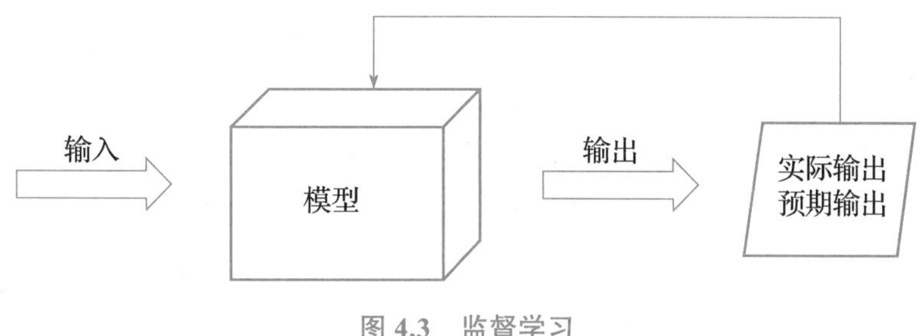

图 4.3 监督学习

1. 监督学习的过程

监督学习表示机器学习的数据是带标记的，这些标记可以包括数据类别、数据属性及特征点位置等。具体实现过程是通过大量带标记的数据来训练机器，机器将预测结果与期望结果进行对比；然后根据对比结果修改模型中的参数，再一次输出预测结果；再将预测结果与期望结果进行对比，重复多次直至收敛，最终生成具有一定鲁棒性的模型来达到智能决策的能力。监督学习的过程如图 4.4 所示。

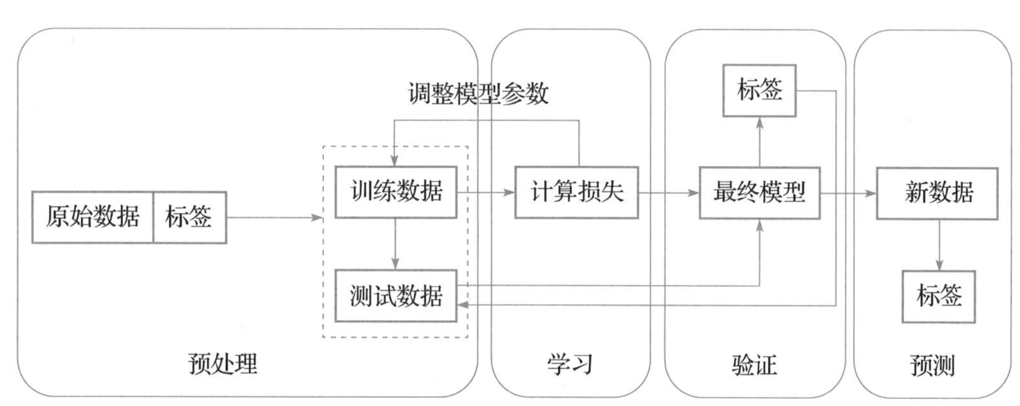

图 4.4 监督学习的过程

2. 监督学习的分类

常见的监督学习有分类和回归。分类（Classification）是将一些实例数据分到合适的类别中，分类的预测结果是离散的。回归（Regression）是将数据归到一条“线”上，即为离散数据生产拟合曲线，因此其预测结果是连续的。

分类的目的是根据数据集的特点构造一个分类函数或分类模型（也常称作分类器），该模型能把未知类别的样本映射到给定类别中的某一个。要构造分类器，需要有一个训练样本数据集作为输入。训练集由一组数据库记录或元组构成，每个元组是一个由有关字段（又称属性或特征）值组成的特征向量。此外，训练样本还有一个类别标记。一个具体样本的形式可表示为：$(v_1, v_2, \cdots, v_n; c)$；其中 v_n 表示字段值，c 表示类别。在实现中，分类首先从数据中选出已经分好类的训练集，在该训练集上运用数据挖掘技术，建立一个分类模型，再将该模型用于对没有分类的数据进行分类。

逻辑回归（Logistic Regression）用于处理因变量为分类变量的回归问题，常见的是二分类或二项分布问题，也可以处理多分类问题，它实际上属于一种分类方法。例如，给定一封邮件，判断其是不是垃圾邮件。逻辑回归一般是提供样本和已知模型求回归参数。逻辑回归算法将任意输入映射到 [0, 1] 区间，我们在线性回归中可以得到一个预测值，再将该值映射到 Sigmoid 函数中，这样就由求值转换成了求概率的问题。逻辑回归示意图如图 4.5 所示。

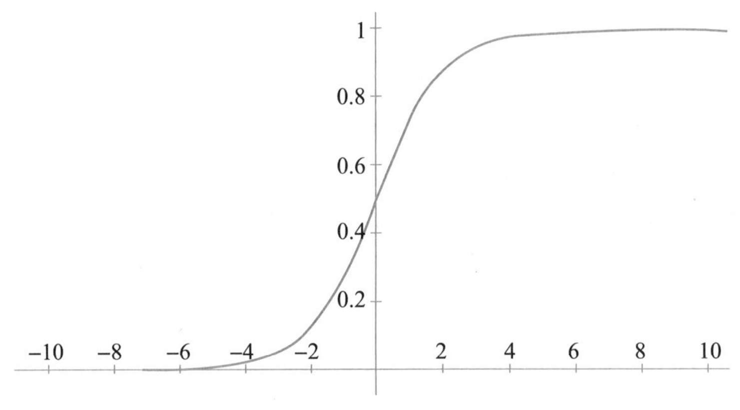

图 4.5　逻辑回归示意图

在大数据分析中，回归分析是一种预测性的建模技术，它研究的是因变量（目标）和自变量（预测器）之间的关系。它主要是通过建立因变量 Y 与影响它的自变量 X 之间的回归模型，衡量自变量 X 对因变量 Y 的影响能力，进而可以预测因变量 Y 的发展趋势。这种技术通常用于预测分析，时间序列模型及发现变量之间的因果关系。例如，司机的驾驶问题与道路交通事故数量之间的关系，最好的研究方法就是回归。线性回归是最为人熟知的建模技术之一，同时也是人们在学习预测模型时首选的少数几种技术之一。在该技术中，因变量是连续的，自变量（单个或多个）可以是连续的，也可以是离散的。

简单而言，线性回归就是将输入项分别乘以一些常量，再将结果加起来得到输出。线性回归包括一元线性回归和多元线性回归。线性回归分析中如果仅有一个自变量与一个因变量，且其关系大致上可用一条直线表示，称为“简单线性回归分析”。多元线性回归分析是简单线性回归分析的推广，指的是多个因变量对多个自变量的回归分析，其中最常用的是只限于一个因变量但有多个自变量的情况，也叫多重回归分析。对于线性回归问题，样本点落在空间中的一条直线上或该直线的附近，因此可以使用一个线性函数表示自变量和因变量之间的对应关系，如图 4.6 所示。

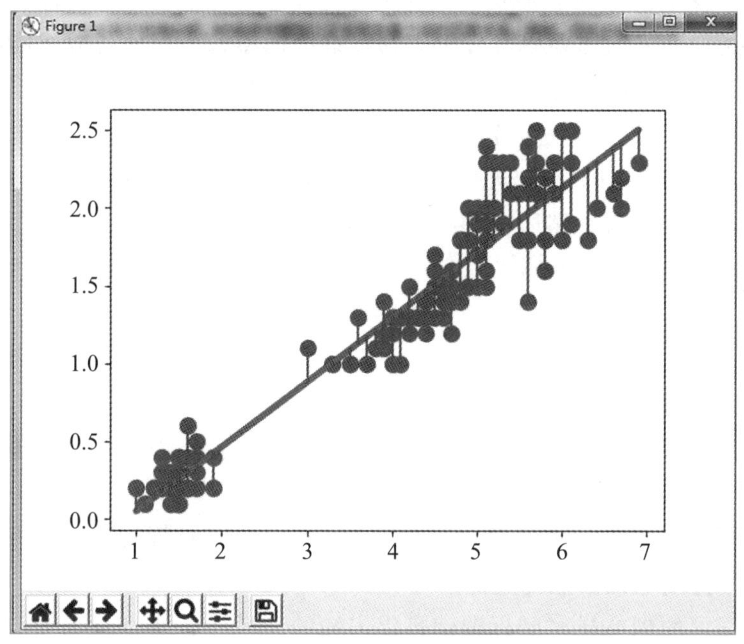

图 4.6　线性回归

房子价值预测问题是一个简单的线性回归的例子。一般来说，其他因素相同的情况下，房子越大，其价值越高。

图 4.7 显示了监督学习的标签。当要训练机器识别“狗”的图片时，需要首先用大量狗的图片进行训练，然后再将预测结果与期望结果进行对比，从而判断该模型的好坏。

图 4.7　监督学习的标签

3. 监督学习的应用

监督学习在人工智能领域中具有广泛的应用，包括自然语言处理、计算机视觉、语音识别、推荐系统等多个领域。在自然语言处理中，监督学习可以应用于文本分类、情感分析、命名实体识别等任务。通过训练模型，可以使计算机能够理解和处理人类语言，从而实现自动化的文本处理和语言理解。

例如，将邮件进行是否为垃圾邮件的分类，一开始我们先将一些邮件及其标签（垃圾邮件或非垃圾邮件）一起进行训练，学习模型不断捕捉这些邮件与标签间的联系进行自我调整和完善，然后我们给一些不带标签的新邮件，让该模型对新邮件进行分类，判断其是否为垃圾邮件。

4.2.2 无监督学习

1. 无监督学习概述

现实生活中常常会有这样的问题：缺乏足够的先验知识，因此难以人工标注类别或进行人工类别标注的成本太高。很自然地，我们希望计算机能代替我们完成这些工作，或者至少提供一些帮助。根据类别未知（没有被标记）的训练样本解决模式识别中的各种问题，称为无监督学习。

无监督学习的训练样本的标记信息是未知的，目标是通过对无标记训练样本的学习来揭示数据的内在性质及规律。无监督学习表示机器从无标记的数据中探索并推断出潜在的联系。常见的无监督学习有聚类和降维。

在聚类（Clustering）工作中，由于事先不知道数据类别，因此只能通过分析数据样本在特征空间中的分布，如基于密度或基于统计学概率模型，从而将不同数据分开，把相似数据聚为一类。与分类不同，聚类所要求划分的类是未知的，因此分析是一种探索性的分析。在聚类分析过程中，人们不必事先给出一个分类的标准，聚类分析能够从样本数据出发，自动进行分类。从实际应用的角度看，聚类分析是数据挖掘的主要任务之一。

聚类技术是一种无监督学习，是研究样本或指标分类问题的一种统计分析方法。常用的聚类分析方法有系统聚类法、有序样品聚类法、动态聚类法、模糊聚类法、图论聚类法和聚类预报法等。例如，银行对客户的细分，可以采用聚类分析。这能够有效地划分出客户群体，使得客户群体内部成员具有相似性，但是客户群体之间存在差异性。在金融领域中，金融产品的推广营销的案例就属于聚类分析的具体应用。

图 4.8 显示了聚类算法的应用，图中的数据被划分为 3 类。

降维（Dimensionality Reduction）是将数据的维度降低。例如，描述一个榴莲，若只考虑榴莲的色泽、裂痕、大小、外形、气味及刺头这 6 个属性，则这 6 个属性代表了榴莲对应数据的维度为 6。进一步考虑降维的工作，由于数据本身具有庞大的数量和各种属性特征，若对全部数据信息进行分析，将会增加数据训练的负担和

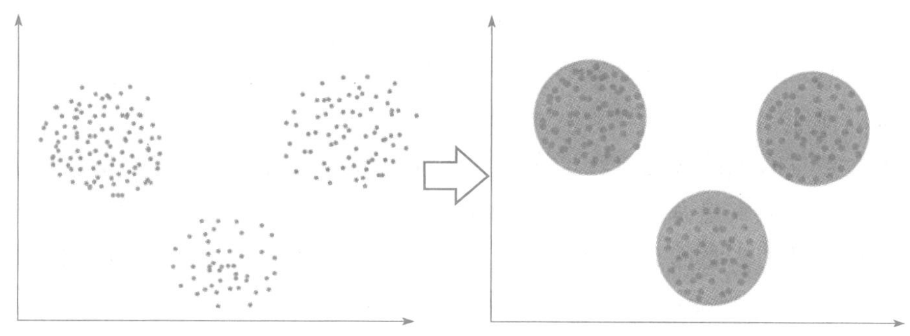

图 4.8 聚类算法的应用

存储空间。因此可以通过主成分分析等方法，考虑主要因素，舍弃次要因素，从而平衡数据分析的准确度与数据分析的效率。在实际应用中，可以通过一系列的转换将数据的维度降低，数据的降维过程示意图如图 4.9 所示。

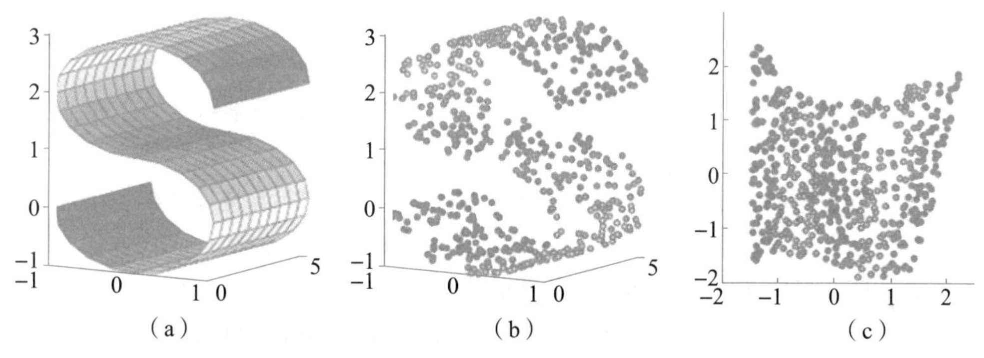

图 4.9 数据的降维过程示意图

监督学习与无监督学习的区别如下：

监督学习是一种目的明确的训练方式；而无监督学习则是没有明确目的的训练方式。监督学习需要给数据打标签；而无监督学习则不需要给数据打标签。

2. 无监督学习的应用

无监督学习常被用于数据挖掘，用于在大量无标签数据中发现共性。它的训练数据是无标签的，训练目标是能对观察值进行分类或者区分等。例如，无监督学习应该能在不给任何额外提示的情况下，仅依据所有“猫”的图片特征，将“猫”的图片从大量各种各样的图片中区分出来。

4.2.3 半监督学习

机器学习的核心是从数据中学习，从数据出发得到未知规律，利用规律对未来样本进行预测和分析。基于数据的机器学习包括监督学习、无监督学习及半监督学习。监督学习需要大量已标记类别的训练样本来保证其良好的性能；无监督学习不使用先验信息，利用无标签样本的特征分布规律，使得相似样本聚在一起，但模型准确性难以保证。

随着大数据时代的来临，数据库中的数据呈现指数增长，获取大量无标记样本相当容易，而获取大量有标记样本则困难得多，且人工标注需要耗费大量的人力和物力。如果只使用少量的有标记样本进行训练，往往导致学习泛化、性能低下，且浪费大量的无标记样本数据资源。因此使用少量标记样本作为指导，利用大量无标记样本改善学习性能的半监督学习成为研究的热点。半监督学习模型如图 4.10 所示。

图 4.10　半监督学习模型

半监督学习的研究历史可追溯到 20 世纪 70 年代。半监督学习突破了传统方法只考虑一种样本类型的局限，综合利用有标记与无标记样本，是在监督学习和无监督学习的基础上进行的研究。半监督学习包括半监督聚类、半监督分类、半监督降维和半监督回归 4 种学习场景。常见的半监督分类代表算法包括生成式方法、半监督支持向量机、半监督图算法和基于分歧的半监督方法。

生成式方法关键在于对来自各个种类的样本分布进行假设及对所假设模型的参数估计。常见的假设模型如混合高斯模型、混合专家模型、朴素贝叶斯模型，采用极大似然法作为参数估计的优化目标，选择最大期望算法（Expectation-maximization Algorithm，EM Algorithm）进行参数的优化求解。

半监督支持向量机（Semi-supervised Support Vector Machine，S3VM）是一种机器学习算法，它结合了支持向量机（SVM）和半监督学习的理念，用于处理具有大量未标记数据和少量标记数据的问题。常见的 S3VM 方法有直推式支持向量机（Transductive Support Vector Machine，TSVM）、拉普拉斯支持向量机（Laplacian Support Vector Machine，Laplacian SVM）、均值标签半监督支持向量机（Means Semi-supervised Support Vector Machine，Mean S3VM）、安全半监督支持向量机（Safe Semi-supervised SVM，S4VM）、基于代价敏感的半监督支持向量机（Cost-sensitive Semi-supervised SVM，CS4VM）。

4.2.4　强化学习

强化学习（Reinforcement Learning，RL），又称再励学习、评价学习或增强学

习，是机器学习的范式和方法论之一，用于描述和解决智能体在与环境的交互过程中通过学习策略以达成回报最大化或实现特定目标的问题。

1. 强化学习概述

强化学习主要包含智能体、环境、状态、奖惩和动作 4 个元素及 1 个状态，其中智能体存在于一个环境的内部。例如，作为一个决策者，有学习和玩游戏这两个动作，当决策者去玩游戏就会导致学习成绩下降，学习成绩就是决策者的状态，决策者的父母看到决策者的学习成绩会对决策者进行相应的奖励和惩罚。经过一定次数的迭代，决策者就会知道什么样的成绩下选择什么样的动作能够得到最高的奖励，这就是强化学习的主要思想。图 4.11 显示了强化学习的模型。

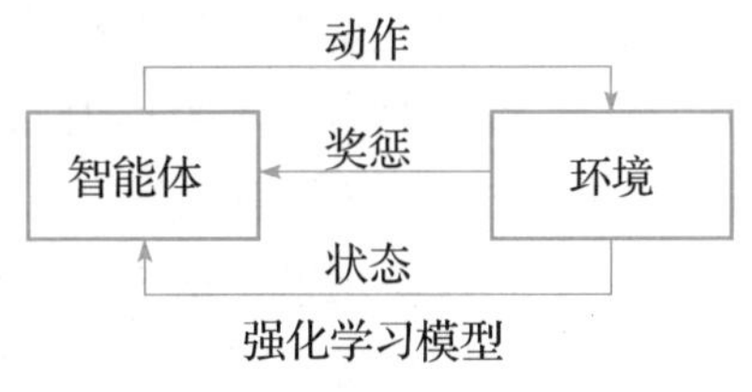

图 4.11　强化学习的模型

值得注意的是：在强化学习中的奖惩应当是直观的，如下棋的输赢（1 还是 -1）、玩游戏的得分、投资回报、推荐系统中的点击率等。

在实际应用中，强化学习智能体必须学习去决策，在一个充满不确定性的环境中决策什么是一个好的动作。收到的反馈是从观察到的状态变化中得到的延时奖励信号，可以从中计算出奖励。智能体必须能够探索这种不确定性，并对奖励的原因进行推理。要做到这一点，智能体需要具备 3 个简单的因素：动作、目标和感知。

（1）动作是智能体可以在任何给定时刻对环境进行操作的序列。通过执行一个动作，智能体会影响它所处的环境并改变它的状态。如果不能做到这一点，智能体永远不能主动地影响状态，也不能从它的积极或消极地影响环境的行为中获得任何可解释的奖励，甚至不能学会在未来采取更好的动作。

（2）目标是指人们如何定义奖励信号。

（3）智能体用感知来观察环境。例如，在电子游戏环境中，可以使用计算机视觉技术来观察屏幕上的对象，以及当人们的智能体做出动作时，这些对象是如何变化的。

强化学习是带有激励机制的，具体来讲，如果机器行动正确，将给予一定的“正激励”；如果机器行动错误，则会给出一个惩罚，这个惩罚也可称为“负激励”。因此在这种情况下，机器将会考虑如何在一个环境中行动才能达到激励的最大化，具有一定的动态规划思想。例如，在贪吃蛇游戏中，贪吃蛇需要通过不断吃到“食物”来加分。为了不断提高分数，贪吃蛇需要考虑在自身位置上如何转向才能吃到“食物”，这种学习过程便可理解为一种强化学习。

值得注意的是：强化学习试图模仿人类或其他智慧生物与新环境交互的方式，即试错法。它是在计算机科学、心理学、神经科学、数学等许多领域研究成果的基础上诞生的。

2. 强化学习的应用

强化学习通常被用在机器人技术上（如机械狗），它接收机器人当前状态，算法的目标是训练机器来做出各种特定行为。工作流程一般是：机器被放置在一个特定环境中，在这个环境中，机器可以持续性地进行自我训练，而环境会给出正或负的反馈。机器会从以往的行动经验中得到提升并最终找到最好的知识内容，帮助它做出最有效的行为决策。

强化学习最为火热和大众熟知的一个应用是 AlphaGo Zero，它是谷歌 AlphaGo 的升级产品。相较于 AlphaGo，AlphaGo Zero 舍弃了先验知识，不再需要人为设计特征，直接将棋盘上黑、白棋子的摆放情况作为原始数据输入模型中，机器使用强化学习来自我博弈，不断提升自己，从而最终出色地完成下棋任务。AlphaGo Zero 的成功，证明了在没有人类经验的指导下，强化学习依然能够出色地完成指定任务。

在工业自动化中，基于强化学习的机器人被用于执行各种任务。这些机器人不仅效率比人类更高，还可以执行危险任务。

传统深度学习已经能很好地解决了机器感知和识别问题，但人类对机器智能的要求显然不止于此，能够应对复杂现实中决策型问题的强化学习及二者的融合，自然成为人工智能应用未来的重点发展方向。

4.3 机器学习的常见算法

4.3.1 K-Means 算法

K-Means 算法也称为 K 均值聚类算法，它是最著名的划分聚类算法，因其简洁和高效率，成为所有聚类算法中最广泛使用的算法。其步骤是随机选取 K 个对象作为初始的聚类中心，然后计算每个对象与各个种子聚类中心之间的距离，把每个对象分配给距离它最近的聚类中心。聚类中心及分配给它们的对象就代表一个聚类。每分配一个样本，聚类的聚类中心会根据聚类中现有的对象被重新计算。这个过程将不断重复，直到满足某个终止条件。

该算法的终止条件可以是以下情况中的任何一个：

（1）没有（或最小数目）对象被重新分配给不同的聚类。

（2）没有（或最小数目）聚类中心再发生变化。

（3）误差平方和局部最小。

如图 4.12 显示了 K-Means 算法的实现，最终将数据点聚为两类。

图 4.13 所示为使用鸢尾花数据集实现聚类。该数据集是一类多重变量分析的数据集。该数据集包含 150 个数据样本，分为 3 类，每类有 50 个数据包，每个数据包有 4 个属性。可通过花萼长度、花瓣长度、花瓣宽度等属性预测鸢尾花卉属于

(Setosa，Versicolour，Virginica) 3个种类中的哪一类。

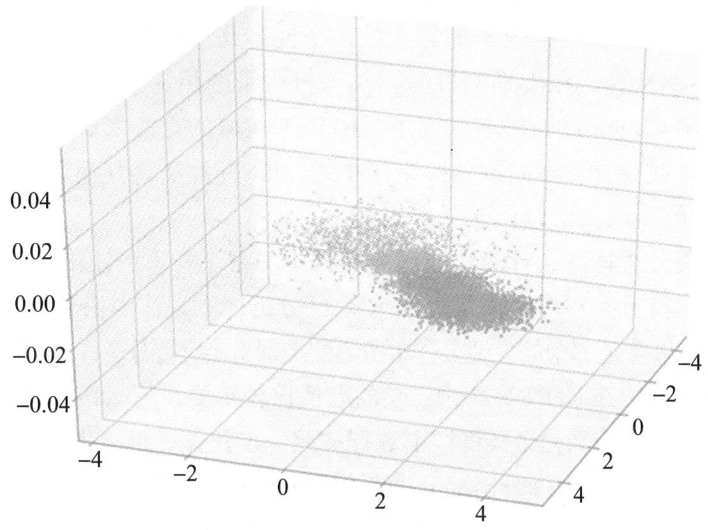

图 4.12 K-Means 算法的实现

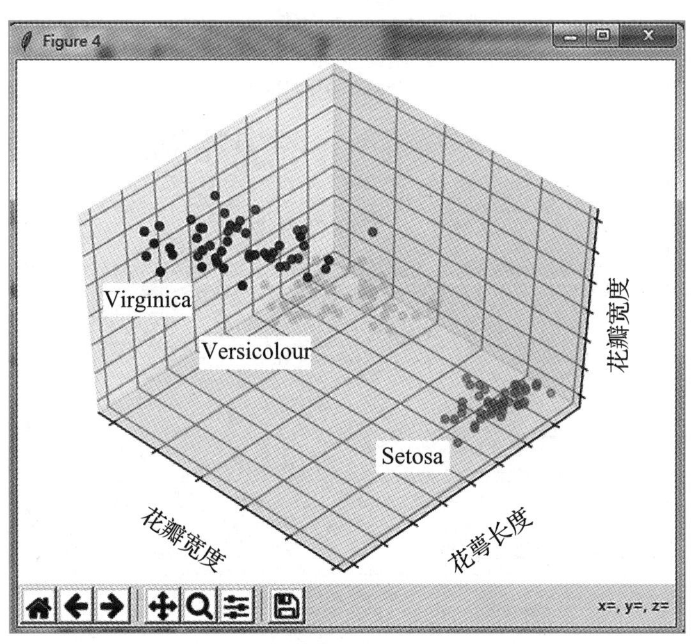

图 4.13 使用鸢尾花数据集实现聚类

4.3.2 KNN 算法

KNN 算法也称为 K 最近邻算法，是数据挖掘分类技术中最简单的方法之一。所谓 K 最近邻，就是 *K* 个最近的邻居的意思，说的是每个样本都可以用它最接近的 *K* 个邻居来代表。

KNN 算法的核心思想是：如果一个样本在特征空间中的 K 个最相邻的样本中的大多数属于某一个类别，则该样本也属于这个类别，并具有这个类别样本的特性。该方法在确定分类决策上只依据最邻近的一个或者几个样本的类别来决定待分样本所属的类别。KNN 算法在类别决策时，只与极少量的相邻样本有关。由于 KNN 算法主要靠周围有限的邻近的样本，而不是靠判别类域的方法来确定所属类别，因此对于类域的交叉或重叠较多的待分样本集来说，KNN 算法比其他算法更为适合。

KNN 算法的实现主要包含 3 个步骤：

（1）给定待分类样本，计算它与已分类样本中每个样本的距离。

（2）圈定与待分类样本距离最近的 K 个已分类样本，作为待分类样本的近邻。

（3）根据这 K 个近邻中的大部分样本所属的类别来决定待分类样本该属于哪个类别。

值得注意的是：在 KNN 算法中，K 的取值比较重要，那么该如何确定 K 值取多少好呢？答案是通过交叉验证（将样本数据按照一定比例，拆分出训练用的数据和验证用的数据，如按照 6∶4 拆分出部分训练数据和验证数据），从选取一个较小的 K 值开始，不断增加 K 值，然后计算验证集合的方差，最终找到一个比较合适的 K 值。

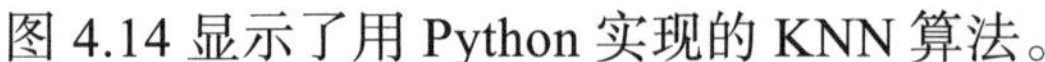

图 4.14 显示了用 Python 实现的 KNN 算法。

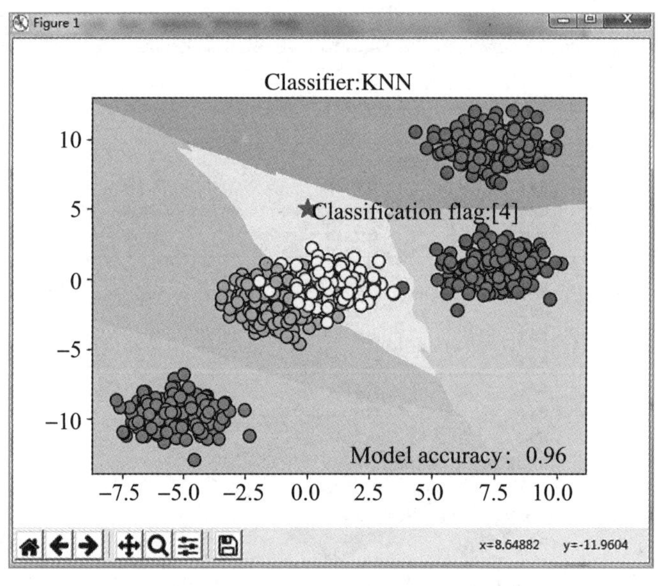

图 4.14　用 Python 实现的 KNN 算法

4.3.3　朴素贝叶斯算法

1. 贝叶斯原理

贝叶斯分类是一类分类算法的总称，这类算法均以贝叶斯定理为基础，故统称为贝叶斯分类。而朴素贝叶斯分类是贝叶斯分类中最简单，也是常见的一种分类方法。

贝叶斯算法与条件概率及联合概率密切相关。条件概率是一种生活中经常用到的概率计算表达式。例如，在今天下雨的情况下，明天下雨的概率是多少呢？这就是一个条件概率的问题。用比较规范的语言描述是在事件 A 发生的情况下，B 发生的概率是多少？称其为事件 B 的条件概率。

设 A、B 是两个事件，并且 $P(A)>0$，那么在 A 发生的情况下，B 发生的概率如下式所示：

$$P(B|A)=\frac{P(AB)}{P(A)}$$

有时候需要考虑两个事件同时发生的概率，也就是事件 A 和事件 B 同时发生的概率，记 A 和 B 的联合概率为 $P(AB)$。$P(AB)$ 概率的计算如下式所示：

$$P(AB)=P(A)P(B|A)$$

也就是当事件 A 发生时，事件 B 也发生的概率，就是事件 A 和事件 B 同时发生的概率。假设影响事件 A 的事件有 $B_1, B_2, B_3, \cdots, B_n$，并且满足条件：$B_i \cap B_j = \varnothing$ $(i \neq j, i, j=1, 2, \cdots)$，$B_1 \cup B_2 \cdots = \Omega$，$P(B_i)>0$ $(i=1, 2, 3, \cdots, n)$。则 $P(A)$ 概率的计算如下式所示：

$$P(A)=\sum_{i=1}^{n}P(B_i)P(A|B_i)$$

在贝叶斯出现之前人们已经能够计算“正向概率”，如“假设袋子里面有 N 个白球，M 个黑球，伸手进去摸一把，摸出黑球的概率是多大?”。反过来，如果我们事先并不知道袋子里面黑球与白球的比例，而是闭着眼睛摸出一个（或几个）球，观察取出来的球的颜色之后，我们可以就此对袋子里面的黑球与白球的比例做出推测。这个问题，就是逆概问题。

贝叶斯是机器学习的核心方法之一。它告诉人们如果要预测一个事物，需要首先根据已有的经验和知识推断一个先验概率，然后在新证据不断积累的情况下调整这个概率。这背后的深刻原因在于，现实世界本身就是不确定的，而人类的观察能力是有局限性的。沿用袋子里取球的例子，我们只能知道从里面取出来的球是什么颜色，而并不能直接看到袋子里面的实际情况。这个时候，人们就需要提供一个猜测。因此，贝叶斯分类器的基本方法就是在统计资料的基础上，依据某些特征，计算各个类别的概率，从而实现分类。贝叶斯在计算机领域中的应用非常多，如自然语言处理、图像识别、推荐算法、垃圾邮件处理等。贝叶斯用于垃圾邮件处理的核心思想是分别统计正常邮件和垃圾邮件中各词汇出现的频率，以及某词汇在正常邮件或垃圾邮件中出现的条件概率，在知道电子邮件服务器中正常邮件和垃圾邮件百分比作为先验概率的情况下，再依据一封电子邮件中的词汇判断这封邮件是正常邮件还是垃圾邮件。

需要注意的是：贝叶斯公式具备相当大范围的实用性，可以说基本包含生活的方方面面，这是因为它提供了一种有效的方法来估计人们对某个事件发生的概率。贝叶斯公式可以将人们的先验知识与新证据相结合，从而得到更准确的后验概率，这对于解决实际问题非常有帮助。此外，贝叶斯公式还可以用来处理不确定性问题，如在医学诊断中，人们可能无法确定某种疾病的发病率或某种检测方法的准确度，但贝叶斯公式可以将人们对这些不确定因素的估计与新证据相结合，从而得到更可靠的结论。

2. 朴素贝叶斯算法的实现与应用

朴素贝叶斯算法是最常用的一种贝叶斯算法，是基于贝叶斯公式建立的。对于给定的训练数据集，朴素贝叶斯算法首先基于特征条件独立假设学习输入或输出的联合概率分布；然后基于此模型，对给定的输入 x，利用贝叶斯公式求出后验概率最大的输出 y。

朴素贝叶斯计算公式如下式所示：

$$P(A|B)=\frac{P(B|A)P(A)}{P(B)}$$

式中，$P(A|B)$ 表示 B 确定已经发生时，A 发生的概率，比如 P（感冒 | 打喷嚏，发热）表示一个发生打喷嚏和发热症状时感冒的概率；$P(A)$ 就是指没有前提条件时 A 发生的概率。

值得注意的是：在几乎所有的现实世界中，大多数特征都是相互依赖的。这将使朴素贝叶斯算法在现实生活中几乎不可能实现。因此，邮件分类、文档检索系统、基于文本的情感分类器等任务是使用朴素贝叶斯算法的最佳应用场景。这是因为人们从文档中提取的大多数词汇是相互独立的。而且，朴素贝叶斯算法的工作速度很快，并且计算成本低廉。

4.3.4 决策树算法

决策树算法是一种能解决分类或回归问题的机器学习算法，它是一种典型的分类方法。决策树算法最早产生于 20 世纪 60 年代，该算法首先对数据进行处理，利用归纳算法生成可读的规则和决策树，然后使用决策对新数据进行分析，因此决策树本质上是通过一系列规则对数据进行分类的过程。

1. 决策树的原理

决策树是一个预测模型，它表示对象属性和对象值之间的一种映射，树中的每一个节点表示对象属性的判断条件，其分支表示符合节点条件的对象。树的叶子节点表示对象所属的预测结果。

决策树的原理如下：

（1）找到划分数据的特征，作为决策点。

（2）利用找到的特征将数据划分成 n 个数据子集。

（3）如果同一个子集中的数据属于同一类型就不再划分，如果不属于同一类型，则继续利用特征进行划分。

（4）直到每一个子集的数据属于同一类型才停止划分。

决策树模型如图 4.15 所示。该模型是一个树结构（可以是二叉树或非二叉树），其每个非叶子节点表示一个特征属性上的测试，每个分支代表这个特征属性在某个值域上的输出，而每个叶子节点存放一个类别。使用决策树进行决策的过程就是从根节点开始（图 4.15 中的节点 1），测试待分类项中相应的特征属性，并按照其值选择输出分支，直至到达叶子节点，最后将叶子节点存放的类别作为决策结果。

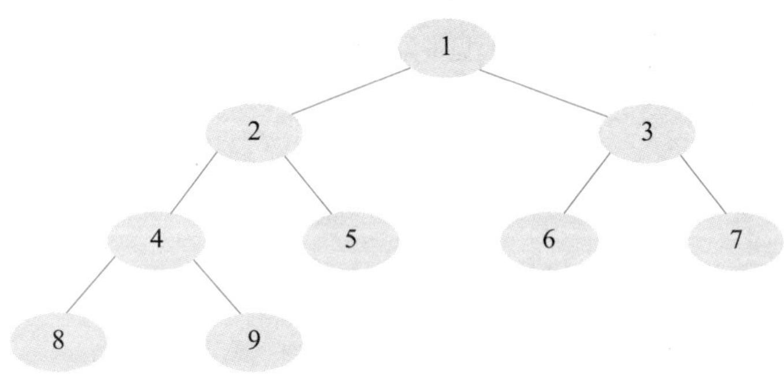

图 4.15　决策树模型

决策树构造可以分两步进行。第一步，决策树的生成（由训练样本数据集生成决策树的过程）。一般情况下，训练样本数据集是根据实际，需要有历史的、有一定综合程度的、用于数据分析处理的数据集。第二步，决策树的剪枝（是对上一阶段生成的决策树进行检验、校正和修理的过程），主要是用新的样本数据集（称为测试数据集）中的数据校验决策树生成过程中产生的初步规则，将那些影响预测准确性的分枝剪除。

值得注意的是：决策树的构造过程不依赖于领域知识，它使用属性选择度量来选择将元组划分成不同类的属性。所谓决策树的构造就是使用属性选择度量确定各个特征属性之间的拓扑结构。决策树对空数据和异常值都不敏感，任何类型的数据都支持，不需要特征处理，不用做特征工程。

2. 决策树算法的应用

决策树算法是目前在大数据挖掘中最流行的归纳推理算法之一，已经被成功应用到很多实际问题中。例如，根据疾病分类患者，根据起因分类设备故障，根据拖欠支付的可能性分类贷款申请。对于这些问题，核心任务都是要把样例分类到可能的离散值对应的类别中，因此这些问题经常被称为分类问题。

用图 4.16 所示的决策树模型来预测求职情况，如果月薪达到 50 000 元，则判断通勤是否超过一小时，满足条件后继续判断是否提供免费咖啡，从而预测该用户对该工作岗位的期许。

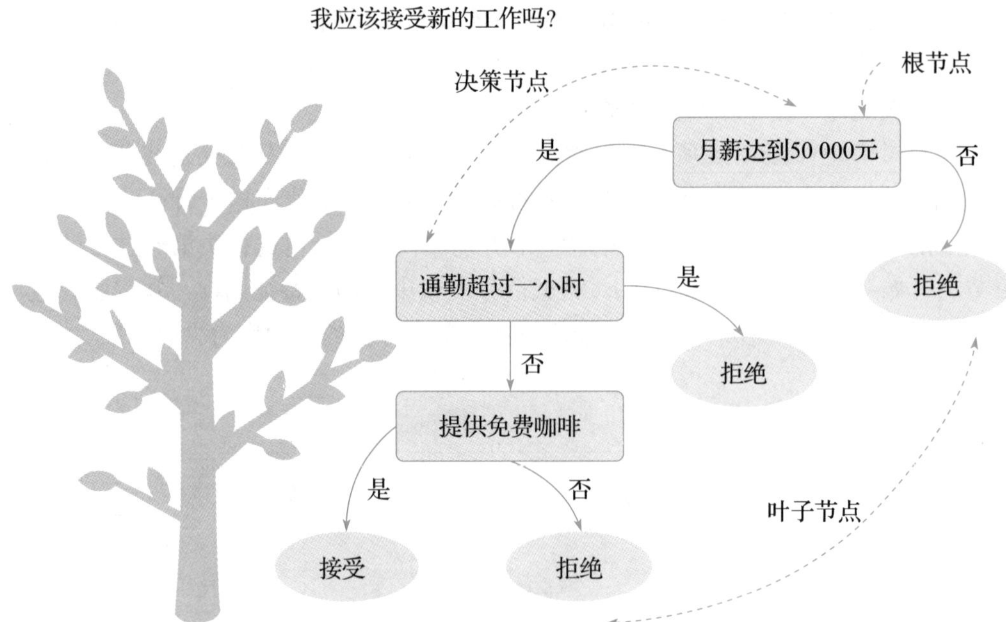

图 4.16　决策树模型 1

用图 4.17 所示的决策树模型来预测贷款用户是否具有偿还贷款的能力。贷款用户主要具备是否拥有房产、是否结婚和平均月收入这 3 个属性。每一个内部节点都表示一个属性条件判断，叶子节点表示贷款用户是否具有偿还能力。例如，用户甲没有房产，没有结婚，月收入为 5 000 元。通过决策树的根节点判断，用户甲符合右边分支（拥有房产为“否”）；再判断是否结婚，用户甲符合左边分支（是否结婚

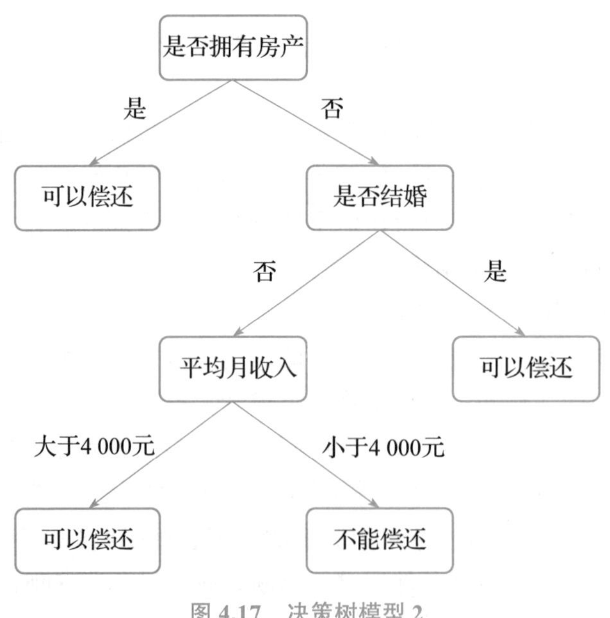

图 4.17　决策树模型 2

为“否”）；然后判断月收入是否大于 4 000 元，用户甲符合左边分支（月收入大于 4 000 元），该用户落在“可以偿还”的叶子节点上，从而预测用户甲具备偿还贷款的能力。

用图 4.18 所示的决策树模型来预测居民是否出门。该决策树的判断条件主要为是否降雨、是否有雾霾，当天气温及活动范围这 4 个属性。每一个内部节点都表示一个属性条件判断，叶子节点表示居民是否出门。例如，某天无降雨，无雾霾，气温在 19℃。通过决策树的节点判断，条件符合“出门”，从而预测居民将会出门。

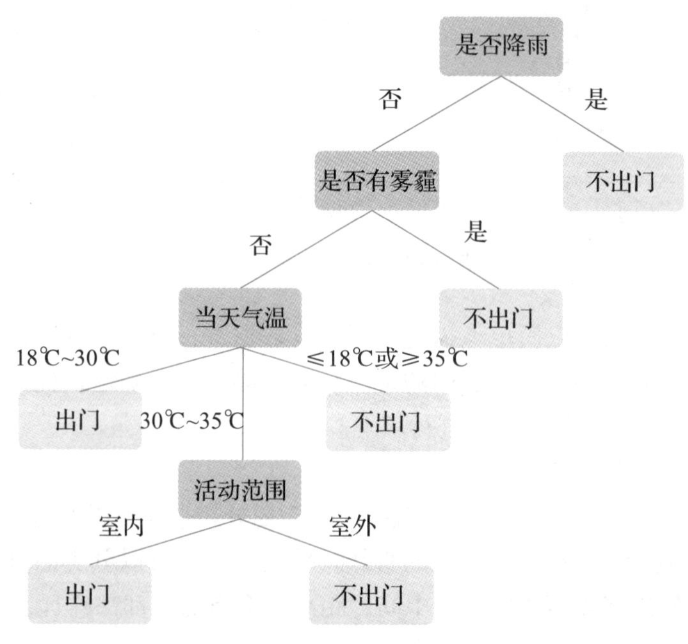

图 4.18　决策树模型 3

同样是图 4.18 所示的决策树模型，如果将条件改为某天无降雨，无雾霾，气温在 36℃，则预测居民不会出门。

4.3.5　支持向量机算法

支持向量机（Support Vector Machine，SVM）算法是一种支持线性分类和非线性分类的二元分类算法，目前被广泛应用在回归及分类当中。

1. 支持向量机算法的原理

支持向量机算法的提出解决了传统方法中遇到的问题，可以很好地解决非线性、小样本和高维度的问题，并且根据实践检验，在这些方面都表现出了良好的性能。在实际应用中，支持向量机算法不仅用于二分类，也可用于多分类。目前支持向量机算法在垃圾邮件处理、图像特征提取及分类、空气质量预测等领域都有应用，因此支持向量机算法已成为机器学习领域中不可缺少的一部分。

支持向量机算法要解决的问题可以用一个经典的二分类问题加以描述。如图 4.19（a）所示，白色和蓝色的二维数据点显然是可以用一条直线分开的，在模式识别领域称为线性可分问题。然而能将两类数据点分开的直线显然不止一条，图 4.19（b）和图 4.19（c）分别给出了 A、B 两种不同的分类方案，其中蓝色实线为分界线，术语称为“决策面”。每个决策面对应了一个线性分类器。

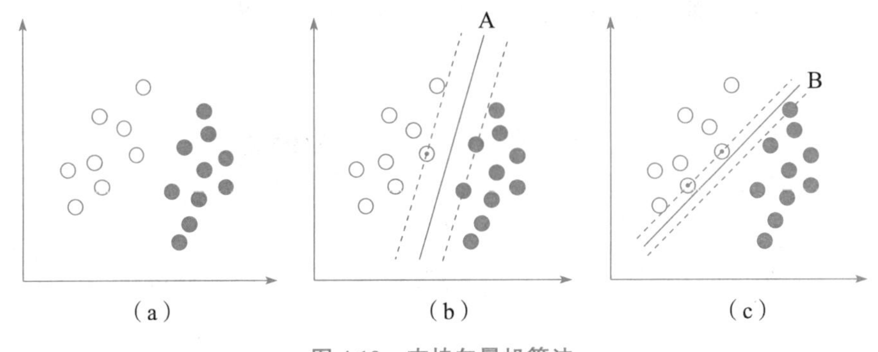

图 4.19　支持向量机算法

支持向量机算法可以简单地描述为对样本数据进行分类，真正是对决策函数进行求解。首先，要找到分类问题中的最大分类间隔，然后确定最优分类超平面，并将分类问题转化为二次规划问题进行求解。

2. 支持向量机算法的实现

通常来讲，一个 SVM 就是一条直线，用于划分超平面，以便将学习目标按正类和负类分开。但它又不是一条普通的直线，它是无数条可以分类的直线当中最完美的直线，因为它恰好在两个类的正中间，距离两个类的点都一样远，如图 4.20 中的直线 C。

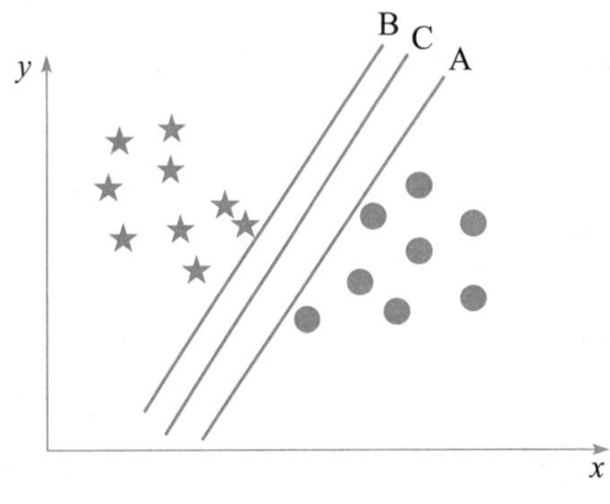

图 4.20　SVM 的划分

图 4.21 显示了需要划分的两类数据，使用 SVM 可实现通过超平面完美地将这两类数据分开，如图 4.22 所示。

图 4.21　需要划分的不同数据类

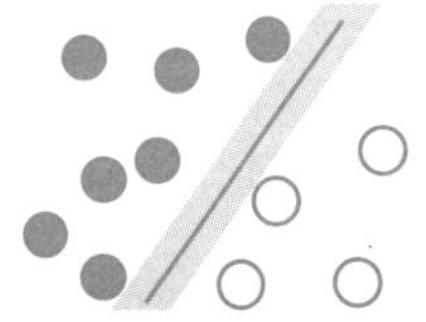

图 4.22　使用 SVM 实现通过超平面对两类数据的完美划分

简单来讲，超平面是指 n 维线性空间中维度为 n-1 的子空间，它可以把线性空间分割成不相交的两部分。比如，在二维空间中，一条直线是一维的，它把平面分成了两块；在三维空间中，一个平面是二维的，它把空间分成了两块，如图 4.23 所示。

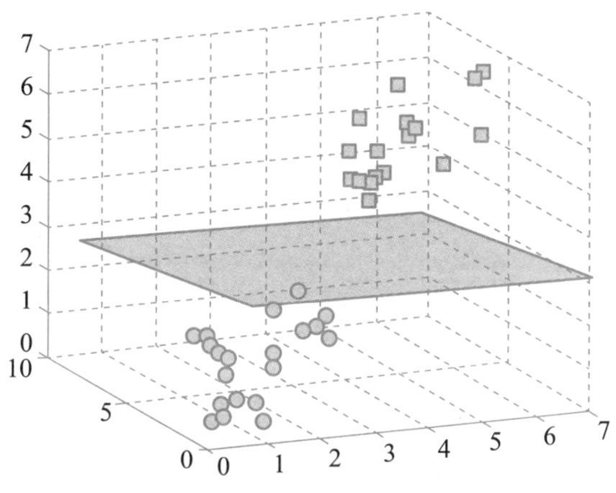

图 4.23　超平面为二维平面

需要注意的是：如果存在许多线性不可分的情况，无论如何人们都无法找到一条直线将这两类数据分开，这时一种分类方法就是将原始数据从原始空间映射到高维空间，使得样本在高维空间中线性可分。人们通过从二维到三维的转化，用一个斜切面将数据点划分，如图 4.24 所示，这时两个蓝色标记在超平面下面，两个白色标记在超平面上面，从而完成了在高维空间中的数据分类。

4.3.6　随机森林算法

随机森林算法是目前最流行和最强大的机器学习算法之一，它是通过集成学习的思想将多棵树集成的一种算法。随机森林算法的基本单元是决策树，而它的本质属于机器学习的一大分支——集成学习（Ensemble Learning）方法。决策树学习通常包括 3 个步骤：特征选择、决策树的生成和决策树的修剪。而随机森林则是由多个决策树所构成的一种分类器，更准确地说，随机森林是由多个弱分类器组合形成的强分类器。随机森林原理如图 4.25 所示。

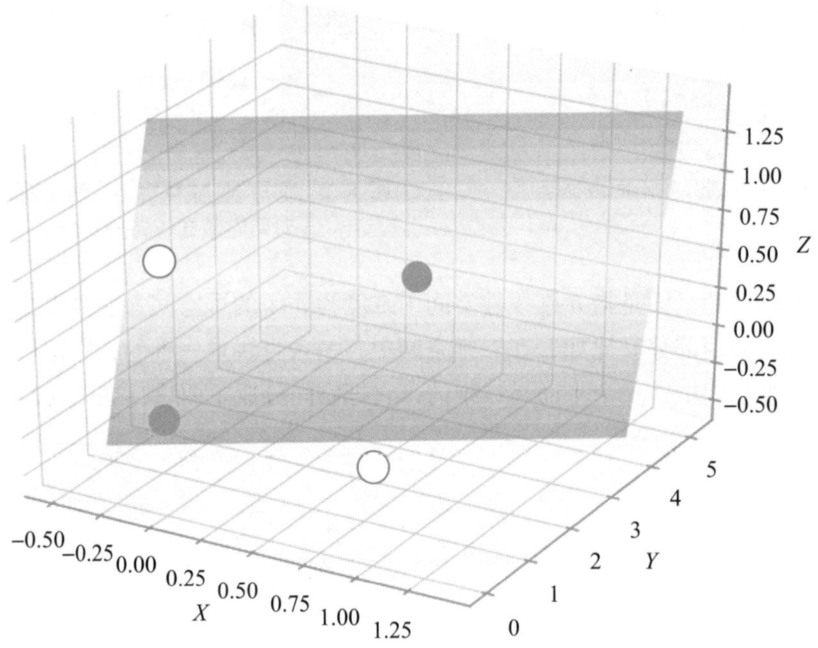

图 4.24　在高维空间中的数据分类

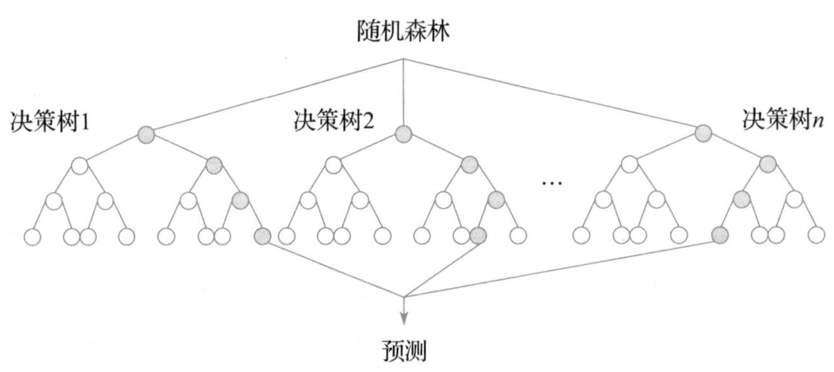

图 4.25　随机森林原理

从直观角度来解释，每个决策树都是一个分类器（假设现在针对的是分类问题），那么对于一个输入样本，*n* 棵树会有 *n* 个分类结果。而随机森林集成了所有的分类投票结果，将投票次数最多的类别指定为最终结果，这就是一种最简单的 Bagging 思想。随机森林模型如图 4.26 所示。

因此，也可以认为随机森林是对决策树的一种调整，相对于选择最佳分割点，随机森林通过引入随机性来实现次优分割。

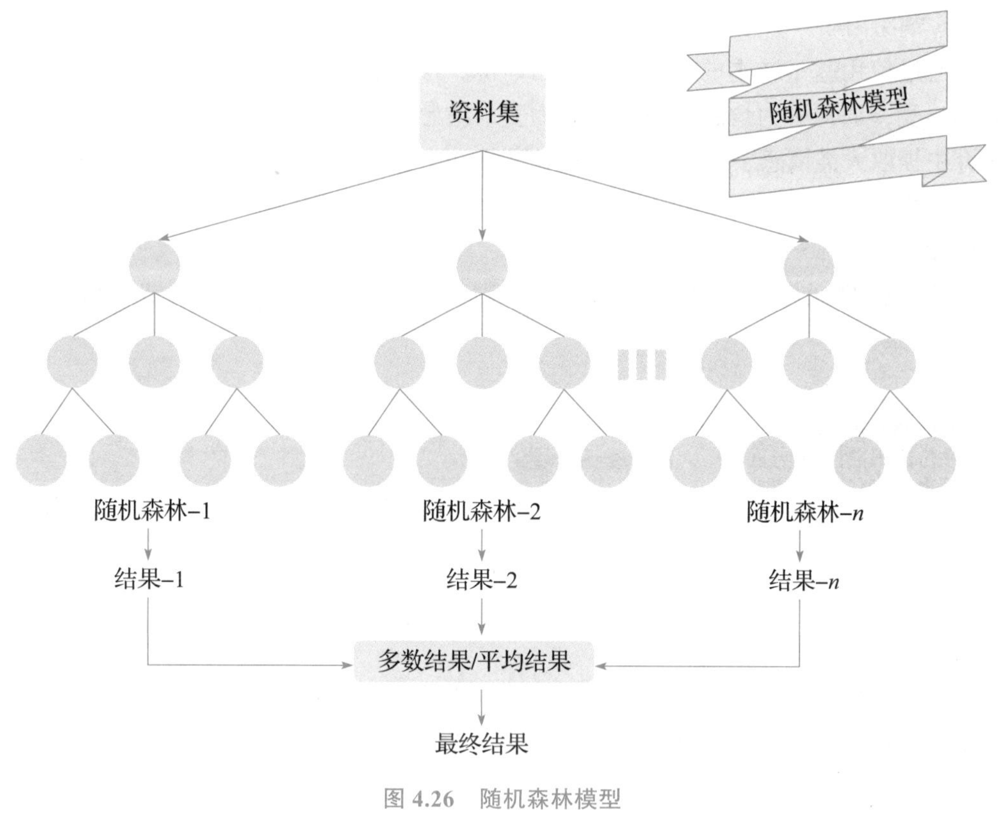

图 4.26 随机森林模型

4.4 机器学习的应用

4.4.1 机器学习应用概述

机器学习是席卷全球商业界的最新专业术语。它抓住了大众的想象力，让人联想到未来自学人工智能和机器人的愿景。在工业领域，机器学习为前几年不可能实现的技术和工具铺平了道路。从预测引擎到在线电视直播，它为我们的现代生活方式提供突破性的创造力。

4.4.2 机器学习应用实例

机器学习是人工智能的一个子集，它表示计算机使用算法从数据中学习，允许机器识别不同模式，而组织可以通过各种方式运用此技术。从能源、公用事业到旅行酒店，再到制造、物流等行业，各种组织和职能部门都在越来越多地使用机器学习。

1. 情感分析

通过使用基于文本的内容（如产品评价、推文和评论）来确定大量客户群体的总体感受，通常称为情感分析。一般而言，情感分析是从文本、音频、图像等多种媒介中提取人类情感、主观观点和态度信息的过程。在现代社交媒体和在线社区中，情感分析已成为一种必备的工具，能够帮助企业和个人理解消费者、用户和社会的态度和情感。

分类模型通常用于情感分析，学习辨别消费者的正面或负面情绪数据，如图 4.27 所示。

图 4.27　情感分析

社交媒体的兴起极大地放大了消费者的声音，为他们提供了一系列良好的渠道来评论、讨论、评估产品和服务。这促使很多公司寻找数据密集型方法来评估消费者对新发布的产品、广告活动等的感受。例如，如果有人写了评论或电子邮件（或任何形式的文档），情绪分析器会立即找出文本的语气和实际想法。一般而言，情感分析可用于分析评论网站、决策应用等。

2. 产品推荐

在现代消费社会中，产品推荐已经成为商家推销商品、吸引消费者的重要手段之一。而在互联网时代，推荐系统已逐渐替代了传统的销售推广模式。推荐系统是一种基于用户历史行为和数据特征，通过机器学习算法自动挖掘和推荐用户可能喜欢的产品的系统。在此背景下，机器学习算法的应用成为实现推荐系统的关键。

个性化推荐是推荐系统的主要技术。从推荐系统的发展来看，早期主要应用基于内容过滤方法，即根据产品的特定属性、标签、分类、关键词等进行推荐，如协同过滤、基于内容推荐算法等。这些算法主要依赖于少量产品或用户的特征信息，仅能简单评估相似性，容易受到长尾效应等因素的影响。

近年来，随着互联网数据规模的不断扩大和机器学习等技术的不断进步和应用，推荐系统进入了更为精准和高效的时代。基于机器学习的推荐算法主要关注用户的历史行为数据，预测用户最可能喜欢哪些产品。

3. 金融欺诈检测

在金融领域，欺诈检测是非常重要的任务，因为欺诈行为可能会给金融机构和客户带来巨大的损失。为了解决这个问题，金融机构可以使用多个机器学习模型来检测欺诈行为。其中一些模型可以是监督学习模型，如支持向量机（SVM）、决策树

和神经网络。这些模型可以根据历史数据来学习欺诈和非欺诈交易之间的区别，并预测新的交易是否属于欺诈行为。此外，还可以使用无监督学习模型，如聚类和异常检测。这些模型可以在无标记的数据上进行训练，并帮助识别异常的交易模式，从而识别欺诈行为。

这些模型可以通过多种集成方法进行组合，例如，可以使用投票法来组合多个监督学习模型的预测结果，以获得更准确的结果；加权平均可以用来给不同的模型的预测结果分配不同的权重，以提高整体的准确性；堆叠集成可以将多个模型的预测结果输入一个元模型中，并利用这些结果来生成最终的预测结果。通过这种机器学习模型的组合，金融机构可以更准确地检测欺诈行为，并减少潜在的损失。同时，这个案例也展示了机器学习模型组合使用的实际应用场景，并且展示了组合方法的强大性能。

4. 医疗诊断

随着人工智能技术的不断发展，机器学习算法在医疗诊断领域得到了广泛的应用。机器学习算法能够通过分析大量的数据，帮助医生快速准确地诊断疾病，为病人的治疗提供支持。

医疗诊断是在特殊的场景中，需要运用机器学习算法进行疾病预测和诊断。机器学习算法在医疗诊断中的应用主要包括疾病预测和疾病诊断。疾病预测是指在没有任何临床数据的情况下，通过机器学习算法预测某个人患某种疾病的概率。疾病诊断是指在有临床数据的情况下，通过机器学习算法对病人的症状进行分析和诊断，帮助医生快速准确地诊断疾病。

5. 体育比赛分析

体育比赛分析是机器学习在体育领域的重要应用之一。传统的数据分析方法需要大量的人力和时间，而机器学习技术可以通过自动化和智能化的方式，快速准确地分析大规模的比赛数据。机器学习可以帮助教练和球队分析比赛中的关键数据，如得分、助攻、抢断等，从而提供更全面的比赛评估和战术指导。

此外，机器学习在预测运动员表现方面也发挥着重要作用。通过分析运动员的历史数据和个人特征，机器学习可以预测运动员在未来比赛中的表现和发展潜力。这对于教练和球队来说，可以帮助他们更好地了解和培养运动员。例如，机器学习可以通过分析运动员的历史数据，如比赛数据、训练数据和身体指标等，来预测运动员的表现。通过建立机器学习模型，可以发现运动员在不同条件下的表现规律和趋势。

目前，机器学习在体育活动中已逐渐受到重视，我们在各大国际体育赛事中都能看到这些技术日渐活跃的身影，教练可以收集自家选手的各种数据进行分析，以制定适合不同运动员的训练量与强度，甚至可以通过计算来预测可能的运动伤害。

机器学习在体育领域的应用为比赛数据分析、运动员表现预测和训练计划优化带来了巨大的改变。通过机器学习的技术手段，教练可以更全面准确地分析比赛数据，预测运动员的表现和发展潜力，并制订个性化的训练计划。

随着机器学习技术的不断进步，相信在未来，机器学习将在体育领域发挥更大的作用。

6. 自动驾驶汽车

汽车是人工智能和机器学习的重要应用之一。机器学习可以帮助自动驾驶汽车预测交通状况，识别道路标志和车辆，规划最佳路径，以及避免交通事故等。

自动驾驶汽车需要收集大量的传感器数据，包括图像、雷达和 GPS 等信息，需要通过处理和分析这些数据才能帮助汽车做出正确的决策。机器学习技术可以帮助自动驾驶汽车进行实时数据分析，以提高数据的准确性和实时性。

此外，自动驾驶汽车需要能够规划最佳路径并遵循交通规则。机器学习可以帮助自动驾驶汽车分析和理解道路信息和交通状况，以及考虑车辆和行人的行为，规划最优的路径。

最后，机器学习可以训练计算机识别道路标志、交通信号灯、车辆、行人等，以及了解它们的位置、方向、速度等信息。

值得关注的是：自动驾驶汽车的安全性是人们关注的重点。机器学习可以帮助自动驾驶汽车识别和预测潜在的危险情况，并及时采取措施避免交通事故的发生。机器学习算法，如异常检测、分类和回归等，已经在自动驾驶汽车的安全性方面得到了广泛应用。

7. 聊天机器人

最早的自动化形式之一是聊天机器人，它通过允许人类与机器进行本质上的对话，从而弥合了人类与技术之间的通信鸿沟，而机器可以根据人类提出的请求或要求采取行动。早期的聊天机器人遵循脚本规则，这些规则告诉机器人根据关键词采取什么行动。

然而，人工智能技术家族的其他成员——机器学习和自然语言处理（NLP），使聊天机器人更具交互性和生产力。这些较新的聊天机器人能更好地响应用户的需求，并越来越像真人一样与人类交谈。各种数字助理都基于机器学习算法，这项技术可能会在新的客户服务和互动平台中找到替代传统聊天机器人的方法。聊天机器人是商业领域中使用最广泛的机器学习应用之一，有些智能助手的编程能知道何时需要提出明确的问题，以及何时对人类提出的要求进行分类；音乐流媒体平台的机器人可以让用户收听、搜索、分享音乐并获得推荐；乘客通过聊天平台或语音请求服务，可以接收司机牌照和车型图像，以确定他们的乘车情况。

8. 客户流失模型

企业使用人工智能和机器学习可以预测客户关系何时开始恶化，并找到解决办法。通过这种方式，新型机器学习能帮助公司处理最重要的业务问题，即客户流失。

在这里，机器学习算法从大量的历史、人数统计和销售数据中找出规律，确定和理解什么样的公司会流失客户。然后，公司就可以利用机器学习能力来分析现有客户的行为，以提醒业务人员哪些客户面临着将业务转移到别处的风险，从而找出

这些客户离开的原因，然后决定公司应该采取什么措施留住他们。

客户流失率对于任何企业来说都是一个关键的绩效指标，对于订阅型和服务型企业来说尤为重要，如音乐和电影流媒体公司、软件服务公司及电信公司等。

9. 环境保护

随着城市人口的增长和工业污染的恶化，大气污染已成为全球性的环境问题。预测大气环境质量在环境保护和健康管理方面具有重要意义。由于大气环境受到许多因素的影响，如天气、海拔、地形等，预测其质量具有一定的难度。

近年来，随着机器学习算法的发展，其在大气环境质量预测中的应用也得到了广泛的关注。大气环境质量预测是因素复杂、动态变化的问题。传统方法主要是基于经验公式和数学模型来描述大气污染的形成过程，并通过监测数据来进行质量评估。但这些方法需要根据环境特征和面临的问题设计特定的模型，适应性较差。

机器学习算法可以通过处理大量的监测数据来自动提取特征，并解决数据复杂性和实时性的问题。例如，支持向量机算法可通过监测数据对大气环境质量进行分类，神经网络可以利用监测数据进行预测。

需要注意的是：在大气环境质量监测中，数据可能会出现缺失值、噪声和异常值等问题，这些问题会对机器学习算法的预测结果产生影响。解决这些问题需要进行数据预处理，如填充缺失数据、去除噪声、检测异常数据等。

项目小结

本项目首先介绍了机器学习的概念和特点，然后介绍了机器学习的分类和常见算法，最后介绍了机器学习的应用。

通过对本项目的学习，读者能够对机器学习的概念和特点有一个基本的认识，重点需要掌握的是机器学习的分类和常见算法。

实训

本实训主要介绍如何使用 Python 实现机器学习。

（1）使用 Python 编写 K 均值聚类算法程序，代码如下：

```
import numpy as np
import matplotlib.pyplot as plt
from sklearn.datasets import make_blobs
X, y = make_blobs(n_samples=200, n_features=2, centers=4,
                  cluster_std=1, center_box=(-10.0, 10.0), shuffle=True,
                  random_state=1)
plt.figure(figsize=(6, 4), dpi=144)
plt.xticks(())
```

```
plt.yticks(())
plt.scatter(X[:, 0], X[:, 1], s=20, marker='s')
plt.show()
```

运行结果如图 4.28 所示。

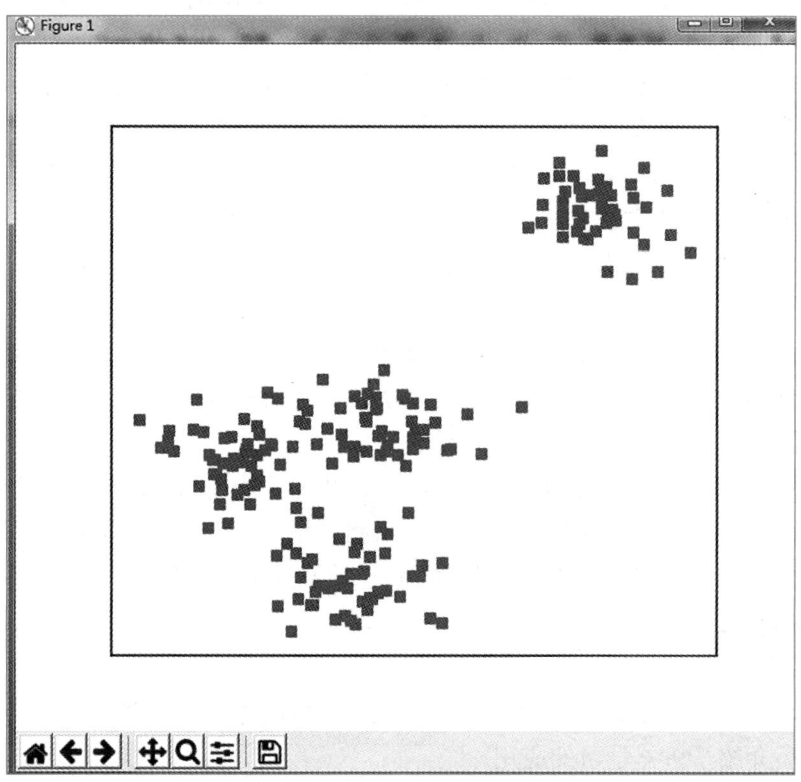

图 4.28　K 均值聚类算法运行结果

（2）使用 SVM 确定最优分类超平面，代码如下：

```
from sklearn import svm
x = [[2, 0], [1, 1], [2, 3]]
y = [0, 0, 1]
# 调用 svm 的分类器函数
clf = svm.SVC(kernel = 'linear')
# 建立模型
clf.fit(x, y)
print(clf)
# get support vectors
print( clf.support_vectors_)
# get indices of support vectors
print( clf.support_)
```

```
# get number of support vectors for each class
print (clf.n_support_)
```

运行结果如图 4.29 所示。

```
 RESTART: D:\Users\xxx\AppData\Local\Programs\Python\Python37\机器学习与人工智能
\支持向量机2.py
SVC(C=1.0, cache_size=200, class_weight=None, coef0=0.0,
  decision_function_shape='ovr', degree=3, gamma='auto', kernel='linear',
  max_iter=-1, probability=False, random_state=None, shrinking=True,
  tol=0.001, verbose=False)
[[1. 1.]
 [2. 3.]]
[1 2]
[1 1]
>>> |
```

图 4.29 使用 SVM 确定最优分类超平面运行结果

习题

简答题

1. 简述什么是机器学习。
2. 简述什么是监督学习。
3. 简述机器学习的常见应用实例。
4. 请描述决策树算法的原理与实现。

项目 5
深度学习

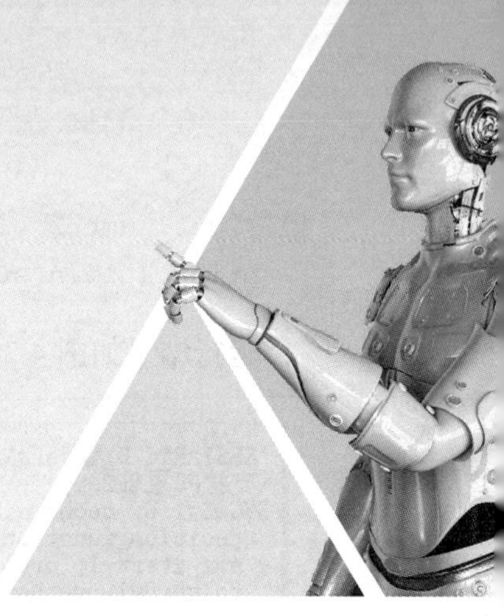

教学目标

通过对本项目的学习，了解深度学习的概念，理解人工神经网络的模型与研究内容，理解深度学习的架构、应用及框架。

认识到错误操作将导致的损失，培养一丝不苟的专业精神。

5.1 认识深度学习

近年来，得益于数据的增多、计算能力的增强、学习算法的成熟及应用场景的丰富，越来越多的人开始关注深度学习这个崭新的研究领域。

5.1.1 深度学习概述

深度学习（Deep Learning）是机器学习的一种实现技术，在 2006 年被首次提出。深度学习遵循仿生学，源自神经元及神经网络的研究，能够模仿人类神经网络传输和接收信号的方式，进而达到学习人类的思维方式的目的。深度学习通过学习算例数据的内在规律和表示，使计算机能够像人一样有分析能力，为人工智能质的飞跃打开突破口。从发展前景来看，以深度学习为重要基础，人工智能将深刻影响人们的生活。

深度学习以神经网络为主要模型，一开始用来解决机器学习中的表示学习问题，后来由于其强大的能力，深度学习越来越多地用来解决一些通用人工智能问题，如推理、决策等。目前，深度学习技术在学术界和工业界取得了成功，受到高度重视，并掀起新一轮的人工智能热潮。神经网络主要由相互连接的神经元（图中的圆圈）组成，如图 5.1 所示。

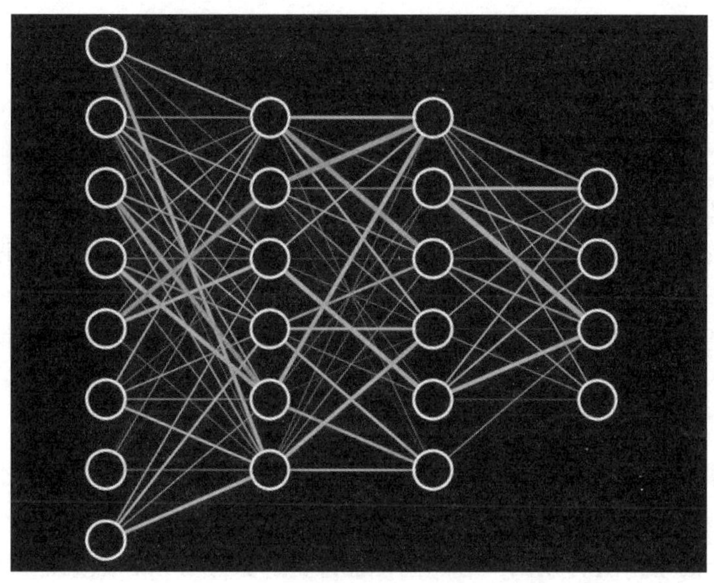

图 5.1　神经网络

在生物中，神经元是一种特殊的细胞，有很多的树突结构，通常还有一根很长的轴突，轴突边缘有突触。神经元的突触会和其他神经元的树突连接在一起，从而形成庞大的生物神经网络。神经元一般有两种状态，即激活状态和非激活状态。当神经元细胞处于激活状态时，会发出电脉冲。电脉冲会沿着轴突和突触传递到其他的神经元细胞。一般来说，神经元的数量越多，这个生物就越聪明。比如，章鱼大约有 5 亿个神经元，它具有“抽象思维”的能力，特别擅长从封闭的空间中逃脱，可以拧开瓶子的盖取出里面的食物。在一些食物比较匮乏的海域，某些种类的章鱼甚至会协同捕猎。人类大脑的神经元数量大约在 1 000 亿，因此人脑有着巨大的潜力。

深度学习与传统机器学习系统的不同之处在于，它能够在分析大型数据集时进行自我学习和改进，因此能应用在许多不同的领域。深度学习模型只需要编程人员提供少许指导，就可以自己学习去关注正确特征。基本上，深度学习模仿的是人类大脑运行的方式——从经验中学习。因此，研究深度学习的动机在于建立模拟人脑进行分析学习的神经网络，它模仿人脑的机制来解释数据，如图像、声音和文本等。

目前，深度学习在各种任务中都表现出了惊人的表现，无论是文本、时间序列还是计算机视觉。深度学习的成功主要来自大数据的可用性和计算能力，这使得深度学习的表现远远优于任何经典的机器学习算法。

5.1.2　深度学习的关键因素

深度学习的发展离不开大数据、GPU 和模型这 3 个因素。

1. 大数据

当前大部分的深度学习模型有监督学习，依赖于数据的有效标注。例如，要做一个高性能的物体检测模型，通常需要使用上万甚至是几十万个标注数据。同时，数据的积累也是一个公司深度学习能力雄厚的标志之一，没有数据，再优秀的模型也会面对无米之炊的尴尬。

2. GPU

当前，深度学习火热的一个很重要的原因就是硬件的发展，尤其是 GPU 为深度学习模型的快速训练提供了可能。深度学习模型通常有数以千万计的参数，存在大规模的并行计算，传统的以逻辑运算能力著称的 CPU 面对这种并行计算会异常缓慢，GPU 及 CUDA 计算库专注于数据的并行计算，为模型训练提供了强有力的支持。

3. 模型

在大数据与 GPU 的强有力支持下，研究者们的奇思妙想催生出了一系列优秀的深度学习模型，并且在学习任务的精度、速度等指标上取得了显著进步。

值得注意的是：随着数据中心、高性能计算、数据分析、数据挖掘的快速发展，大模型得到了快速发展。大模型是大算力与强算法相结合的产物，是人工智能的发展趋势。目前，大规模的生态已初具规模。大模型通常在大规模无标记数据上进行训练，以学习某种特征和规则。基于大模型开发应用时，可以对大模型进行微调，或者不进行微调，就可以完成多个应用场景的任务；更重要的是，大模型具有自监督学习能力，不需要或很少需要人工标注数据进行训练，降低训练成本，从而可以加快人工智能产业化进程，降低人工智能应用门槛。

5.1.3 深度学习的应用

1. 图像识别

图像识别是早期深度学习的应用领域之一，其本质是一个图像分类问题，早在神经网络刚出现的时候，美国人就实现了对手写数字的识别，并实现了商业化。图像识别的基本原理是输入图像，输出该图像属于每个类别的概率。例如，输入一张狗的图片，人们就期望其输出属于狗这个类别的概率值最大，这样人们就可以认为这张图片拍的是狗。

2. 机器翻译

传统的机器翻译模型采用的是基于统计分析的算法模型，可想而知，对于复杂的语言表达逻辑而言，其效果不佳。而基于深度学习的机器翻译，其翻译出来的结果更加接近人类的表达逻辑，正确率得到了大幅提高。

3. 机器人

借助深度学习的力量，在真实复杂的环境中，机器人可以代替人执行一定的特殊任务，如人员跟踪、排爆等，这在过去是完全不可能的事。目前，美国波士顿动力公司开发的机器人，其在复杂地形行走、肢体协调等方面取得了巨大的进步。

4. 自动驾驶

现在很多互联网大公司都在自动驾驶上投入了大量的资源，如国内的百度、美国的谷歌公司及优步公司等。在自动驾驶中，需要应用大量的深度学习技术，如道路标志线与交通信号灯的检测、周边行走车辆的三维信息获取等。

5.2 人工神经网络

5.2.1 感知机

研究表明，为了能够学习表示高阶抽象概念的复杂函数，解决目标识别、语音感知和语言理解等人工智能的相关任务，需要引入深度学习。深度学习架构由多层非线性运算单元组成，每个较低层的输出作为更高层的输入，可以从大量输入数据中学习有效的特征表示，学习到的高阶表示中包含输入数据的许多结构信息，能够用于分类、回归和信息检索等数据分析和挖掘的特定问题中。

感知机被称为深度学习领域最为基础的模型。虽然感知机是最为基础的模型，但是它在深度学习的领域中有着举足轻重的地位，是神经网络和支持向量机学习的基础，可以说它是最古老的分类方法之一。了解感知机，通常是学习人工智能相关知识的第一步。

1. 感知机概述

感知机（Perceptron）由罗森布拉特于 1957 年提出，是神经网络与支持向量机的基础。感知机是一种非常特殊的神经网络，是最早被设计并实现的人工神经网络，它在人工神经网络的发展史上有着非常重要的地位，尽管它的能力非常有限，主要用于线性分类。感知机还包括多层感知机，简单的线性感知机用于线性分类器，多层感知机（含有隐层的网络）可用于非线性分类器。感知机是一种数学模型，它可以看作模仿生物的神经元，有多个输入、一个激活函数和一个输出，如图 5.2 所示。一个感知机的输出可以连接到其他感知机的输入上，这样就实现了最基础的人工神经网络。感知机激活函数设计的初衷，也是在模仿神经元的激活状态。

感知机中的激活函数可以有很多种类型，在这里选择一个阶跃函数（Step Function）作为激活函数。当阶跃函数的输入小于或等于零的时候，输出结果为零，此时模仿生物神经元的非激活状态；当阶跃函数的输入大于零的时候，阶跃函数的输出为 1。

值得注意的是：感知机同生物神经元的差异是非常大的。生物的神经元结构非常复杂，里面有很复杂的电化学反应，工作过程是动态模拟的过程。而感知机是一个简单的数学模型，是在做数字运算。

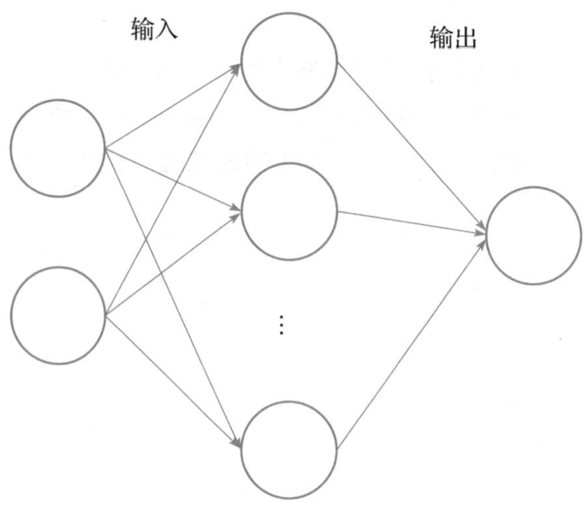

图 5.2　感知机模型

2. 感知机的原理

感知机接收多个输入信号，输出一个信号。这里所说的“信号”可以想象成电流或河流那样具备“流动性”的东西。像电流流过导线，向前方输送电子一样，感知机的信号也会形成流，向前方输送信息。但是，和实际的电流不同的是，感知机的信号只有“流 / 不流”（1/0）两种取值，一般人们认为 0 对应“不传递信号”，1 对应“传递信号”。图 5.3 是一个接收两个输入信号的感知机，x_1、x_2 是输入信号，y 是输出信号，w_1、w_2 是权重。图中的矩形框为“神经元”或者“节点”。输入信号被送往神经元时，会被分别乘以固定的权重（w_1x_1、w_2x_2），感知机的每一个输入都和权重相乘，然后再把所有乘完后的结果加在一起，也就是相乘后再求和，求和的结果作为激活函数的输入，而这个激活函数的输出作为整个感知器的输出。最后神经元会计算传送过来的信号的总和，只有当这个总和超过了某个界限值时，才会输出 1，这也称为“神经元被激活”。这里将这个界限值称为阈值，用符号 θ 表示。

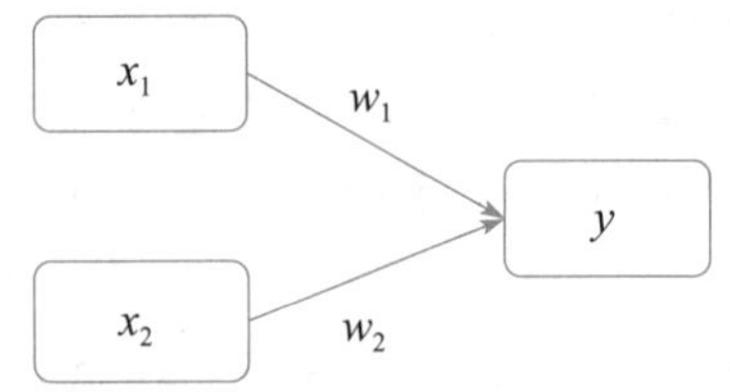

图 5.3　接收两个输入信号的感知机

感知机的数学公式如下：

$$f(x)=\begin{cases}0, & w_1x_1+w_2x_2\leqslant\theta\\ 1, & w_1x_1+w_2x_2>\theta\end{cases}$$

值得注意的是：感知机的多个输入信号都有各自固有的权重，这些权重发挥着控制各个信号的重要性的作用。也就是说，权重越大，对应该权重的信号的重要性就越高。

感知机可以实现多种布尔运算。图 5.4 显示了“与”运算（只有两个数都为 1 时才能得到 1），在感知机中可以轻松实现，取 w_1、w_2 为 0.5，θ 为 0.7 即可。不过，单个感知机虽然能模拟与 / 或 / 非门，但却不能表示异或运算，而将多个感知机组合起来时，就能表示异或运算。

x_1	x_2	y
0	0	0
1	0	0
0	1	0
1	1	1

图 5.4 “与”运算

事实上，感知机不仅能实现简单的布尔运算，还可以拟合任何线性函数，任何线性分类或线性回归问题都可以用感知机来解决。在数据集线性可分性方面，感知机在二维平面中可以用一条直线将“+1”类和“-1”类完美分开，那么这个样本空间就是线性可分的。因此，感知机都基于一个前提，即问题空间线性可分。图 5.5 显示了使用感知机来划分二维平面。

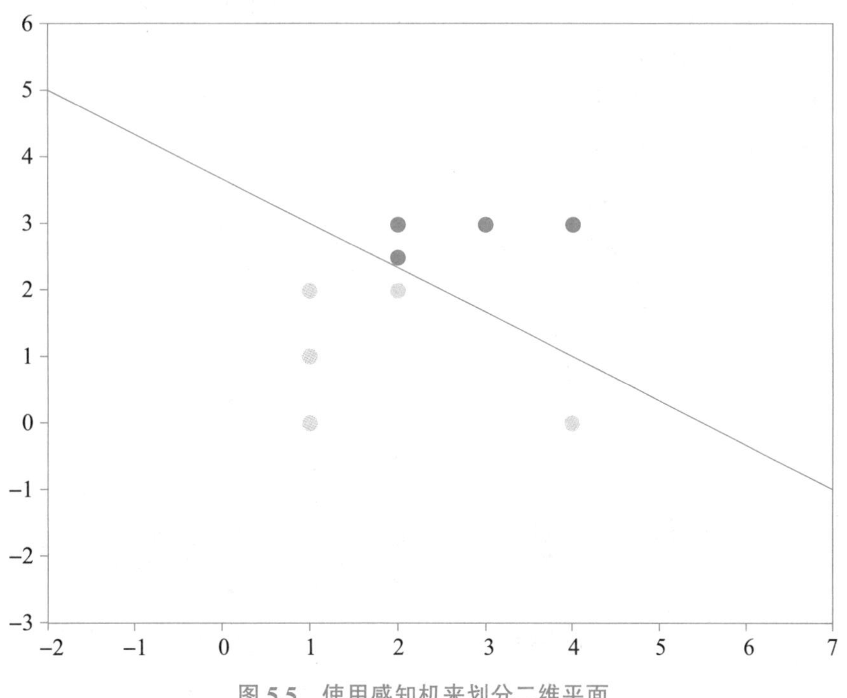

图 5.5 使用感知机来划分二维平面

一般来讲，感知机的优点是简单、易于实现，并且可以处理大量的数据。感知机也存在一些缺点，如对于非线性数据的分类效果不佳，需要使用更加复杂的算法进行处理。此外，感知机也容易受到噪声数据的影响，需要进行数据清洗和预处理。

5.2.2 神经网络

神经网络（Neural Network，NN）也称为人工神经网络（Artificial Neural Network，ANN），是由大量神经元（Neurons）广泛互连而成的网络，是对人脑的抽象、简化和模拟，应用了一些人脑的基本特性。神经网络与人脑的相似之处可概括为两个方面，一是通过学习过程利用神经网络从外部环境中获取知识，二是内部神经元存储获取的知识信息。

1. 神经网络概述

神经网络是一种由大量的节点（或称神经元）相互连接构成的运算模型。通俗地讲，人工神经网络是模拟、研究生物神经网络的结果。详细地讲，人工神经网络是为获得某个特定问题的解，根据生物神经网络机理，按照控制工程的思路及数学描述方法，建立相应的数学模型并采用适当的算法，有针对性地确定数学模型参数的技术。

神经网络的信息处理是由神经元之间的相互作用实现的，知识与信息的存储主要表现为网络元件互相连接的分布式物理联系。人工神经网络具有很强的自学能力，它可以不依赖于“专家”的头脑，自动从已有的实验数据中总结规律。因此，人工神经网络擅长处理复杂多维的非线性问题，不但可以解决定性问题，也可以解决定量问题，同时还具有大规模并行处理和分布信息存储能力，具有良好的自适应性、自组织性、容错性和可靠性。

图 5.6 显示了人工神经网络的状态，其中，图 5.6（a）为神经元，图 5.6（b）为感知机，图 5.6（c）为神经元连接，图 5.6（d）为人工神经网络。

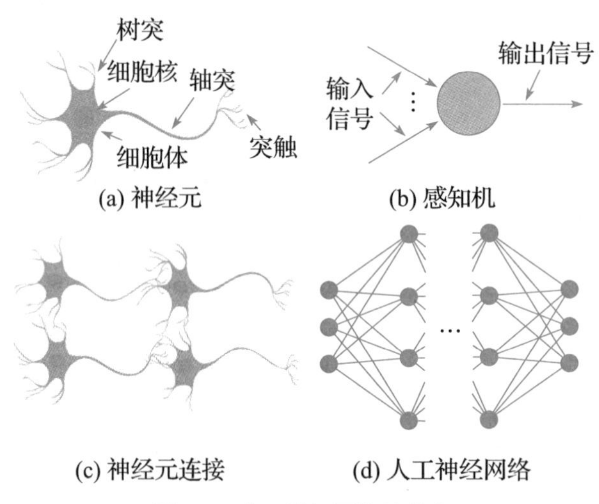

图 5.6 人工神经网络的状态

2. 单个神经元

首先以监督学习为例，对于一个带有标签的数据样本集（$x_i y_i$），神经网络算法通过建立一种具有参数 W、b 的复杂非线性假设模型 $h_{w,\ b}(x)$，来拟合样本数据。

从最简单的单个神经元来讲述神经网络模型的架构，如图 5.7 所示是一个最简单的单个神经元的网络模型，它只包含一个神经元。人工神经网络中最小也是最重要的单元叫神经元。与生物神经系统类似，这些神经元也互相连接并具有强大的处理能力。每个神经元都有输入连接和输出连接。这些连接模拟了大脑中突触的行为。与大脑中突触传递信号的方式相同，信号从一个神经元传递到另一个神经元，这些连接也在人工神经元之间传递信息。每一个连接都有权重，这意味着发送到每个连接的值要乘以这个因子。

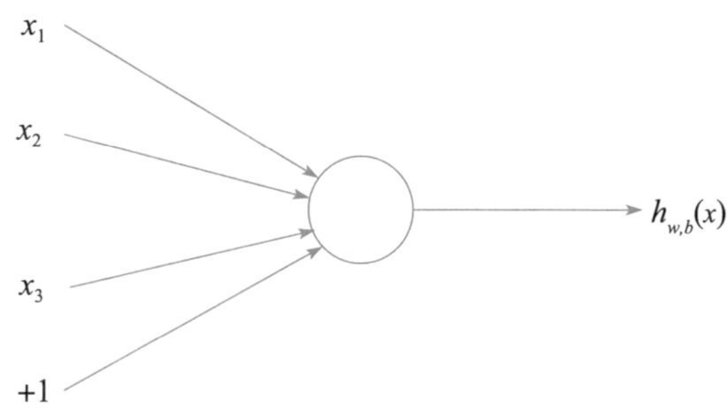

图 5.7　单个神经元的网络模型

这种模式是从大脑突触得到的启发，权重实际上模拟了生物神经元之间传递的神经递质的数量。所以，如果某个连接重要，那么它将具有比那些不重要的连接更大的权重值。

图 5.7 中的单个神经元是一个运算单元，它的输入是训练样本 x_1，x_2，x_3，其中“+1”是一个偏置项。该运算单元的输出结果是 $h_{w,b}(x)=f(w^{\mathrm{T}}x)=f\left(\sum_{i=1}^{3} w_i x_i+b\right)$，其中 f 是这个神经元的激活函数。该单个神经元的输入和输出映射关系本质上是一个逻辑回归，此处可以使用 Sigmoid 函数作为神经节点激活函数。以下是 Sigmoid 函数的公式：

$$f(z)=\frac{1}{1+\mathrm{e}^{-z}}$$

也可以采用双曲正切函数作为神经元的激活函数，以下是双曲正切函数的公式：

$$f(z)=\tan h(z)=\frac{\mathrm{e}^{z}-\mathrm{e}^{-z}}{\mathrm{e}^{z}+\mathrm{e}^{-z}}$$

3. 前馈神经网络

前馈神经网络是深度学习中最基本的网络结构，它通常由 3 部分组成，包括

Input（输入层）、Hidden（隐藏层）和 Output（输出层）。前馈神经网络模型如图 5.8 所示。前馈神经网络最左边的一层称为输入层，最右边的一层称为输出层，中间层称为隐藏层。输入层从外部环境中获取输入信息，在输入节点中不进行任何计算，仅向隐藏节点传递信息。隐藏层中的节点对输入信息进行处理，并将信息传递到输出层中，隐藏层由处于中间位置的所有神经节点组成，因为不能在神经网络训练过程中直接观测到它们的值而得名。输出层负责计算输出值，并将输出值传递到外部环境。

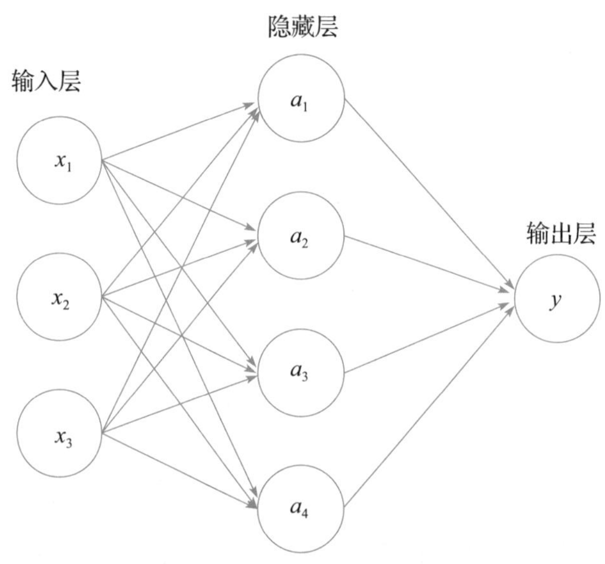

图 5.8　前馈神经网络模型

下面解释前馈、网络和神经三个词的含义。

（1）前馈代表所有的信息都从输入 x 经过某些中间的计算而最终输出到 y，而不存在从模型的输出到输入的反馈，有反馈的情况即为循环神经网络。

（2）网络代表该模型是将不同的基本函数组合在一起形成的模型。

（3）神经代表它的灵感部分受到神经科学的影响。每一隐藏层通常是矢量值，而这些隐藏层的维度定义了网络的宽度。可以将每层看作从一个大的从矢量到矢量的函数映射，但从另一方面也可以将矢量的每个元素看作一个小的神经元，每个神经元进行了矢量到标量的映射操作（这一操作又被称为激活函数），而每一层是不同的神经元并行运算的综合。

4. 神经网络的学习

神经网络的学习也称为训练，指的是通过神经网络所在环境的刺激作用调整神经网络的自由参数，使神经网络以一种新的方式对外部环境做出反应的过程。神经网络最大的特点是能够从外部环境中学习，以及在学习中提高自身性能。经过反复学习，神经网络对其外部环境会越来越了解。

学习算法是指针对学习问题的明确规则集合。学习类型是由参数变化发生的形式决定的，不同的学习算法对神经元的权值调整的表达式有所不同。没有一种独特的学习算法可以用于设计所有的神经网络，选择或设计学习算法时，还需要考虑神经网络的结构及神经网络与外部环境相连的形式。

神经网络整个的学习过程，首先是使用结构指定了网络中的变量和它们的拓扑关系。例如，神经网络中的变量可以是神经元连接的权重（Weight）和神经元的激励值（Activities of the Neurons）。其次是使用激励函数（Activity Rule）。大部分神经网络模型都具有一个短时间尺度的动力学规则，用来定义神经元如何根据其他神经元的活动来改变自己的激励值，一般激励函数依赖于网络中的权重（即该网络的参数）。最后是训练学习规则（Learning Rule）。学习规则指定了网络中的权重如何随着时间推进而调整，它被看作是一种长时间尺度的动力学规则。一般情况下，学习规则依赖于神经元的激励值，它也可能依赖于监督者提供的目标值和当前权重的值。通过对神经网络结构的理解，使用激励函数进行训练，再加上最后的训练即可完成神经网络的整个学习过程。

5. 激活函数

激活函数（Activation Functions）对于人工神经网络模型及卷积神经网络模型去学习理解非常复杂的和非线性的函数来说，具有十分重要的作用。神经网络的输出是上一层输入的加权和，所以网络线性关系过于显著，属于线性模型，对于复杂问题的解决存在难度；但是当每个神经元都经过一个非线性函数，那么输出就不再是线性的了，整个网络模型也就是非线性模型。如此一来，网络就能够解决比较复杂的问题，激活函数就是这个非线性函数。

如果激活函数为线性函数，那么线性方程组也仅有线性的表达能力，无论网络内部有多少层，最终也只是相当于一个隐藏层，这样无法解决复杂的问题，也就是无法用非线性来逼近任意函数。所以激活函数的非线性增加了神经网络模型的非线性，使得神经网络具有了更实际的意义。最初的激活函数会将输入值归化至某一区间内，因为当激活函数的输出值有限时，基于梯度下降的优化算法会更加稳定。但是随着优化算法的发展，激活函数也不断发展，目前激活函数已不仅仅是将输出值归化到某一区间内。

常见的激活函数有 Sigmoid 激活函数、tanh 激活函数和 ReLU 激活函数。

（1）Sigmoid 激活函数。

Sigmoid 激活函数的公式定义如下：

$$f(x)=\frac{1}{1+\mathrm{e}^{-x}}$$

Sigmoid 激活函数的导数公式如下：

$$f'(x)=f(x)[1-f(x)]$$

Sigmoid 激活函数的取值范围为（0, 1），求导非常容易，为反向传播中梯度下降法的计算提供了便利，因此 Sigmoid 激活函数在早期人工神经网络中十分受欢迎。但是现在 Sigmoid 激活函数很少被使用，主要是因为当 Sigmoid 激活函数的值在 0 或 1 的时候梯度几乎为 0，所以在反向传播时，这个局部梯度会与整个损失函数关于该单元输出的梯度相乘，结果也会接近于 0，这样就无法对模型的参数进行更新。

Sigmoid 激活函数示意图如图 5.9 所示。

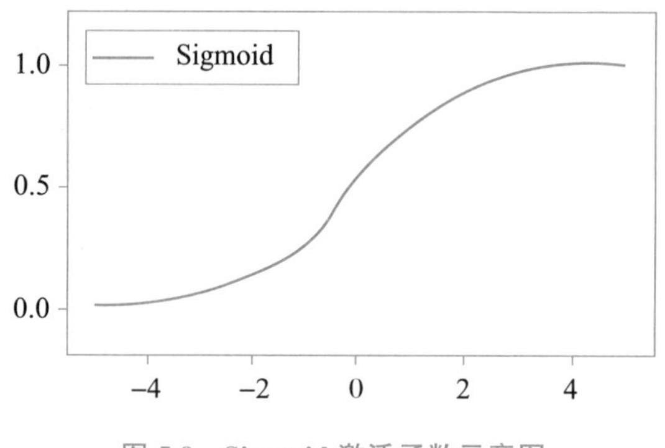

图 5.9　Sigmoid 激活函数示意图

（2）tanh 激活函数。

tanh 激活函数的公式定义如下：

$$f(x)=\frac{e^{x}-e^{-x}}{e^{x}+e^{-x}}$$

tanh 激活函数的导数公式如下：

$$f'(x)=1-f^{2}(x)$$

tanh 激活函数的取值范围为（−1，1），求导也十分容易。tanh 激活函数与 Sigmoid 激活函数十分相似，但是与 Sigmoid 激活函数相比，tanh 激活函数的收敛速度更快。tanh 激活函数存在的问题和 Sigmoid 激活函数一样，容易产生梯度为 0 的问题，造成参数不能再更新。在实际应用中，tanh 激活函数的使用比 Sigmoid 激活函数更为频繁。

tanh 激活函数示意图如图 5.10 所示。

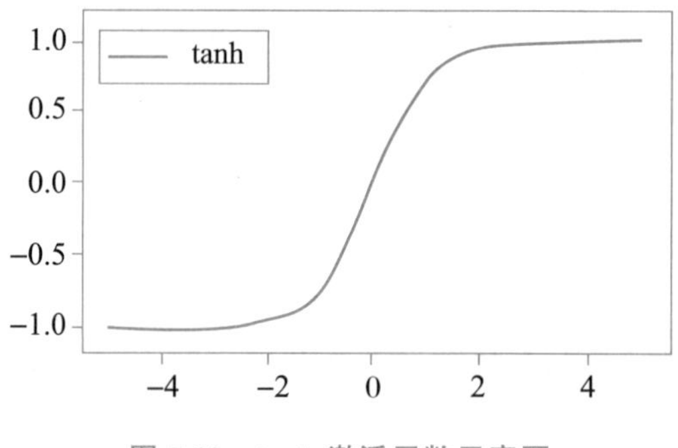

图 5.10　tanh 激活函数示意图

（3）线性整流（Rectified Linear Unit，ReLU）激活函数。

ReLU 激活函数的公式定义如下：

$$f(x)=\begin{cases}x, & x\geqslant 0\\ 0, & x<0\end{cases}$$

ReLU 激活函数的导数公式如下：

$$f'(x)=\begin{cases}1, & x\geqslant 0\\ 0, & x<0\end{cases}$$

相较于 Sigmoid 激活函数和 tanh 激活函数，ReLU 激活函数对于随机梯度下降法的收敛有着巨大的加速作用，同时 ReLU 激活函数的计算仅需要一个阈值判断，不像 Sigmoid 激活函数与 tanh 激活函数那样需要指数运算，相比于这两个激活函数，ReLU 激活函数为整个神经网络学习训练过程节省了很多计算量。ReLU 函数会使一部分神经元的输出为 0，为神经网络提供了稀疏表达能力，同时减少了参数的相互依存关系，缓解了过拟合问题的发生。ReLU 激活函数还有一个巨大优势，它能够有效地缓解梯度消失，也就是梯度容易为 0 的问题。

ReLU 激活函数示意图如图 5.11 所示。

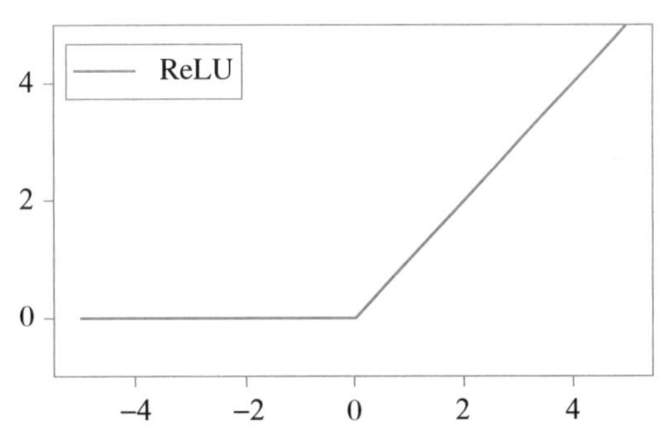

图 5.11 ReLU 激活函数示意图

6. 损失函数

损失函数是模型对数据拟合程度的反映，拟合得越差，损失函数的值就越大。与此同时，当损失函数比较大时，其对应的梯度也会随之增大，这样就可以加快变量的更新速度。

常见的损失函数有均方误差（Mean Squared Error，MSE），MSE 的计算公式如下：

$$L(y,y')=\frac{(y-y')^2}{2}$$

该公式中，y 表示真实输出，y' 表示逻辑输出。

5.2.3 卷积神经网络

1. 卷积与卷积核

卷积神经网络（Convolutional Neural Network，CNN），顾名思义是在神经网络的基础上加入了卷积运算（卷积是测量两个函数重叠程度的积分，是对两个函数生成第三个函数的一种数学算子，本质上就是先将一个函数翻转，然后进行滑动叠加），通过卷积核（卷积核是一个二维矩阵，它与原始数据进行逐个元素的乘积运算，并将结果相加得到一个新的数值。卷积核的大小和形状可以根据需要进行调整，以便更好地捕捉数据中的特征）局部感知图像信息并提取其特征，多层卷积之后能够提取出图像的深层抽象特征，凭借这些特征来达到更准确的分类或预测的目标。与一些传统的机器学习方法相比，卷积神经网络能够更加真实地体现数据内在的相关特征，因此目前卷积神经网络是图像、行为识别等领域的研究热点。

值得注意的是：卷积核的工作原理是将其与输入数据进行卷积操作，并且卷积核的大小和形状可以根据需要进行调整。例如，如果想要检测图像的边缘，可以使用一个大小为 3×3 的卷积核。在计算机视觉中，卷积核通常用于图像处理，如边缘检测、模糊和锐化等。卷积核的作用是通过对图像的每个像素进行卷积操作来提取图像中的特征。

图 5.12 显示了神经网络中的二维卷积。

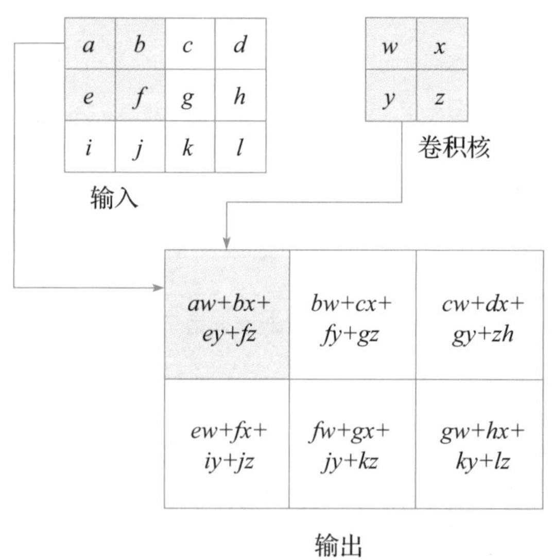

图 5.12　神经网络中的二维卷积

值得注意的是：单个卷积核只能提取一种类型的特征。如果希望卷积层能够提取多个特征，则可以并行使用多个卷积核，每个卷积核提取一种特征，如图 5.13 所示。

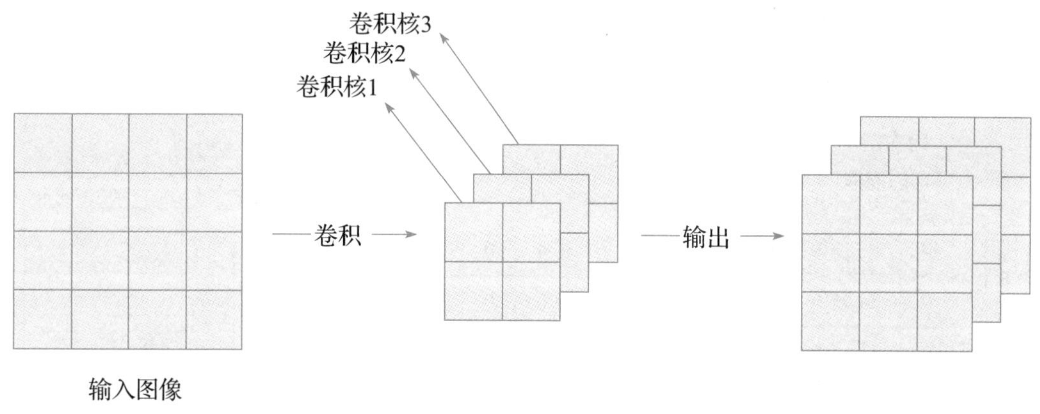

图 5.13 并行使用多个卷积核

2. 卷积神经网络的结构

卷积神经网络作为一个深度学习架构被提出时，它的最初诉求是降低对图像数据预处理的要求，以避免烦琐的特征工程。CNN 由输入层、输出层及多个隐藏层组成，隐藏层可分为卷积层、池化层、ReLU 层和全连接层，其中卷积层与池化层配合可组成多个卷积组，逐层提取特征。

卷积神经网络是多层感知机的变体，根据生物视觉神经系统中神经元的局部响应特性设计，采用局部连接和权值共享的方式降低模型的复杂度，极大地减少了训练参数，提高训练速度，也在一定程度上提高了模型的泛化能力。CNN 是目前多种神经网络模型中研究最为活跃的一种。卷积神经网络的结构如图 5.14 所示。

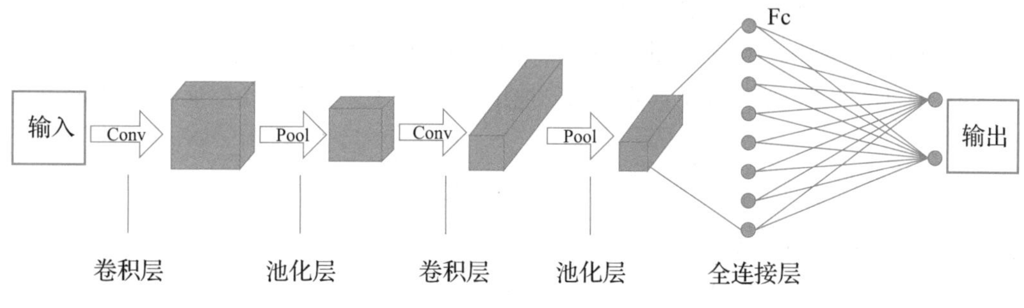

图 5.14 卷积神经网络的结构

（1）卷积层。

卷积是一种线性计算过程，卷积运算实际上是分析数学中的一种运算方式，在卷积神经网络中通常仅涉及离散卷积的情形。整个卷积层的卷积过程是：首先选择某一规格大小的卷积核，其中卷积核的数量由输出图像的通道数量决定；然后将卷积核按照从左往右、从上到下的顺序在二维数字图像上进行扫描，分别将卷积核上的数值与二维图像上对应位置的像素值进行相乘求和；最后将计算得到的结果作为卷积后相应位置的像素值，这样就得到了卷积后的输出图像。第一次扫描卷积的计算过程示意图如图 5.15 所示。

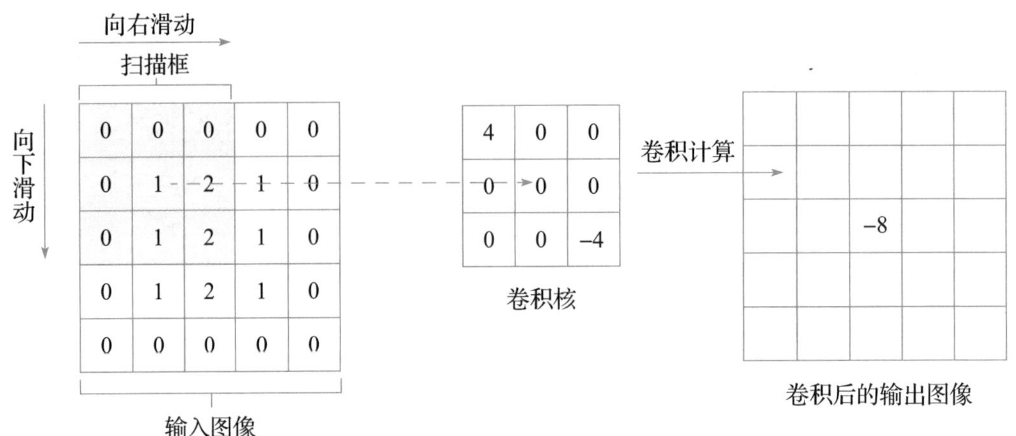

图 5.15　第一次扫描卷积的计算过程示意图

（2）池化层。

卷积神经网络的池化一般在卷积过程后，池化其实就是采样，池化对于输入的图片，选择某种方式对其进行压缩，以加快神经网络的运算速度。池化层又称下采样层，主要是通过对卷积形成的图像特征进行特征统计，这种统计方式不仅可以降低特征的维度，而且还可以降低网络模型过拟合的风险。卷积图像经过池化操作后可以有效减小输出图像的尺寸，在保留图像主要特征的同时还可以减少网络结构中的计算参数，防止过拟合，提高模型的泛化能力。

池化层可以减少该层的输出数量。这意味着减少了网络下一层的输入数量，可以减少网络整体参数，降低计算量，减少参数存储需求，提高网络计算效率。图 5.16 中池化层的输入单元数量为 6，池的宽度为 3、步幅为 2，池化层的输出单元数量为 2。

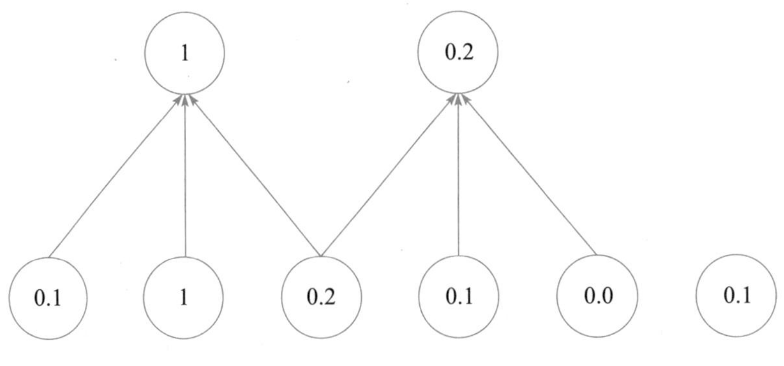

图 5.16　池化层

（3）全连接层。

图像经过卷积操作后，其关键特征被提取出来，全连接层的作用就是将图像的特征进行组合拼接，最后通过计算得到图像被预测为某一类的概率。在实际使用过程中，全连接层一般处于整个卷积神经网络后端，其计算过程可以转化为卷积核为 1×1 的卷积过程。

3. 卷积神经网络的应用

卷积神经网络的要点是它们在单个图像上通过了许多滤波器，每个滤波器都会拾取不同的信号。卷积神经网络采用这些滤波器和图像特征空间的切片，并逐个映射它们。也就是说，它们会创建一张地图，显示每个特征出现的地方。通过学习特征空间的不同部分，卷积神经网络允许轻松扩展特征工程特性。

卷积神经网络可以对输入的图像输出其图像特征，实现过程如图 5.17 所示。

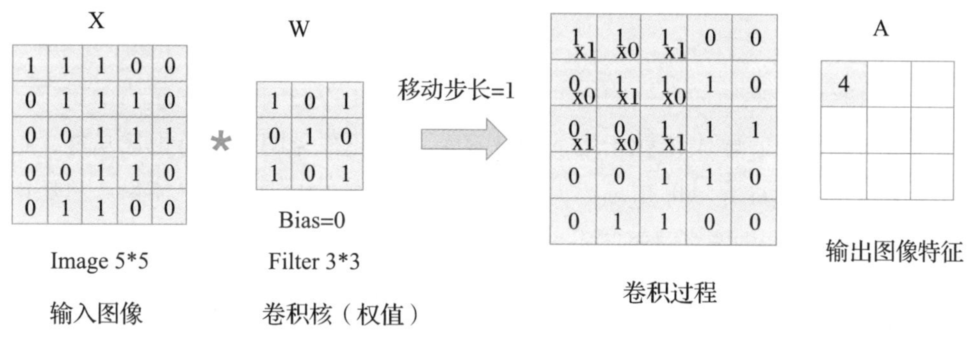

图 5.17 卷积神经网络实现过程

因此，卷积神经网络是目前深度学习技术领域中非常具有代表性的神经网络之一，在图像分析和处理领域取得了众多突破性的进展。目前在学术领域中基于卷积神经网络的研究取得了很多成就，包括图像特征提取分类、场景识别等。

5.2.4 循环神经网络

循环神经网络（Recurrent Neural Network，RNN）是深度学习领域中一类特殊的内部存在自连接的神经网络，可以学习复杂的矢量到矢量的映射。乔丹和埃尔曼分别于 1986 年和 1990 年提出循环神经网络框架，称为简单循环网络（Simple Recurrent Network，SRN），被认为是目前广泛流行的循环神经网络的基础版本，之后不断出现的更加复杂的结构均可认为是其变体或者扩展。目前循环神经网络已经被广泛应用于各种与时间序列相关的工作任务中。

1. 循环神经网络概述

循环神经网络的来源是为了刻画一个序列当前的输出与之前信息的关系。从网络结构上看，循环神经网络会记忆之前的信息，并利用之前的信息影响后面节点的输出。

图 5.18 为循环神经网络的结构。RNN 的层级结构较 CNN 来说比较简单，它主要由输入层、隐藏层和输出层组成。在隐藏层有一个箭头表示数据的循环更新，这就是实现时间记忆功能的方法，即闭合回路。

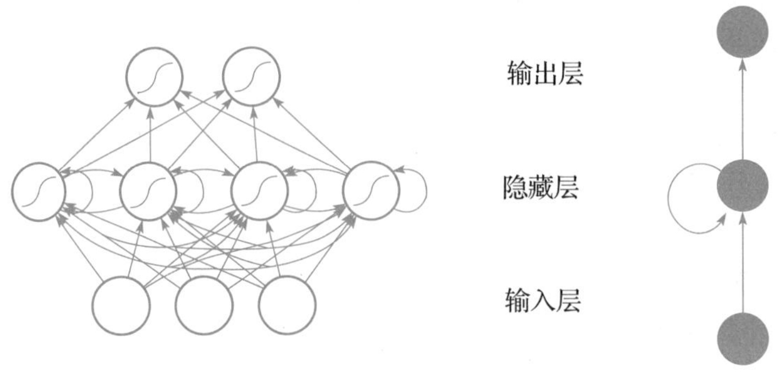

图 5.18　循环神经网络的结构

闭合回路连接是循环神经网络的核心部分。循环神经网络对于序列中每个元素都执行相同的任务，输出依赖于之前的计算，即循环神经网络具有记忆功能，可以捕获迄今为止已经计算过的信息。循环神经网络在语音识别、语言建模、自然语言处理（Natural Language Processing，NLP）等领域有着重要的应用。

2. 循环神经网络的原理

循环神经网络（RNN）应用于输入数据具有依赖性且是序列模式时的场景，即前一个输入和后一个输入是有关联的。循环神经网络的隐藏层是循环的，这表明隐藏层的值不仅仅取决于当前的输入值，还取决于前一时刻隐藏层的值。具体的表现形式是循环神经网络“记住”前面的信息并将其应用于计算当前输出，这使得隐藏层之间的节点是有连接的。

循环神经网络的结构示意图如图 5.19 所示。

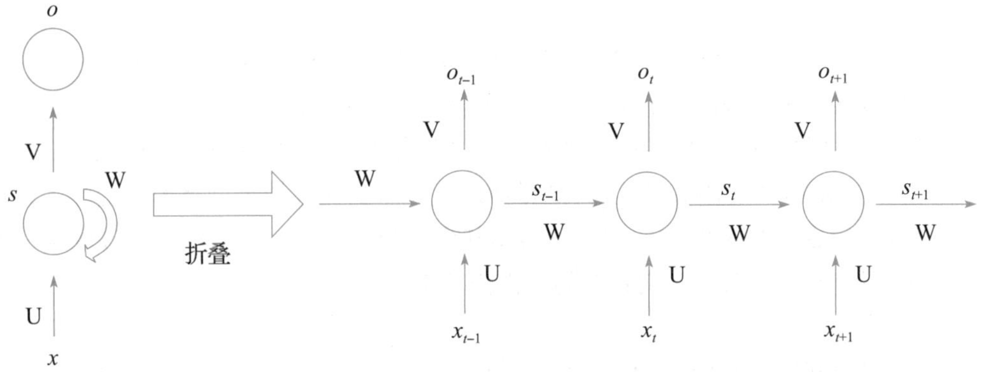

图 5.19　循环神经网络的结构示意图

图 5.19 中的每个圆圈可以看作一个单元，而且每个单元的功能都是一样的。简单概括地说，循环神经网络就是一个单元结构重复使用的神经网络。

3. 常用的循环神经网络

常用的循环神经网络包括长短期记忆网络、门控循环单元神经网络等。

（1）长短期记忆网络。

长短期记忆网络（Long Short-Term Memory，LSTM）是一种拥有三个“门”结构的特殊网络结构。LSTM 靠一些“门”结构让信息有选择性地影响神经网络中每个时刻的状态。“门”结构就是一个使用 Sigmoid 神经网络和一个按位做乘法结合在一起的操作。称作“门”是因为使用 Sigmoid 作为激活函数的全连接神经网络层会输出一个 0 到 1 之间的数值，描述当前输入有多少信息量可以通过这个结构。这个结构的功能类似于一扇门，当“门”打开时（Sigmoid 神经网络层输出为 1），全部信息都可以通过；当“门”关上时（Sigmoid 神经网络层输出为 0），任何信息都无法通过。

循环神经网络（RNN）在处理序列化输入方面有着广泛的应用，它是深度学习框架中的一个典型模型。卷积神经网络（CNN）和循环神经网络（RNN）在理论上可以处理无限长的数据序列，但在实际应用中，当数据距离较长时会出现结果难以收敛的问题。而长短期记忆网络（LSTM）可以解决其他神经网络难以处理的长距离依赖问题，并且由于 LSTM 在结构中利用隐藏层增加单元状态来代替原始循环神经网络结构中隐藏层只有一个状态的情况，因此有效解决了梯度消失和梯度爆炸的问题。LSTM 的诸多特性，使其在图像处理、语音识别及自然语言处理等领域都有着广泛的应用。

（2）门控循环单元神经网络。

门控循环单元（Gated Recurrent Unit，GRU）神经网络是由 LSTM 改进的模型，LSTM 是循环神经网络的一种变形模型，最为引人注目的成就是很好地克服了循环神经网络中长依赖的问题。但是 LSTM 模型的形式较为复杂，同时也存在着训练时间较长、预测时间较长等问题。GRU 神经网络对 LSTM 的改进，也正是为了改进这些问题。

GRU 神经网络在 LSTM 的基础上主要做了两点重要的改变。一是 GRU 神经网络只有两个门，GRU 神经网络将 LSTM 中的输入门和遗忘门合二为一，称为更新门（Update Gate），控制前边记忆信息能够继续保留到当前时刻的数据量；另一个门称为重置门（Reset Gate），控制要遗忘多少过去的信息。二是取消进行线性自更新的记忆单元（Memory Cell），而是直接在隐藏单元中利用门控进行线性自更新。

4. 循环神经网络的应用

在实际应用中，人们会遇到很多序列数据，如图 5.20 所示。

图 5.20　序列数据

在自然语言处理问题中，x_1 可以看作第 1 个单词的向量，x_2 可以看作第 2 个单词的向量。序列数据可以认为是一串信号，如一段文本“您吃了吗?”，其中 x_1 可以表示“您”，x_2 表示“吃”，x_3 表示“了”，依此类推。

序列数据不易用传统神经网络处理，因为传统神经网络不能考虑一串信号中每个信号的顺序关系，这时就可以用 RNN 来处理。

从 RNN 的结构可知，RNN 下一时刻的输出值是由前面多个时刻的输入值来共同决定的。假设有一个输入是“我会说普通”，那么应该通过“会”“说”“普通”这三个前序输入来预测下一个词最有可能是什么，通过分析预测应该是“话”的概率比较大。

图 5.21 所示为经典的循环神经网络。在图中输入是 x_1, x_2, x_3, x_4，输出为 y_1, y_2, y_3, y_4，也就是说输入序列和输出序列必须是等长的。由于这个限制，经典的 RNN 的适用范围比较小，但也在一些问题上适用。比如，计算视频中每一帧的分类标签，因为要对每一帧进行计算，所以输入序列和输出序列等长，即输入为字符，输出为下一个字符的概率。

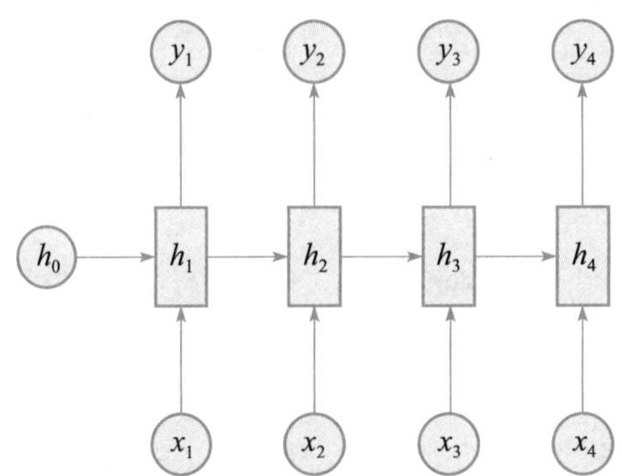

图 5.21　经典的循环神经网络

值得注意的是：RNN 在处理长序列时容易出现梯度消失或梯度爆炸的问题，导致模型难以训练。针对这个问题，可以使用 LSTM 或 GRU 神经网络等结构来缓解梯度问题。

5.2.5　生成对抗网络

生成对抗网络（Generative Adversarial Networks，GAN）独特的对抗性思想使得它在众多生成网络模型中脱颖而出，被广泛应用于计算机视觉、机器学习和语音处理等领域。

1. 生成对抗网络概述

生成对抗网络模型如图 5.22 所示，该模型主要包含一个生成模型和一个判别模型。生成对抗网络主要解决的问题是如何从训练样本中学习出新样本，其中判别模型用于判断输入样本是真实数据还是训练生成的样本数据。

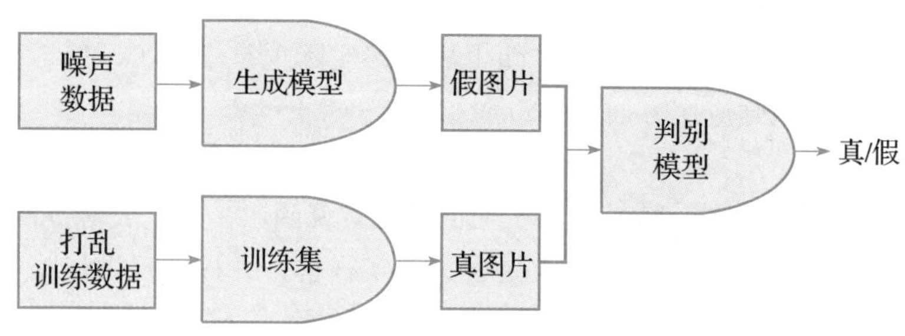

图 5.22　生成对抗网络模型

2. 生成对抗网络的原理

生成对抗网络的网络结构如图 5.23 所示，该结构由生成网络和判别网络共同构成。生成网络 G 接收随机变量 z，生成假样本数据 $G(z)$。生成网络的目的是尽量使生成的样本和真实样本一样。判别网络 D 的输入由两部分组成，分别是真实数据 x 和生成器生成的数据 $G(z)$，其输出通常是一个概率值，表示 D 认定输入是真实分布的概率，若输入来自真实数据，则输出 1，否则输出 0。同时判别网络的输出会反馈给 G，用于指导 G 的训练。理想情况下，D 无法判别输入数据是来自真实数据 x 还是生成数据 $G(z)$，即 D 每次的输出概率值都为 1/2（相当于随机猜测），此时模型达到最优。在实际应用中，生成网络和判别网络通常用深层神经网络来实现。

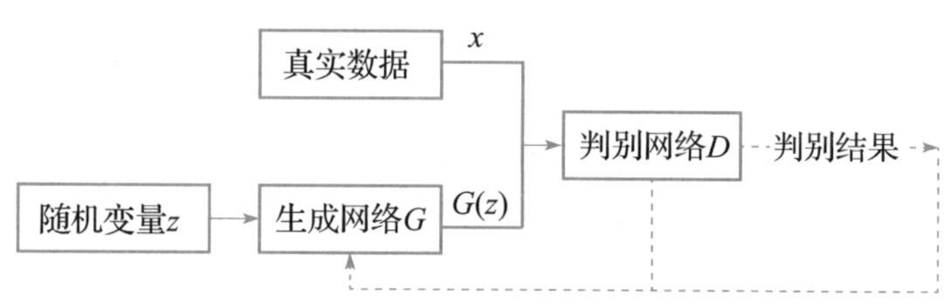

图 5.23　生成对抗网络的网络结构

生成对抗网络中的生成网络和判别网络可以看成博弈的两个玩家。在模型训练的过程中，生成网络和判别网络会各自更新自身的参数，使得损失最小，通过不断迭代优化，最终达到一个纳什均衡状态，此时模型达到最优。生成对抗网络的目标函数如下所示：

$$\min_G \max_D V(D,G) = E_{x\sim P_{\text{data}}(x)}[\log D(x)] + E_{z\sim P_z(z)}[\log(1-D(G(z)))]$$

（1）生成网络。

生成网络本质上是一个可微分函数，生成网络接收随机输入变量 z，经生成器 G 生成假样本 $G(z)$。在生成对抗网络（GAN）中，生成器对输入变量 z 基本没有限制，z 通常是一个 100 维的随机编码向量，z 可以是随机噪声或者符合某种分布的变量。生成网络理论上可以逐渐学习任何概率分布，经训练后的生成网络可以生成逼真图像，但和真实图像不完全一样，即生成网络实际上是学习了训练数据的一个近似分布，这在数据增强应用方面尤为重要。

（2）判别网络。

判别网络同生成网络一样，其本质上也是可微分函数，在生成对抗网络（GAN）中，判别网络的主要目的是判断输入是否为真实样本，并提供反馈以指导生成网络训练。判别网络和生成网络组成零和游戏的两个玩家，为取得游戏的胜利，判别网络和生成网络通过训练不断提高自己的判别能力和生成能力，游戏最终会达到一个纳什均衡状态。此时生成网络学习到了与真实样本近似的概率分布，判别网络已经不能正确判断输入的数据是来自真实样本还是生成器生成的假样本 $G(x)$，即判别网络每次输出的概率值都是 1/2。

3. 生成对抗网络的特征

生成对抗网络（GAN）让两个网络（生成网络 G 和判别网络 D）相互竞争，G 不断捕捉训练集里真实样本 x_{real} 的概率分布，然后通过加入随机噪声将其转变成赝品 x_{fake}。D 观察真实样本 x_{real} 和赝品 x_{fake}，判断这个 x_{fake} 到底是不是 x_{real}。整个对抗过程是首先让 D 观察（机器学习）一些真实样本 x_{real}，当 D 对 x_{real} 有了一定的认知之后，G 尝试用 x_{fake} 来愚弄 D，让 D 相信 x_{fake} 是 x_{real}。有时候 G 能够成功骗过 D，但是随着 D 对 x_{real} 了解的加深（即学习的样本数据越来越多），G 发现越来越难以愚弄 D，因此 G 也在不断提升自己仿制赝品 x_{fake} 的能力。如此往复多次，不仅 D 能精通 x_{real} 的鉴别，G 对 x_{real} 的伪造技术也大大提升。这便是生成对抗网络（GAN）的生成对抗过程。

目前，GAN 已经成为深度学习领域中的一种重要技术，它在提高数据生成效率、增强数据集、自动编码和对抗训练等方面有重大的应用价值。

5.2.6 图神经网络

尽管传统的深度学习方法被应用在提取欧氏空间数据的特征方面取得了巨大的成功，但许多实际应用场景中的数据是从非欧几里得空间生成的，传统的深度学习方法在处理非欧几里得空间数据上的表现却仍难以使人满意。

1. 图神经网络概述

近年来，深度学习已经彻底改变了许多机器学习任务，从图像分类和视频处理，到语音识别和自然语言理解，这些任务中的数据通常表示在欧几里得空间中。然而，在越来越多的应用程序中，数据是从非欧几里得空间生成的，并表示为具有复杂关

系和对象之间相互依赖的图形。图数据的复杂性给现有的机器学习算法带来了巨大的挑战。如图 5.24 所示，图 5.24（a）为欧几里得空间的图像，图 5.24（b）为非欧几里得空间的图像。

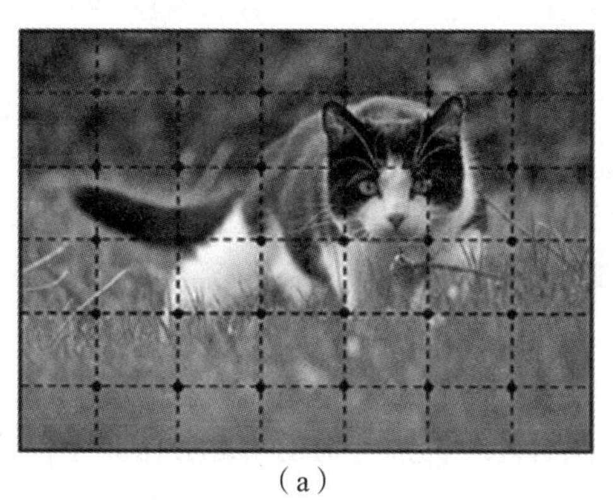
（a）

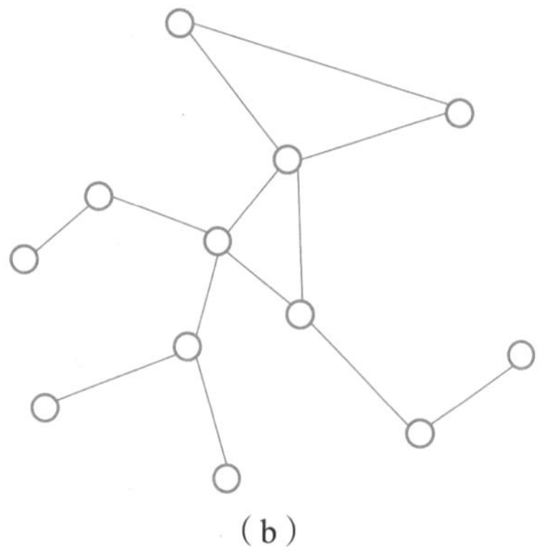
（b）

图 5.24　图数据

传统的神经网络结构（如 CNN、RNN 等）都是接收欧几里得空间的数据作为输入，它们无法处理非欧几里得空间的数据结构，如图和流行结构。因此，对于此类数据，图神经网络更加适合处理。

因此，在多方面因素的成功推动下，研究人员借鉴了卷积网络、循环网络和深度自动编码器的思想，定义和设计了用于处理图数据的神经网络结构，由此一个新的研究热点——图神经网络应运而生。图神经网络（Graph Neural Networks，GNNs）是一种基于图结构的深度学习方法。图神经网络主要由两部分组成，即“图”和“神经网络”，这里的“图”是图论中的图数据结构。一般而言，图数据结构有许多，如社交网络图、交通路线图、人物关系图、分子结构图、计算机网络拓扑图等。这些数据结构都可以作为图神经网络的输入，之后经过特定的神经网络结构（如 MLP、CNN、RNN 等）的基于图结构的运算，可以完成对图表示的分类、图的节点或边的预测等功能。

值得注意的是：图神经网络的研究与图嵌入或网络嵌入密切相关，图嵌入或网络嵌入是数据挖掘和机器学习界日益关注的另一个课题。图嵌入旨在通过保留图的网络拓扑结构和节点内容信息，将图中顶点表示为低维向量，以便使用简单的机器学习算法（如支持向量机分类）进行处理。许多图嵌入算法通常是无监督的算法，它们可以大致可以分为三个类别，即矩阵分解、随机游走和深度学习。

2. 图神经网络的应用

近年来，图神经网络非常受欢迎，并在很多任务上取得了不错的成绩。

（1）社交网络分析。

在社交网络分析中，实体之间的关系往往会是非常重要的特征，图结构就能很好地表示这种关系特征。在社交网络图中，每个实体的关系可以用边来描述，这样在进行实体分类或者关系分类时，利用图数据结构，完成特定任务的标注，就可以训练出一个图神经网络来完成此类任务。

（2）网络拓扑分析。

网络拓扑天然就是图结构的表示，同时网络中每两个节点之间会有时延、丢包、抖动等网络 KPI 信息。这些点对之间的 KPI 往往是动态变化的，这就影响到了实时路由决策和优化的问题。比如，当前链路的时延或者丢包过大，路由算法就需要选择新的路径进行数据包传递。图神经网络在这个问题中就可以接收底层的网络拓扑、网络配置信息和流量矩阵信息来实时预测每一个点对、每一条流的实验丢包抖动，这样就可以更好地配合路由和优化算法，使能自动驾驶网络。

（3）智能计算的推理。

业界认为大规模的图神经网络是认知智能计算强有力的推理方法。图神经网络将深度神经网络从处理传统非结构化数据推广到更高层次的结构化数据。大规模的图数据结构可以表达丰富和蕴含逻辑关系的人类常识和专家规则，图节点定义了可理解的符号化知识，不规则图拓扑结构表达了图节点之间的依赖、从属、逻辑规则等推理关系。以保险和金融风险评估为例，一个完备的人工智能系统不仅需要基于个人的履历、行为习惯、健康程度等进行分析处理，还需要通过其亲友、同事、同学之间的来往数据和相互评价进一步进行信用评估和推断。基于图数据结构的学习系统能够利用用户之间、用户与产品之间的交互，做出非常准确的因果和关联推理。

值得注意的是：在现实应用场景下，图数据结构往往是灵活多变且复杂的。人们提出了多种方法处理复杂的图数据结构，如动态图、异构图。随着社交网络的迅速发展，会涌现出更多的问题、挑战和应用场景，需要更加强大的图模型。

5.3 深度学习架构

5.3.1 注意力机制

注意力机制从字面意思来看和人类的注意力机制类似。人类通过快速扫描全局文本，获得需要重点关注的区域，也就是一般所说的注意力焦点，而后对这一区域投入更多注意力资源，以获取更多所需要关注目标的细节信息，而抑制其他无用信息。这一机制的存在，极大提高了人类从大量的信息中筛选出高价值信息的效率，是人类在长期进化中形成的一种生存机制。深度学习中的注意力机制，从本质上讲和人类的选择性机制类似，核心目标也是从众多信息中选择出对当前任务目标更关键的信息。目前注意力机制已经被广泛应用在自然语言处理、图像识别及语音识别

等各种不同类型的深度学习任务中，是深度学习技术中最值得关注与深入了解的核心技术之一。

1. 注意力机制简介

注意力机制的核心思想是，对于输入数据中的不同部分，网络应该给予不同的重视程度。在处理输入数据时，网络需要给不同的输入部分分配不同的权重，以便更好地捕捉输入数据中的重要信息。这种权重分配的过程就是注意力机制。在实现注意力机制时，通常会使用到关键的组件：查询、键和值。查询是网络中的一个向量，用于表示网络对输入数据的关注点。键和值是输入数据中的向量，用于表示输入数据的不同部分。注意力机制通过计算、查询和键之间的相似度，并根据相似度分配权重给值，从而实现对输入数据的关注。

注意力机制可以帮助模型对输入的每个部分赋予不同的权重，抽取出更加关键且重要的信息，使模型做出更加准确的判断，同时不会对模型的计算和存储带来更大的开销，这也是注意力机制应用如此广泛的原因。注意力机制的应用可以大大提高模型的性能，特别是针对处理长序列数据。例如，在机器翻译中，输入数据通常是一个句子，长度可能非常长，使用注意力机制可以使模型更好地捕捉输入句子中的重要信息，从而提高翻译的准确性。

2. 带注意力机制的自编码模型

图 5.25 显示了带注意力机制的自编码模型，该模型本质上是通过一个 Encoder（编码）和一个 Decoder（解码）实现机器翻译、文本转换、机器问答等功能。所谓编码，就是将输入序列转化成一个固定长度的向量；解码，就是将之前生成的固定向量再转化成输出序列。

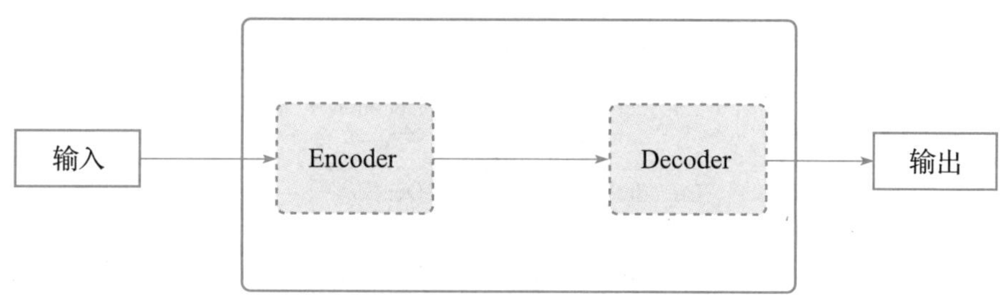

图 5.25　带注意力机制的自编码模型

要了解深度学习中的注意力模型，就不得不先了解 Encoder-Decoder 框架，因为目前大多数注意力模型附着在 Encoder-Decoder 框架下。Encoder-Decoder 框架可以看作一种深度学习领域的研究模式，应用场景非常广泛。Encoder-Decoder 框架最早应用于机器翻译领域，输入一个序列，输出另外一个序列。机器翻译问题就是将一种语言序列转换成另外一种语言序列，将该技术扩展到其他领域，如输入序列可以是文字、语音、图像、视频等，输出序列可以是文字、图像等，可以解决很多别的类型的问题。文本处理领域的 Encoder-Decoder 框架可以这么直观地去理解：可以把它看作适合处理由一个句子（或篇章）生成另外一个句子（或篇章）的通用处理模型。对于句子对 <Source，Target>，我们的目标是给定输入句子 Source，期待通过 Encoder-Decoder 框架来生成目标句子 Target。Source 和 Target 可以是同一种语言，也可以是两种不同的语言。

值得注意的是：Encoder-Decoder 框架不仅仅在文本领域得到广泛应用，在语音识别、图像处理等领域也经常使用。比如，对于语音识别来说，Encoder 部分的输入是语音流，输出是对应的文本信息；而对于图像处理（描述）来说，Encoder 部分的输入是一幅图片，Decoder 的输出是能够描述图片语义内容的描述语句。一般而言，文本处理和语音识别的 Encoder 部分通常采用 RNN 模型，图像处理的 Encoder 一般采用 CNN 模型。

3. Transformer

Transformer 的架构如图 5.26 所示，由 6 个结构相同的 Encoder 串联构成编码层，用 6 个结构相同的 Decoder 串联构成解码层。Transformer 模型的核心思想是完全抛弃传统的循环神经网络（RNN）和卷积神经网络（CNN），而引入了自注意力机制。这种自注意力机制允许模型根据输入序列中的不同位置之间的关系来有选择性地关注重要信息。这与传统的序列模型相比，消除了依赖顺序计算的限制，使得模型能够并行化处理序列数据，从而显著提高计算效率。Transformer 模型由编码器和解码器组成，常用于序列到序列（Sequence-to-Sequence）任务，如机器翻译、文本摘要和对话生成等。编码器负责将输入序列进行表示学习，而解码器则根据编码器的输出生成目标序列。两者都由多个层堆叠而成，每个层包含了多头自注意力机制和前馈神经网络层。

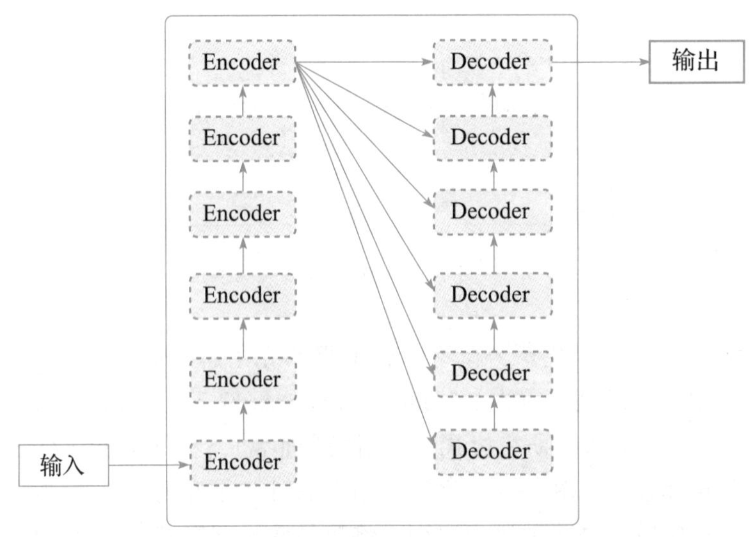

图 5.26　Transformer 的架构

在 Transformer 中，最后一层 Encoder 的输出将传入 Decoder 的每一层。其中，每个编码器由一层自注意力和一层前馈神经网络构成，每一个解码器中间还多一个用来接收最后一个编码器的输出值的自编码层。

值得注意的是：Transformer 模型使用了自注意力机制，不采用 RNN 的顺序结构，使得模型可以并行化训练，而且能够拥有全局信息。图 5.27 显示了 Transformer 用于中英文翻译的整体结构。

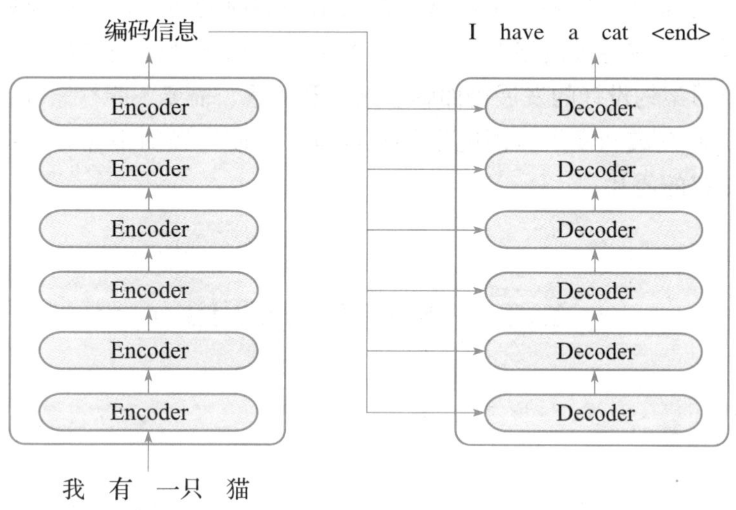

图 5.27　Transformer 用于中英文翻译的整体结构

5.3.2　多模态学习

多模态学习是指将来自不同感知模态的信息（如图像、文本、语音等）融合到一个深度学习模型中，以实现更丰富的信息表达和更准确的预测。在多模态学习中，模型之间的融合通常有以下 3 种方法。

1. 模态联合学习

模态联合学习是一种联合训练的方法，将来自不同模态的数据输入一个模型中，该模型可以同时学习到多个模态的特征表示，并将这些特征表示融合在一起进行决策。这种方法的优点是可以充分利用多个模态的信息，但是需要同时训练多个模型，计算复杂度较高。

2. 跨模态学习

跨模态学习是一种将一个模态的特征转换为另一个模态的特征表示的方法。这种方法的目的是通过跨模态学习，学习到多个模态之间的映射关系，并将不同模态的信息融合在一起。例如，可以使用图像的特征表示预测文本的情感极性。这种方法可以减少训练时间和降低计算复杂度，但是需要预先确定好模态之间的映射关系。

3. 多模态自监督学习

多模态自监督学习是一种无须标注数据，通过模型自身学习来提取多个模态的特征表示的方法。这种方法的优点是可以利用大量未标注的数据进行训练，但是需要设计一些自监督任务来引导模型学习多模态的特征表示。例如，可以通过学习视觉音频同步、图像文本匹配等任务来进行多模态自监督学习。

深度学习架构设计是推动神经网络智能化发展的关键环节。其意义在于提高网络的性能和智能水平，拓展应用领域，探索未知的前沿问题。通过卷积神经网络、循环神经网络和生成对抗网络等方法，深度学习架构设计已经取得了巨大的成功。然而，深度学习架构设计的发展仍面临着挑战和机遇，需要不断探索和创新。未来，随着技术的不断突破和发展，深度学习架构设计将使神经网络拥有更强大的智能，为人类带来更多的便利。

5.4 深度学习的应用

5.4.1 自动驾驶

近年来，自动驾驶技术取得了突飞猛进的进步，主要得益于深度学习和人工智能领域的进步。

1. 自动驾驶概述

深度学习在自动驾驶领域取得了巨大成功，优点是精准性高、鲁棒性强，以及成本低。无人驾驶车辆商业化已成为焦点和趋势。汽车企业、互联网企业都争相进入无人驾驶领域，如国内的百度、美国的谷歌等。谷歌公司于 2010 年开始研发无人驾驶项目，其定位是实现所有区域的无人驾驶，即无须任何人为干预的车辆驾驶。其他公司如特斯拉、沃尔沃、宝马等也对自动驾驶进行了深入研究。

2. 自动驾驶技术

自动驾驶是一个完整的软硬件交互系统，自动驾驶的核心技术包括硬件（汽车制造技术、自动驾驶芯片）、自动驾驶软件、高精度地图、传感器通信网络等。自动驾驶可以处理来自不同车载来源的观测流，如摄像头、激光雷达、毫米波雷达、超声波传感器、GPS 装置和惯性传感器等，这些观察结果被汽车的计算机用来做驾驶决策。

值得注意的是：摄像头、激光雷达和毫米波雷达是公认的自动驾驶的三大关键传感器技术。从技术上看，激光雷达与其他两者相比具备强大的空间三维分辨能力。当前在智能网联汽车的自动驾驶和辅助驾驶领域中，激光雷达是实现环境感知的核心传感器之一。

自动驾驶软件部分的模块主要包含以下几部分：

（1）环境感知模块。

环境感知模块主要通过传感器来感知环境信息，如通过摄像头、激光雷达、毫米波雷达、超声波传感器等来获取环境信息；通过 GPS 获取车身状态信息（车辆位置、速度和方向等）。具体来说，环境感知模块主要包括传感器数据融合、物体检测与物体分类（道路、交通标志、车辆、行人、障碍物等）、物体跟踪（行人移动等）、定位（自身精确定位、相对位置确定、相对速度估计等）等。

（2）行为决策模块。

行为决策模块需要根据实时路网信息、交通环境信息和自身驾驶状态信息，产生遵守交通规则（包括突发异常状况）的安全快速的自动驾驶决策（运动控制）。通俗地说，就是实时规划出一条合理的行驶轨迹，可分为全局路径规划和局部路径规划，局部路径规划主要是当出现道路损毁、存在障碍物等情况下找出可行驶区域，路径规划的同时也得考虑最终理想的乘坐体验。

（3）运行控制模块。

运行控制模块可根据规划的行驶轨迹，以及当前行驶的位置、姿态和速度，产生对油门、刹车、方向盘和变速杆等的控制命令。

3. 自动驾驶的应用

自动驾驶的首要任务是了解周围环境并使其本地化，在此基础上，规划出一条连续的路径，并通过行为仲裁系统确定未来行为。最后，运动控制模块反应性地校正在执行所规划的运动时产生的误差。

在行驶过程中，自动驾驶在两个点（即起始位置和所需位置）之间找到路线的能力表示路径规划。自动驾驶应考虑周围环境中存在的所有可能障碍物，并计算出无碰撞路线的轨迹，如图 5.28 所示。一般认为自动驾驶是一种多智能体设置，在这种设置中，当车辆在超车、让路、合流、左转和右转，以及在非结构化城市道路上行驶时，宿主车辆必须与其他道路使用者应用复杂的谈判技巧。目前在卷积神经网络的基础上进行视觉的感知是自动驾驶系统中最常用的方法。

图 5.28　自动驾驶

5.4.2 产品质量检测

随着人工智能、边缘计算等新兴技术的高速发展，人们赋予了机器“认识”和“改造”世界的能力，从而替代人眼对外部环境进行测量、识别与判断，在无接触的情况下完成既定的任务。

当前制造业产品的外表检查主要有人工质检和机器视觉质检两种方式，不过人工质检成本高、误操作多、生产数据无法有效留存。例如，在轴承生产中，通常情况下质检员是采用人工肉眼观察、手指转动轴承等质检方式挑出表面有油污、划痕、磨削、烧伤等缺陷，效率较低。而随着工业自动化的不断发展，机器视觉技术已在工业中得到越来越广泛的应用，并越来越受到企业的认可和青睐。

作为神经网络的高阶发展产物，深度学习通过大脑仿生使得计算机从经验中学习知识，根据层次化概念体系理解环境，进而去人工化地解决难以形式化描述的任务。深度学习的常用模型主要包括循环神经网络、卷积神经网络和稀疏编码等，主要应用于图像处理、数据分析、语音识别等领域。基于深度学习的产品缺陷视觉检测是一种快速、高效、准确率高的缺陷自动识别方法，借助特征可视化手段对深度学习模型提取到的特征进行可视化分析来检测产品的瑕疵，进而精准打标，提升分级模型训练的准确度，实现产品缺陷的高效准确分级，解决注塑工业中外观检测的痛点和难点。

例如，在某些外观缺陷检测的项目中，前期只使用传统算法，在保证缺陷检出率的前提下，过检率较高，客户的人工复判工作量较大，并没有为客户减少太多人力。在对过检图像进行分析后发现，过检主要由脏污、灰尘等引起，而这些过检源依靠传统算法很难与真实缺陷进行区分。通过引入深度学习算法，验证了基于深度学习分类的过检抑制效果，通过几轮模型优化（现场过检图像返回→模型训练并更新模型→现场验证并继续反馈过检图像）后，过检率大幅降低，客户满意度得到明显提升。以外观缺陷检测为例，深度学习加持下的机器视觉已切实达到工业精度要求，因此也可以这样认为，深度学习融合了人类进化的智能化和根据标准的传统机器视觉的一致性、可重复性和扩展性的优势。有了前沿技术的加持，机器视觉相较人类而言可具备更高的速度、精度和可重复性，对环境适应性强，数据易于标准化，为智能制造的效率和质量提供了有效保障。

5.5 深度学习框架

5.5.1 认识深度学习框架

人工智能近年来成为社会关注的焦点，深度学习大规模落地成功是主要原因。GPU 的发展及基于海量训练数据的深度学习算法解决了许多现实问题，如图像分类

和检测、智能游戏和人机对话等。

伴随着深度学习热火朝天般的发展，市面上诞生了诸如 TensorFlow 和 PyTorch 等深度学习框架，并得到了快速发展。这些深度学习框架提供了用于神经网络建设的常见的构建基块。通过使用这些框架，开发人员可以专注模型设计和特定于应用程序的逻辑，而不必过于担心编码细节、矩阵乘法和 GPU 优化。

5.5.2 主流的深度学习框架

深度学习框架的实现非常复杂，并且通常包含如图片处理、视频处理和科学计算库等第三方软件包。

每个深度学习框架的实现都不同，但深度学习框架通常可以抽象为三层，即顶层、中间层和底层。顶层包括程序逻辑、模型和训练数据，中间层是深度学习框架的实现，包括张量数据结构实现方法、各种过滤器和神经网络层的实现。前两层的实现通常可以选择 C++（Caffe）、Python（TensorFlow）、Lua（PyTorch）等语言。底层是深度学习框架使用的基础构建块，通常包括音视频处理和模型表示的组件，构建块的选择取决于深度学习框架的设计方案。目前最受欢迎的深度学习框架包括 TensorFlow、PyTorch 和 Caffe。

1. TensorFlow

TensorFlow 是一个由谷歌 Brain 团队开发的开源深度学习框架。它允许开发者创建多种机器学习模型，包括卷积神经网络、循环神经网络和深度神经网络等。

TensorFlow 使用数据流图来表示计算图，其中节点表示数学操作，边表示数据流动。使用 TensorFlow 可以利用 GPU 和分布式计算来加速训练过程。

TensorFlow 框架有着广泛的应用场景，包括图像识别、自然语言处理、语音识别、推荐系统等。同时，TensorFlow 也有着丰富的社区支持和文档资源，使其容易学习和使用。

2. PyTorch

PyTorch 是一个由脸书开源的深度学习框架，是目前市场上最流行的深度学习框架之一。它基于 Python 语言，提供了强大的 GPU 加速功能和动态计算图的支持。

PyTorch 的应用范围非常广泛，包括图像和语音识别、自然语言处理、计算机视觉、推荐系统等领域。

PyTorch 具有易使用、灵活性高和代码可读性好等特点，因此它成为深度学习研究和应用的首选框架之一。

3. Caffe

Caffe 的全称是 Convolutional Architecture for Fast Feature Embedding，意为“用于特征提取的卷积架构”。它是一个清晰、高效的深度学习框架，核心语言是 C++。Caffe 是一种流行的深度学习框架，是由加州大学伯克利分校的研究人员开发，用于卷积神经网络（CNN）和其他深度学习模型的训练和部署。Caffe 的核心思想是将深度学习模型看作一系列的层次结构，其中每一层都由一组参数和一些激活函数组成。Caffe 支持多种类型的层，包括卷积层、全连接层、池化层、归一化层等。用户可以根据需要自由组合这些层来构建自己的深度学习模型。Caffe 还支持多种优化算法，包括随机梯度下降（SGD）、Adam、Adagrad 等，可以根据不同的应用场景进行选择和调整。

Caffe 的主要优点是速度快、易使用和高度可移植性。它已被广泛应用于计算机视觉、自然语言处理和语音识别等领域。

此外，Caffe 还具有一个强大的社区，提供了许多预训练的模型和可视化工具，使用户可以轻松构建自己的深度学习模型。

需要注意的是：TensorFlow、PyTorch 和 Caffe 各有优缺点，并且在不同的应用场景下可能有不同的最佳选择。因此，在选择框架时，建议根据项目需求及研究方向、编程技能和个人喜好进行评估和比较，选择具体的框架。

项目小结

本项目首先介绍了深度学习的概念和特点，然后介绍了人工神经网络的起源与研究内容，最后介绍了深度学习的应用与深度学习的常见框架。

通过对本项目的学习，读者能够对深度学习基础及其相关特性有一个基本认识，重点需要掌握的是人工神经网络的基本特点。

实训

本实训主要介绍如何使用 Python 实现深度学习。

（1）自行分析图 5.29 中神经网络的结构，以及图 5.30 中的传输过程。

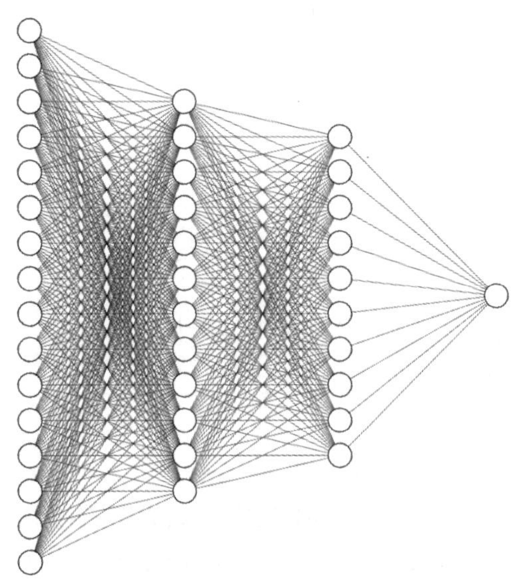

图 5.29　神经网络的结构

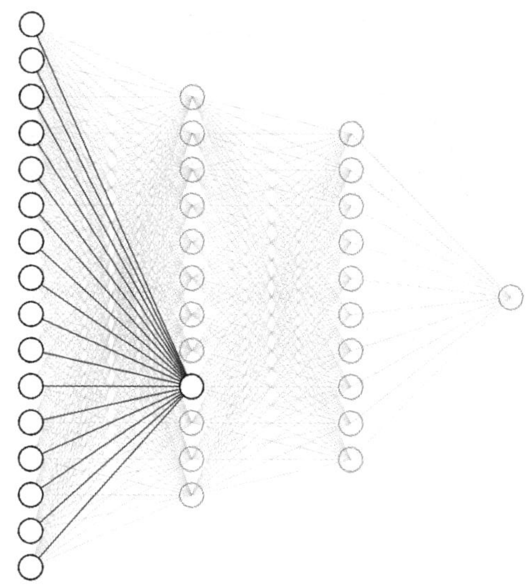

图 5.30　传输过程

（2）绘制 Sigmoid 函数，代码如下：

```
import matplotlib.pyplot as plt
import numpy as np
z = np.linspace(-10, 10, 100)
def sigmoid(z):
    return 1/(1 + np.exp(-z))
a = sigmoid(z)
plt.plot(z, a)
plt.xlabel("z")
plt.ylabel("sigmoid(z)")
plt.show()
```

运行结果如图 5.31 所示。

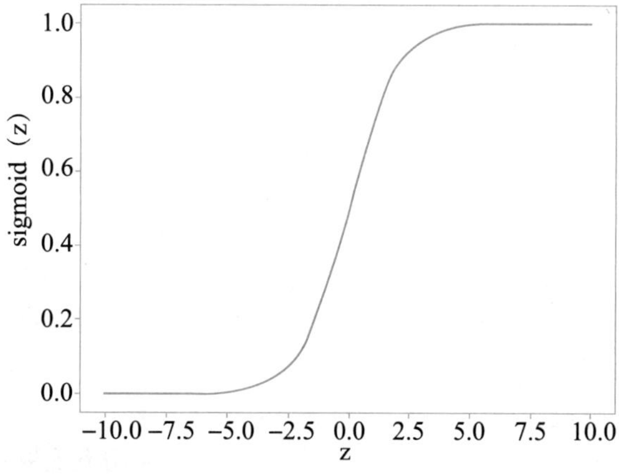

图 5.31　运行结果

(3)感知机中布尔运算 OR 的实现，代码如下：

```
from random import choice
from numpy import array, dot, random
unit_step = lambda x: 0 if x < 0 else 1
training_data = [
(array([0,0,1]), 0),
(array([0,1,1]), 1),
(array([1,0,1]), 1),
(array([1,1,1]), 1),
]
w = random.rand(3)
errors = []
eta = 0.2
n = 100
for i in range(n):
    x, expected = choice(training_data)
    result = dot(w, x)
    error = expected - unit_step(result)
    errors.append(error)
    w += eta * error * x
for x, _ in training_data:
    result = dot(x, w)
    print("{}: {} -> {}".format(x[:2], result, unit_step(result)))
```

运行结果如下所示：

```
[0 0]: -0.1796880267541191 -> 0
[0 1]: 0.4248758518985687 -> 1
[1 0]: 0.3314837111912591 -> 1
[1 1]: 0.9360475898439468 -> 1
```

(4)梯度下降的实现，代码如下：

```
import matplotlib.pyplot as plt
import numpy as np
# fx的函数值
def fx(x):
    return x**2
#定义梯度下降算法
def gradient_descent():
    times = 10                                    # 迭代次数
```

```
    alpha = 0.1                                  # 学习率
    x =10# 设定 x 的初始值
    x_axis = np.linspace(-10, 10)                # 设定 x 轴的坐标系
    fig = plt.figure(1,figsize=(5,5))            # 设定画布大小
    ax = fig.add_subplot(1,1,1)                  # 设定画布内只有一个图
    ax.set_xlabel('X', fontsize=14)
    ax.set_ylabel('Y', fontsize=14)
    ax.plot(x_axis,fx(x_axis))                   # 作图

    for i in range(times):
        x1 = x
        y1= fx(x)
        print("第 %d 次迭代: x=%f, y=%f" % (i + 1, x, y1))
        x = x - alpha * 2 * x
        y = fx(x)
        ax.plot([x1,x], [y1,y], 'ko', lw=1, ls='-')
    plt.show()

if __name__ == "__main__":
    gradient_descent()
```

运行结果如下：

```
第 1 次迭代: x=10.000000, y=100.000000
第 2 次迭代: x=8.000000, y=64.000000
第 3 次迭代: x=6.400000, y=40.960000
第 4 次迭代: x=5.120000, y=26.214400
第 5 次迭代: x=4.096000, y=16.777216
第 6 次迭代: x=3.276800, y=10.737418
第 7 次迭代: x=2.621440, y=6.871948
第 8 次迭代: x=2.097152, y=4.398047
第 9 次迭代: x=1.677722, y=2.814750
第 10 次迭代: x=1.342177, y=1.801440
```

梯度下降图如图 5.32 所示。

（5）训练神经网络，代码如下：

```
import matplotlib.pyplot as plt
import numpy as np
import sklearn
import sklearn.datasets
import sklearn.linear_model
```

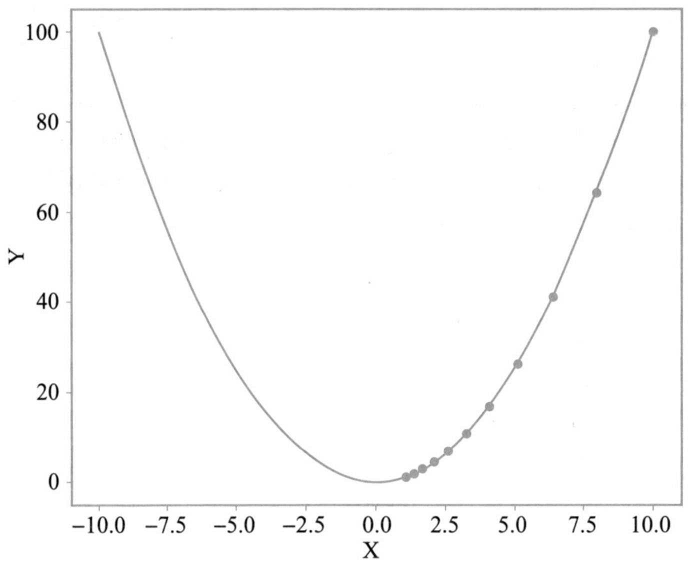

图 5.32　梯度下降图

```
def sigmoid(x):
    # Sigmoid activation function: f(x) = 1 / (1 + e^(-x))
    return 1 / (1 + np.exp(-x))

def deriv_sigmoid(x):
    # Derivative of sigmoid: f'(x) = f(x) * (1 - f(x))
    fx = sigmoid(x)
    return fx * (1 - fx)

def mse_loss(y_true, y_pred):
    # y_true and y_pred are numpy arrays of the same length
    return ((y_true - y_pred) ** 2).mean()
class OurNeuralNetwork():
    """
    A neural network with:
      - 2 inputs
      - a hidden layer with 2 neurons (h1, h2)
      - an output layer with 1 neuron (o1)

    *** DISCLAIMER ***
    The code below is intend to be simple and educational, NOT optimal.
    Real neural net code looks nothing like this. Do NOT use this code.
    Instead, read/run it to understand how this specific network works.
    """
```

```
    def __init__(self):
        # weights
        self.w1 = np.random.normal()
        self.w2 = np.random.normal()
        self.w3 = np.random.normal()
        self.w4 = np.random.normal()
        self.w5 = np.random.normal()
        self.w6 = np.random.normal()
        # biases
        self.b1 = np.random.normal()
        self.b2 = np.random.normal()
        self.b3 = np.random.normal()

    def feedforward(self, x):
        # x is a numpy array with 2 elements, for example [input1, input2]
        h1 = sigmoid(self.w1 * x[0] + self.w2 * x[1] + self.b1)
        h2 = sigmoid(self.w3 * x[0] + self.w4 * x[1] + self.b2)
        o1 = sigmoid(self.w5 * h1 + self.w6 * h2 + self.b3)
        return o1

    def train(self, data, all_y_trues):
        """
        - data is a (n x 2) numpy array, n = # samples in the dataset.
        - all_y_trues is a numpy array with n elements.
        Elements in all_y_trues correspond to those in data.
        """
        learn_rate = 0.1
        epochs = 1000 # number of times to loop through the entire dataset

        for epoch in range(epochs):
            for x, y_true in zip(data, all_y_trues):

                # - - - Do a feedforward (we'll need these values later)
                sum_h1 = self.w1 * x[0] + self.w2 * x[1] + self.b1
                h1 = sigmoid(sum_h1)

                sum_h2 = self.w3 * x[0] + self.w4 * x[1] + self.b2
                h2 = sigmoid(sum_h2)

                sum_o1 = self.w5 * x[0] + self.w6 * x[1] + self.b3
```

```
o1 = sigmoid(sum_o1)
y_pred = o1

# - - - Calculate partial derivatives.
# - - - Naming: d_L_d_w1 represents "partial L / partial w1"
d_L_d_ypred = -2 * (y_true - y_pred)

# Neuron o1
d_ypred_d_w5 = h1 * deriv_sigmoid(sum_o1)
d_ypred_d_w6 = h2 * deriv_sigmoid(sum_o1)
d_ypred_d_b3 = deriv_sigmoid(sum_o1)

d_ypred_d_h1 = self.w5 * deriv_sigmoid(sum_o1)
d_ypred_d_h2 = self.w6 * deriv_sigmoid(sum_o1)

# Neuron h1
d_h1_d_w1 = x[0] * deriv_sigmoid(sum_h1)
d_h1_d_w2 = x[1] * deriv_sigmoid(sum_h1)
d_h1_d_b1 = deriv_sigmoid(sum_h1)

# Neuron h2
d_h2_d_w3 = x[0] * deriv_sigmoid(sum_h2)
d_h2_d_w4 = x[0] * deriv_sigmoid(sum_h2)
d_h2_d_b2 = deriv_sigmoid(sum_h2)

# - - - update weights and biases
# Neuron o1
self.w5 -= learn_rate * d_L_d_ypred * d_ypred_d_w5
self.w6 -= learn_rate * d_L_d_ypred * d_ypred_d_w6
self.b3 -= learn_rate * d_L_d_ypred * d_ypred_d_b3

# Neuron h1
self.w1 -= learn_rate * d_L_d_ypred * d_ypred_d_h1
* d_h1_d_w1
self.w2 -= learn_rate * d_L_d_ypred * d_ypred_d_h1
* d_h1_d_w2
self.b1 -= learn_rate * d_L_d_ypred * d_ypred_d_h1
* d_h1_d_b1

# Neuron h2
```

```
                self.w3 -= learn_rate * d_L_d_ypred * d_ypred_d_h2
                * d_h2_d_w3
                self.w4 -= learn_rate * d_L_d_ypred * d_ypred_d_h2
                * d_h2_d_w4
                self.b2 -= learn_rate * d_L_d_ypred * d_ypred_d_h2
                * d_h2_d_b2

            # - - - Calculate total loss at the end of each epoch
            if epoch % 10 == 0:
                y_preds = np.apply_along_axis(self.feedforward, 1, data)
                loss = mse_loss(all_y_trues, y_preds)
                print("Epoch %d loss: %.3f", (epoch, loss))

# Define dataset
data = np.array([
    [-2, -1], # Alice
    [25, 6],  # Bob
    [17, 4],  # Charlie
    [-15, -6] # diana
])
all_y_trues = np.array([
    1, # Alice
    0, # Bob
    0, # Charlie
    1 # diana
])

# Train our neural network!
network = OurNeuralNetwork()
network.train(data, all_y_trues)
plt.show()
```

运行结果如下所示：

```
Epoch %d loss: %.3f (0, 0.36520263241795176)
Epoch %d loss: %.3f (10, 0.3641129278612417)
Epoch %d loss: %.3f (20, 0.36301551249980285)
Epoch %d loss: %.3f (30, 0.36191049651140283)
Epoch %d loss: %.3f (40, 0.36079800664856865)
Epoch %d loss: %.3f (50, 0.3596781876732084)
Epoch %d loss: %.3f (60, 0.35855120391730894)
```

```
Epoch %d loss: %.3f (70, 0.3574172409818852)
Epoch %d loss: %.3f (80, 0.35627650758766743)
Epoch %d loss: %.3f (90, 0.35512923759248527)
Epoch %d loss: %.3f (100, 0.3539756921919694)
Epoch %d loss: %.3f (110, 0.3528161623220482)
Epoch %d loss: %.3f (120, 0.3516509712838184)
Epoch %d loss: %.3f (130, 0.35048047761373674)
Epoch %d loss: %.3f (140, 0.34930507822474444)
Epoch %d loss: %.3f (150, 0.34812521184697726)
Epoch %d loss: %.3f (160, 0.34694136280013377)
Epoch %d loss: %.3f (170, 0.34575406513347895)
Epoch %d loss: %.3f (180, 0.3445639071738949)
Epoch %d loss: %.3f (190, 0.34337153652744856)
Epoch %d loss: %.3f (200, 0.3421776655857286)
Epoch %d loss: %.3f (210, 0.3409830775948204)
Epoch %d loss: %.3f (220, 0.33978863335238346)
Epoch %d loss: %.3f (230, 0.3385952786070314)
Epoch %d loss: %.3f (240, 0.33740405224428854)
Epoch %d loss: %.3f (250, 0.3362160953550329)
Epoch %d loss: %.3f (260, 0.3350326612958345)
Epoch %d loss: %.3f (270, 0.33385512686626745)
Epoch %d loss: %.3f (280, 0.33268500474654783)
Epoch %d loss: %.3f (290, 0.33152395736020146)
Epoch %d loss: %.3f (300, 0.33037381235150565)
Epoch %d loss: %.3f (310, 0.329236579896906)
Epoch %d loss: %.3f (320, 0.3281144721043818)
Epoch %d loss: %.3f (330, 0.32700992479593827)
Epoch %d loss: %.3f (340, 0.32592562201740793)
Epoch %d loss: %.3f (350, 0.3248645236782715)
Epoch %d loss: %.3f (360, 0.3238298967944053)
Epoch %d loss: %.3f (370, 0.3228253508912336)
Epoch %d loss: %.3f (380, 0.32185487822715353)
Epoch %d loss: %.3f (390, 0.32092289962168047)
Epoch %d loss: %.3f (400, 0.3200343168251589)
Epoch %d loss: %.3f (410, 0.31919457255438755)
Epoch %d loss: %.3f (420, 0.31840971955058045)
Epoch %d loss: %.3f (430, 0.31768650030518764)
Epoch %d loss: %.3f (440, 0.3170324394616945)
Epoch %d loss: %.3f (450, 0.3164559513595998)
Epoch %d loss: %.3f (460, 0.3159664657699336)
```

```
Epoch %d loss: %.3f (470, 0.3155745756201752)
Epoch %d loss: %.3f (480, 0.31529221147548725)
Epoch %d loss: %.3f (490, 0.31513284880939924)
Epoch %d loss: %.3f (500, 0.31511175576781353)
Epoch %d loss: %.3f (510, 0.3152462913577436)
Epoch %d loss: %.3f (520, 0.315562669952805)
Epoch %d loss: %.3f (530, 0.3160643884452706)
Epoch %d loss: %.3f (540, 0.3167968008547953)
Epoch %d loss: %.3f (550, 0.31778376756390525)
Epoch %d loss: %.3f (560, 0.3190605249136453)
Epoch %d loss: %.3f (570, 0.32066837282092747)
Epoch %d loss: %.3f (580, 0.32265609086672287)
Epoch %d loss: %.3f (590, 0.325081835405878)
Epoch %d loss: %.3f (600, 0.3280158870249515)
Epoch %d loss: %.3f (610, 0.33154564048979995)
Epoch %d loss: %.3f (620, 0.3357906841961089)
Epoch %d loss: %.3f (630, 0.3409871038583177)
Epoch %d loss: %.3f (640, 0.3483112977630337)
Epoch %d loss: %.3f (650, 0.34906759682727556)
Epoch %d loss: %.3f (660, 0.3667703449853136)
Epoch %d loss: %.3f (670, 0.39051162001829215)
Epoch %d loss: %.3f (680, 0.4141549740248818 3)
Epoch %d loss: %.3f (690, 0.43344857947334675)
Epoch %d loss: %.3f (700, 0.4470235554811365)
Epoch %d loss: %.3f (710, 0.45616062157041987)
Epoch %d loss: %.3f (720, 0.46244597665990966)
Epoch %d loss: %.3f (730, 0.46695498210805275)
Epoch %d loss: %.3f (740, 0.4703275788879289)
Epoch %d loss: %.3f (750, 0.4729425891506697)
Epoch %d loss: %.3f (760, 0.47503146898897214)
Epoch %d loss: %.3f (770, 0.4767413957647201)
Epoch %d loss: %.3f (780, 0.4781696708807425)
Epoch %d loss: %.3f (790, 0.4793829268029402)
Epoch %d loss: %.3f (800, 0.4804282309917887)
Epoch %d loss: %.3f (810, 0.48133974392930895)
Epoch %d loss: %.3f (820, 0.4821428522950485)
Epoch %d loss: %.3f (830, 0.4828568176939709)
Epoch %d loss: %.3f (840, 0.48349652356816086)
Epoch %d loss: %.3f (850, 0.48407365747333597)
Epoch %d loss: %.3f (860, 0.4845975299888267)
```

```
Epoch %d loss: %.3f (870, 0.48507565388861096)
Epoch %d loss: %.3f (880, 0.4855141615284768)
Epoch %d loss: %.3f (890, 0.4859181107970369)
Epoch %d loss: %.3f (900, 0.48629171286732154)
Epoch %d loss: %.3f (910, 0.4866385041332112)
Epoch %d loss: %.3f (920, 0.4869614776846659)
Epoch %d loss: %.3f (930, 0.48726318503191873)
Epoch %d loss: %.3f (940, 0.4875458156658827)
Epoch %d loss: %.3f (950, 0.48781125990685636)
Epoch %d loss: %.3f (960, 0.48806115901125946)
Epoch %d loss: %.3f (970, 0.48829694546231833)
Epoch %d loss: %.3f (980, 0.48851987562584787)
Epoch %d loss: %.3f (990, 0.4887310564143371)
```

习题

一、简答题

1. 简述什么是深度学习。

2. 简述什么是人工神经网络。

3. 简述什么是卷积神经网络。

二、编程题

使用 Python 编写一个程序，实现感知机。

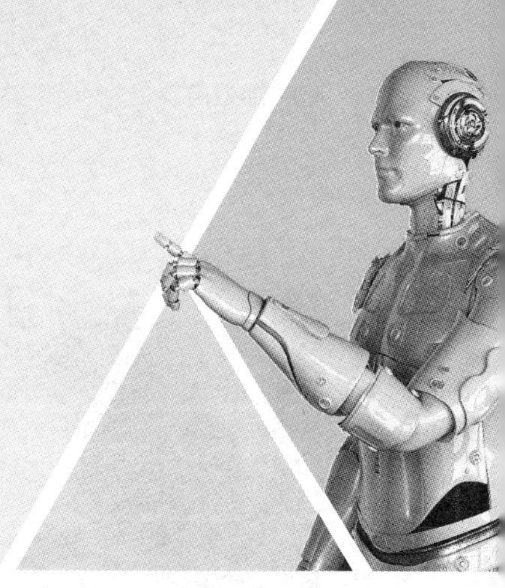

项目 6 计算机视觉

教学目标

通过对本项目的学习，了解计算机视觉的概念，理解图像预处理技术，理解图像分类、目标检测、图像分割、行为识别、图像增强与视觉问答，熟悉计算机视觉的应用。

感受人工智能技术带来的方便和快捷，努力成为具有社会责任感和社会参与意识的高素质技能人才。

6.1 认识计算机视觉

图像是客观景物在人脑中形成的影像，是人类最重要的信息源，它是通过各种观测系统从客观世界中获得的，具有直观性和易理解性。计算机视觉是从图像或视频中提取出符号或数值信息，分析计算该信息以进行目标的识别、检测和跟踪等。

6.1.1 计算机视觉的基本概念

计算机视觉是研究如何让机器“看”的科学，可以模拟、扩展或者延伸人类智能，从而帮助人类解决大规模复杂的问题，如图 6.1 所示。因此，计算机视觉是人工智能主要应用领域之一，它通过使用光学系统和图像处理工具等来模拟人的视觉能力，捕捉和处理场景的三维信息，理解并通过指挥特定的装置执行决策。

计算机视觉经过几十年的发展，已经在交通（车牌识别、道路违法行为抓拍）、安防（人脸闸机、小区监控）、金融（刷脸支付、柜台的自动票据识别）、医疗（医疗影像诊断）、工业生产（产品缺陷自动检测）等多个领域得到应用，影响和改变了人们的日常生活和工业生产方式。未来，随着技术的不断演进，必将涌现出更多的产品应用，为我们的生活带来更大的便利和创造更多的机会。图 6.2 显示了计算机视觉技术在各领域的应用。

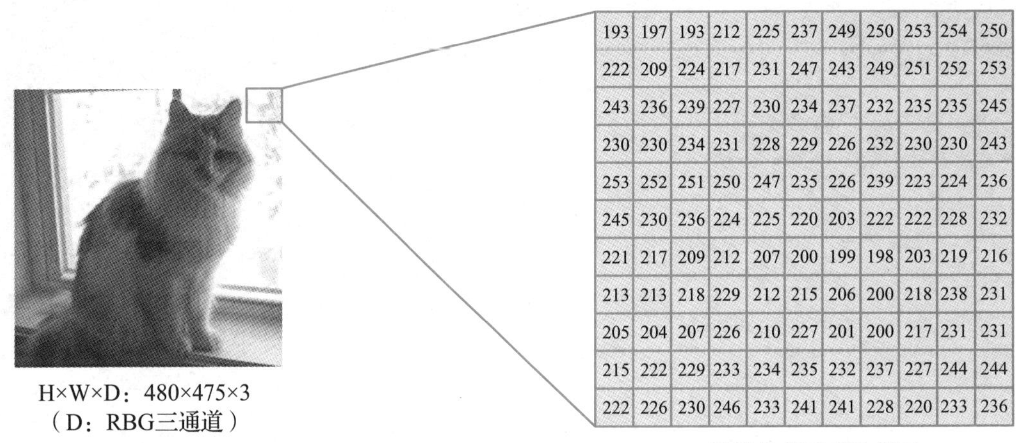

193	197	193	212	225	237	249	250	253	254	250
222	209	224	217	231	247	243	249	251	252	253
243	236	239	227	230	234	237	232	235	235	245
230	230	234	231	228	229	226	232	230	230	243
253	252	251	250	247	235	226	239	223	224	236
245	230	236	224	225	220	203	222	222	228	232
221	217	209	212	207	200	199	198	203	219	216
213	213	218	229	212	215	206	200	218	238	231
205	204	207	226	210	227	201	200	217	231	231
215	222	229	233	234	235	232	237	227	244	244
222	226	230	246	233	241	241	228	220	233	236

图 6.1　计算机视觉（识别图像）

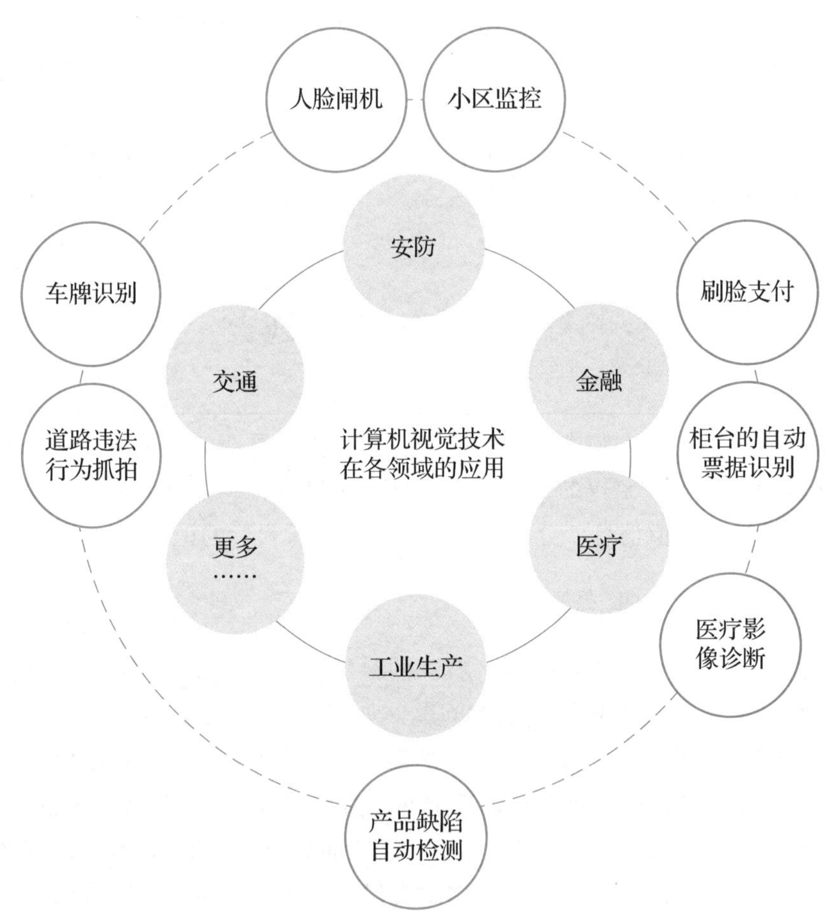

图 6.2　计算机视觉技术在各领域的应用

6.1.2　计算机视觉的特点

计算机视觉与其他人工智能技术有所不同。首先，对于大多数组织而言，计算

机视觉是一项全新的功能，而非像预测分析那样只是对原有解决方案的一种渐进式改善。此外，计算机视觉还能够以无障碍的方式改善人类的感知能力。当计算机视觉相关算法从图像当中推断出信息时，并不像其他人工智能方案那样是在对本质上充满不确定性的未来做出预测；相反，它们只是在判断关于图像或图像集中当前内容的分类真相。这意味着计算机视觉将随着时间推移而变得愈发准确，直到达到甚至超越人类的图像识别能力。最后，计算机视觉能够以远超其他人工智能工具的速度收集训练数据。大数据集的主要成本体现在训练数据的收集层面，但计算机视觉只需要由人类对图片及视频内容进行准确标记——这项工作的难度明显很低。正因为如此，近年来计算机视觉技术的采用率才得到快速提升。

6.1.3 计算机视觉的发展历程

计算机视觉的发展历程要从生物视觉讲起。对于生物视觉的起源，目前学术界尚没有形成定论。有研究者认为最早的生物视觉产生于约 7 亿年前的水母之中，也有研究者认为生物视觉产生于约 5 亿年前的寒武纪。寒武纪生物大爆发的原因一直是个未解之谜，不过可以肯定的是在寒武纪动物有了视觉能力，猎手可以更容易地发现猎物，猎物也可以更早地发现天敌的位置。视觉能力加剧了猎手和猎物之间的博弈，也催生出更加激烈的生存演化规则。视觉系统的形成有力地推动了食物链的演化，加速了生物进化过程，是生物发展史上重要的里程碑。经过几亿年的演化，目前人类的视觉系统已经具备非常高的复杂度和强大的功能，人脑中神经元的数目达到了 1 000 亿个，这些神经元通过网络互相连接，这样庞大的视觉神经网络使得我们可以很轻松地观察周围的世界，如图 6.3 所示。

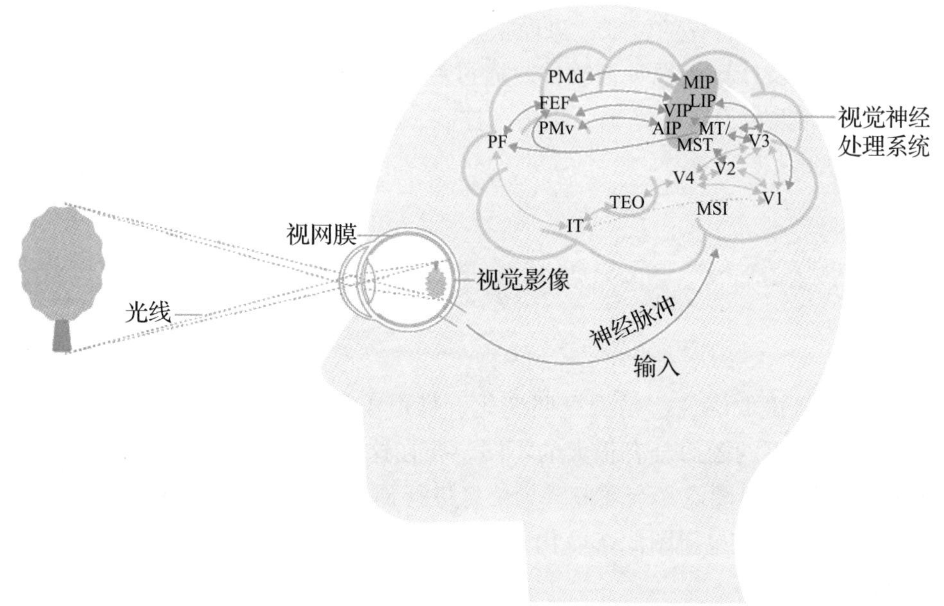

图 6.3 视觉神经网络

6.1.4 计算机视觉的主要研究内容

对人类来说，识别猫和狗是件非常容易的事。但对计算机来说，即使是一个精通编程的高手，也很难轻松写出具有通用性的程序（假设程序认为体型大的是狗，体型小的是猫，但由于拍摄角度不同，可能一张图片上猫占据的像素比狗还多）。那么，如何让计算机也能像人一样看懂周围的世界呢？研究者尝试着从不同的角度去解决这个问题，由此也发展出一系列的子任务。

1. 图像分类

图像分类用于识别图像中物体的类别（如瓶子、杯子等）。

2. 目标检测

目标检测用于检测图像中每个物体的类别，并准确标出它们的位置。

3. 图像语义分割

图像语义分割用于标出图像中每个像素点所属的类别，属于同一类别的像素点用一个颜色标识。

4. 实例分割

实例分割不仅要标注出物体位置，还需要标注出物体的外形轮廓。

6.1.5 计算机视觉与机器视觉

与计算机视觉容易混淆的概念是机器视觉，两者其实有很大的区别。机器视觉是用机器代替人眼来做测量和判断，它通过图像摄取装置将被摄取目标转换成图像信号，传送给专用的图像处理系统，从而得到被摄取目标的形态信息，再根据像素分布、亮度、颜色等信息，将形态信息转换成数字信号，最后图像系统对这些信号进行各种运算来抽取目标的特征，进而根据判别的结果来控制现场的设备动作。

从应用上看，计算机视觉偏软件，通过算法对图像进行识别分析，而机器视觉包括软硬件（如采集设备、光源、镜头、控制、机构、算法等），指的是系统，更偏实际应用。

6.2 图像预处理技术

由于摄像机摄取图像会受到光照变化、噪声干扰、摄像机畸变等因素的影响，景物在不同视点下的图像会有很大的不同，要在这些干扰因素下准确地表征图像特征数据信息，需要对图像冗余环境背景信息进行预处理，来降低图像背景的复杂度。图像预处理技术主要包括图像灰度化、二值图像处理、图像增强、图像滤波、数学形态学等。

6.2.1　图像灰度化

灰度图像对应于图像像素表示只有一个颜色通道的图像，图像中的灰度值由黑色和白色的对数关系相对值所表示。图像中的灰度值范围为 0 ～ 255，共有 256 阶。通过统计计算灰度图像中各灰度值出现的频数，绘制出直方图以代表图像像素灰度值的分布情况，即为灰度直方图。灰度直方图不能表示出像素灰度级数出现的位置，它只是表征灰度级数出现的频率。一般纵坐标表示灰度值的频数，横坐标表示对应的灰度值。彩色图像灰度化一般有三种方式进行变换：最大值法、平均值法及加权平均法。图 6.4 显示了彩色图像灰度化。

（a）原图

（b）处理后结果

图 6.4　彩色图像灰度化

6.2.2　二值图像处理

二值图像处理就是将图像上的点的灰度值处理为 0 或 255，也就是将整个图像呈现出明显的黑白效果，即将 256 个亮度等级的灰度图像通过选取适当的阈值而获得仍然可以反映图像整体和局部特征的二值图像。

要进行二值图像的处理与分析，首先要把灰度图像二值化，得到二值图像，这样有利于在对图像做进一步处理时，图像的集合性质只与像素值为 0 或 255 的点的位置有关，不再涉及像素的多级值，使处理变得简单，而且数据的处理和压缩量更小。为了得到理想的二值图像，一般采用封闭、连通的边界定义不交叠的区域。所有灰度大于或等于阈值的像素被判定为属于特定物体，其灰度值用 255 表示，否则这些像素点被排除在物体区域以外，灰度值为 0，表示背景或者例外的物体区域。在对图像进行纹理或者边缘特征提取时，需要对灰度图像进行二值图像变换处理操作（简称灰度图像二值化），以凸显出感兴趣的目标的轮廓。

6.2.3　图像增强

图像增强就是有目的地强调图像的整体或局部特性，将原本不清晰的图像变得清晰或强调某些感兴趣的特征，扩大图像中不同物体特征之间的差别，抑制不感兴趣的特征，改善图像质量，丰富信息量，加强图像判读和识别效果，满足某些特殊分析的需要。技术灰度变换通过对像素点进行相关运算来达到图像增强的目的，通过特定的数学公式将原有像素灰度值转换成全新像素灰度值。

6.2.4 图像滤波

1. 均值滤波

均值滤波采用滑动窗口遍历图像各处，并计算遍历窗口区域所有像素点的均值，用均值替代窗口中心位置的像素值。随着滑动窗口内像素单元的均方根值的降低，图像噪声标准差也会降低，因此，均值滤波器具有很好的平滑降噪能力。但是无差别遍历窗口计算也会导致滤波器在平滑时对噪声和边缘信息的区分敏感度降低，对边缘信息分辨率降低。并且这种滤波的无差别性也会导致图像整体的影像模糊和整体图像信息分辨率信息的下降。

2. 中值滤波

中值滤波是采用平滑窗口遍历图像像素区域，计算每次窗口区域内像素的中值，用中值替代窗口中心位置像素值。这种随机中值替代法可以有效地孤立斑点噪声，但是同样存在对边缘信息不敏感的特点，并且随机替代会导致部分线性特征消失、目标特征扭曲改变等问题，从而造成图像失真程度加大和容易损失纹理特征信息等。

3. 局域滤波

局域滤波就是把平滑窗口按照方位分为八个区域（东、西、南、北、东南、西南、东北、西北），分别计算这八个区域内的方差，并对方差进行比较，选取最小方差区域内像素均值替代窗口中心位置的像素值。

4. 高斯滤波

高斯滤波是一种线性平滑滤波，适用于消除高斯噪声，广泛应用于图像处理的降噪过程。通俗地讲，高斯滤波就是对整幅图像进行加权平均的过程，每一个像素点的值都由其本身和邻域内的其他像素值经过加权平均后得到。高斯滤波的具体操作是：用一个模板（又称卷积、掩模）扫描图像中的每一个像素，用模板确定的邻域内像素的加权平均灰度值去替代模板中心像素点的值。

在图像处理中，高斯滤波一般有两种实现方式，一种是用离散化窗口滑窗卷积，另一种是通过傅里叶变换。最常见的是第一种滑窗实现。当离散化窗口非常大，用滑窗计算量非常大（即使用可分离滤波器实现）的情况下，可能会考虑基于傅里叶变换的实现方法。

6.2.5 数学形态学

数学形态学是以集合论为基础，采用一定的元素结构形式检测和提取图像中与之相应的形状信息，来完成对事物的识别。数学形态学具有减少图像数据，保持事物形状的特性。

数学形态学的应用通常包含以下几个方面：简化数据、图像形状保持、剪出冗余结构等。数学形态学的代数运算组成有四部分：膨胀、腐蚀、开运算、闭运算。这四

部分各有其运算特征，可以用来进行图像结构和形状的运算处理。数学形态学算法利用形为“探针”的结构元素去移动扫描探寻像素之间的关系。数学形态学算法有着非常独特的并行运算条件基础，形态学分析和处理算法的并行运行方便快捷且高效，能显著提高图像分析和处理的速度，如图像分割、特征提取、图像恢复等。

6.3 计算机视觉的主要内容

6.3.1 图像分类

1. 图像分类的基本概念

图像分类利用计算机对图像进行定量分析，把图像或图像中的区域划分为若干个类别，以代替人的视觉判断。图像分类的传统方法是特征描述及检测，这类传统方法可能对于一些简单的图像分类是有效的，但由于实际情况非常复杂，传统的分类方法不堪重负。现在，广泛使用机器学习和深度学习的方法来处理图像分类问题，其主要任务是给定一些输入图片，将其指派到一个已知的混合类别中的某个标签。

例如，假定一个可能的类别集 categories = {cat，dog，eagle}，之后我们提供一张图给图像分类系统，如图 6.5 所示。图像分类系统的目标是根据输入图像，从类别集中分配一个类别，在此为 cat 类别。图像分类系统也可以根据概率给图像分配多个标签，如 cat：92%，dog：7%，eagle：1%。

图 6.5　提供给图像分类系统的示意图

2. 图像分类算法

图像分类问题是计算机视觉领域的基础问题，它的目的是根据图像的语义信息将不同类别的图像区分开来，实现最小的分类误差。

（1）常规的图像分类算法。

图像分类算法通过手工特征或者特征学习方法对整个图像进行全局描述，然后使用分类器判断是否为某类物体。应用比较广泛的图像特征有 SIFT、HOG、SURF 等。这些对图像分类的研究中，大多数特征提取过程是人工设计的，通过浅层学习获得图像底层特征，与图像高级主题间还存在很大的“语义鸿沟”。在早期的图像分类任务中，通常是先人工提取图像特征，再用机器学习算法对这些特征进行分类，因此分类的结果强依赖于特征提取方法。常规的图像分类算法如图 6.6 所示。

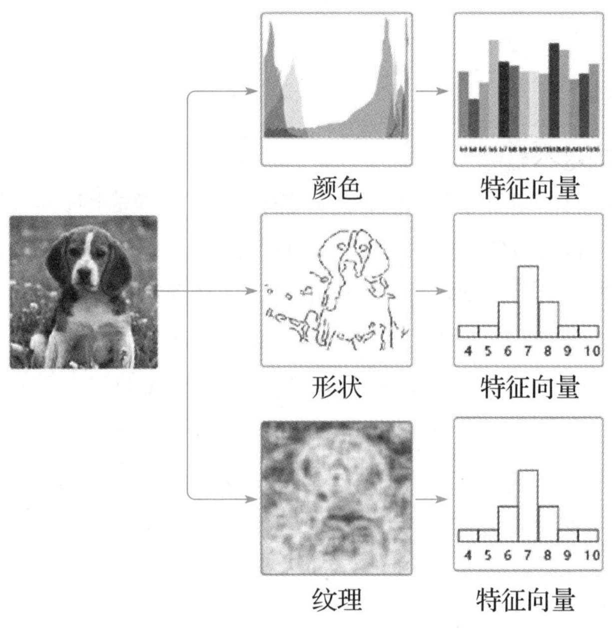

图 6.6　常规的图像分类算法

（2）基于深度学习的图像分类算法。

深度学习利用设定好的网络结构，完全从训练数据中学习图像的层级结构特征，能够提取更加接近图像高级语义的抽象特征，在图像识别上的表现远远超过常规方法。

基于深度学习的图像分类算法的原理是输入一个元素为像素值的数组，然后给它分配一个分类标签。

基于深度学习的图像分类算法的完整流程如图 6.7 所示。

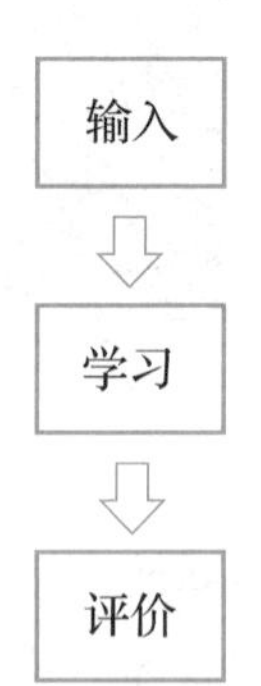

图 6.7　基于深度学习的图像分类算法的完整流程

输入：输入包含 N 张图像的集合，每张图像的标签是 K 种分类标签中的一种。这个集合称为训练集。

学习：这一步的任务是使用训练集

来学习每个类到底长什么样。一般该步骤称为训练分类器或者学习一个模型。

评价：让分类器来预测它未曾见过的图像的分类标签，并以此来评价分类器的质量。通常会把分类器预测的标签和图像真正的分类标签进行对比。毫无疑问，分类器预测的分类标签和图像真正的分类标签如果一致，那就是分类结果非常不错，这样的情况越多越好。

例如，CIFAR-10 是一个非常流行的图像分类数据集，如图 6.8 所示。这个数据集包含了 60 000 张 32×32 的小图像，每张图像都有 10 种分类标签中的一种，这 60 000 张图像被分为包含 50 000 张图像的训练集和包含 10 000 张图像的测试集。

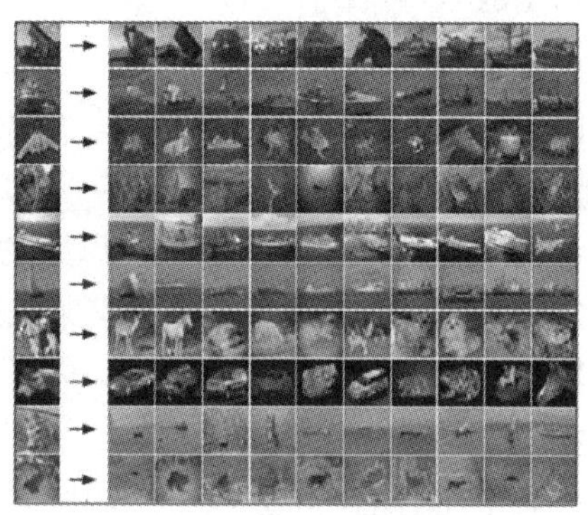

图 6.8　CIFAR-10 数据集示意图

此外，在利用深度学习实现图像分类时，还常用分类模型来实现，如图 6.9 所示。

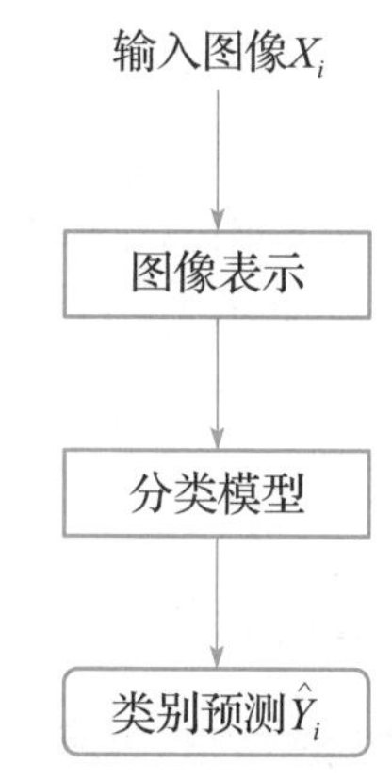

图 6.9　使用分类模型实现图像分类

由于深度学习算法在图像分类中的广泛应用，涌现出了一大批优秀的适用于图像分类的深度学习模型框架。下面介绍常用的 3 类深度学习模型。

1）VGG 模型。

VGG 模型相比以往模型进一步加宽和加深了网络结构，它的核心是五组卷积操作，每两组之间做最大池化的空间降维。同一组内采用多次连续的 3×3 卷积，卷积核的数目由较浅组的 64 增多到最深组的 512，同一组内的卷积核数目是一样的。卷积之后接两层全连接层，再接分类层。每组内卷积层不同，有 11、13、16、19 层几种模型。VGG 模型的结构相对简洁，该模型被提出之后也有很多研究者基于此模型进行了深入扩展研究。

2）GoogLeNet 模型。

GoogLeNet 模型由多组 Inception 模块组成，该模型的设计借鉴了 NIN（Network in Network）的一些思想。NIN 模型主要有两个特点：一是引入了多层感知卷积网络替代一层线性卷积网络。多层感知卷积网络是一个微小的多层卷积网络，即在线性卷积后面增加若干层 1×1 的卷积，这样可以提取出高度非线性特征。二是传统的卷积神经网络最后几层一般都是全连接层，参数较多。而 NIN 模型设计最后一层卷积层包含类别维度大小的特征图，然后采用全局均值池化替代全连接层，得到类别维度大小的向量，再进行分类，这种替代全连接层的方式有利于减少参数。与 NIN 模型不同，GoogLeNet 模型在池化层后加了一个全连接层来映射类别数。另外，GoogLeNet 模型在中间层添加了两个辅助分类器，在后向传播中增强梯度并增强正则化，而整个网络的损失函数是分类器的损失加权求和。

3）ResNet 模型。

残差网络（Residual Network，ResNet）模型是用于图像分类、图像物体定位和图像物体检测的深度学习模型。针对随着网络训练加深导致准确度下降的问题，ResNet 模型提出了残差学习方法，用来解决训练深层网络的困难。ResNet 模型在已有小卷积核、全卷积网络等设计思路的基础上，引入了残差模块。每个残差模块包含两条路径，其中一条路径是输入特征的直连通路，另一条路径则对该特征做两到三次卷积操作得到该特征的残差，最后将两条路径上的特征相加。

3. 细粒度图像分类

与（通用）图像分类相比，细粒度图像分类需要判断的图像类别更加精细。比如，我们需要判断某个目标具体是哪一种鸟、哪一款车或哪一个型号的飞机。通常，这些子类之间的差异十分微小。比如，波音 737-300 和波音 737-400 的外观可见的区别只是窗户的数量不同。因此，细粒度图像分类比（通用）图像分类更具有挑战性。

细粒度图像分类的经典做法是先定位出目标的不同部位，如鸟的头、脚、翅膀等，之后分别对这些部位提取特征，最后融合这些特征进行分类。这类方法的准确率较高，但需要对数据集人工标注部位信息。目前细粒度图像分类的一大研究趋势是不借助额外监督信息，只利用图像标记进行学习，以基于双线性 CNN 的方法为代表。

6.3.2 目标检测

1. 目标检测的概念

目标检测的任务是找出图像中所有感兴趣的目标（物体），确定它们的类别和位置。例如，确定某张给定图像中是否存在给定类别（如人、自行车、狗和猫）的目标实例；如果存在，就返回每个目标实例的空间位置和覆盖范围。作为图像理解和计算机视觉的基石，目标检测是解决分割、场景理解、目标追踪、图像描述、事件检测和活动识别等更复杂、更高层次的视觉任务的基础。

目标检测的原理是基于深度学习的算法，最常用的是卷积神经网络。卷积神经网络可以实现物体检测，其原理是利用卷积核分析图像，通过多层卷积层训练，可以学习图像中的细节特征，从而检测图像中的物体。此外，卷积神经网络还可以利

用池化层来缩小图像尺寸，从而减少训练数据量，加快训练速度。

现在流行的目标检测方法是通过不同宽高比的窗口在图像上滑动（滑窗法），得到很多个区域框，如图 6.10 所示。然后通过神经网络识别区域框内物体所属类别的概率，选取目标类别概率最大的区域框作为检测框。滑窗法的思路是首先对输入图像使用不同窗口大小的滑窗法进行从左往右、从上到下的滑动。每次滑动的时候对当前窗口执行分类器（分类器是事先训练好的），如果当前窗口得到较高的分类概率，则认为检测到了物体。

图 6.10　滑窗法

例如，要检测图 6.11 中的物体（猫和狗），在使用滑窗法进行目标检测时，神经网络会根据已有的数据进行学习，以不同宽高比的区域框在图像上滑动，经过神经网络处理得到每个区域框中物体的类别概率，然后根据类别概率的大小，保留概率最大的区域框作为最终检测框，经过多次比较，就能得到最终目标类别和概率。

图 6.11　目标检测

2. 目标检测的框架

深度学习是具有隐藏层数更多的深度神经网络，它可以学习到机器学习等算法不能学习到的更深层次的数据特征，能够更加抽象并准确地表达数据。因此基于深度学习的各类算法被广泛地应用在目标检测中。

（1）R-CNN。

R-CNN 采用的是 Selective Search 算法，使用聚类的方法对图像进行分组，得到多个候选框的层次组。通过使用 Selective Search 算法，从图片中提取出 2 000 个可能包含有目标的区域，再将这 2 000 个候选区（Region of Interest，ROI）压缩到统一大小（227×227）送入卷积神经网络中进行特征提取，在最后一层将特征向量输入支持向量机分类器，得到该候选区域的种类。整体来看，R-CNN 的结构比较简单，但 R-CNN 也存在两个重大缺陷：一是采用 Selective Search 算法进行候选区域提取的过程在 CPU 内计算完成，占用了大量计算时间；二是对 2 000 个候选框进行卷积计算，提取特征的时候，存在大量的重复计算，进一步增加了计算复杂度。

（2）SPP-Net。

SPP-Net 是在 R-CNN 的基础上提出来的，由于 R-CNN 只能接受固定大小的输入图像，若对原始图像进行裁剪以符合要求，会导致图片信息不完整；若对原始图像进行比例缩放又会导致图像发生形变。在 R-CNN 网络中，需要输入固定尺寸的是第一个全连接层，而对卷积层的输入并不作要求。因此，如果在最后一个卷积层和第一个全连接层之间做一些处理，将不同大小的图像变为固定大小的全连接层输入就可以解决问题。SPP-Net 在最后一个卷积层后加入空间金字塔池化（Spatial Pyramid Pooling，SSP），在 SSP 层中分别作用不同尺度的池化核，再将得到的结果进行拼接，这样就得到了固定长度的输出，此时的网络就可以在特征层中提取不同大小的特征图。此方法虽然仍然需要预先生成候选区域，但输入 CNN 特征提取网络的不再是 2 000 个候选框而是含候选框的整张图片，在低层次的特征提取中只需通过一次卷积网络，计算量得到极大降低，相比 R-CNN 速度提高了 100 倍左右。

（3）Fast R-CNN。

由于 R-CNN 在候选区域上进行特征提取时存在大量的重复计算，为了解决这个问题提出了 Fast R-CNN。Fast R-CNN 借鉴 SPP Net，对 R-CNN 进行了改进，检测性能获得了提升。不同于 SPP Net，Fast R-CNN 提出了一个被称为 ROI Pooling 的只有一层的金字塔网络，它可以把不同大小的输入映射成一个固定尺度的特征向量。不同于 SPP 层，ROI Pooling 到特定尺度只有一层，并没有进行多尺度池化。经过 ROI Pooling 层的每个候选区域特征都有固定的维度，此特征经过 Softmax 分类器进行分类。除此以外，R-CNN 首先提取特征区域，经过 CNN 提取特征，然后将特征传送给支持向量机分类器，最后再进行位置回归。Fast R-CNN 存在的问题

是 Selective Search 算法通过选择性搜索找出所有的候选框是非常耗时的，而 Faster R-CNN 可以解决这个问题。

（4）Faster R-CNN。

SPP-Net 和 Fast-CNN 都需要单独生成候选区域，该步骤的计算量非常大，并且难以用 GPU 进行加速。针对这个问题，在 Fast R-CNN 的基础上提出了 Faster R-CNN，不再由原始图片通过 Selective Search 算法提取候选区域，而是先进行特征提取，在特征层增加区域生成网络区域提取候选框（RPN，Region Proposal Network）。每个单元按照规则选择不同尺度的 9 个锚盒，利用锚盒计算预测框的偏移量，从而进行位置回归。Faster R-CNN 结合了候选区域生成、候选区域特征提取、候选框回归和分类的全部检测任务，训练过程中各个任务并不是单独训练，而是互相配合，共享参数。但是，Faster R-CNN 需要对每个锚盒进行类别判断，在目标识别速度上还有待提高。

（5）Mask R-CNN。

在 Faster R-CNN 中增加并行的 Mask 分支，该分支是一个全卷积网络（FCN），对每个 ROI 生成一个像素级别的二进制掩码，该掩码的作用是对目标区域空间布局进行二进制编码。Mask R-CNN 算法扩展了 Faster R-CNN，适用于像素级分割，而不仅限于边界框，可实现对物体的细粒度分割。在 Fast R-CNN 中，使用 RoIPool 产生特定大小的特征图。因为经过 RoIPool 层后，产生的特征图映射回原图的大小会产生错位，像素不能精准对齐，对目标检测产生的影响相对较小，因为目标检测中，给出的候选区域与原图有一些误差也不会对分类检测的结果产生很大的影响。但是，由于 Mask 是像素级别的分割任务，这种错位会对分割结果产生很大的影响，因此有研究者采用 RoIAlign，即使用双线性插值来解决不能准确对齐像素点的问题。Mask R-CNN 框架有很大的灵活性，可以进行目标检测、目标分割等任务，并且可以应用到人体姿态评估上，但实时性还不够理想。

（6）YOLO。

YOLO 不同于以 R-CNN 为代表的两步检测算法，YOLO 的网络结构相对简单，而且在速度上比 Faster R-CNN 快 10 倍左右，可以满足目标检测对于实时性的要求。YOLO 是把待检测图像缩放到统一尺寸，并将图像分成相同大小的网格。如果一个目标的中心落在某网格单元中，那么这个网格就负责预测该目标的类别。但是 YOLO 算法把图片划分成 7 × 7 的网格进行分析，对小目标的检测率不高，而且每个网格最多只能预测一个类别物体，当多个类别物体出现在一个网格时检测效果也不好。

（7）YOLO v2。

YOLO v2 对 YOLO 的网络结构进行了改进，首先加入了批量归一化，而且在训练过程中采用高分辨率图片，训练 448 × 448 的高分辨率分类网络，然后利用该网络训练检测网络。因为 YOLO 利用单个网格完成边框的预测和位置回归，检测效果不佳，有研究者借鉴 Faster R-CNN 中的锚盒，但锚盒尺寸和个数通过聚类分析后才被确定，由于有研究者发现模型在早期迭代时的收敛很不稳定，因此仍然采用 YOLO 算法中预测相对于网格坐标位置偏移量的方法。因为检测数据集样本的数量少，所以有研究者提出用 WordNet 方式把检测数据集 COCO 和分类数据集 ImageNet 进行联合训练得到 YOLO9000 网络，可以完成超过 9 000 种物体类别的检测。YOLO9000 使用分类数据集 ImageNet 学习从大量的类别中进行物体分类，在检测数据集 COCO 中学习检测图片中的物体位置。

3. 运动检测

由于运动检测处于视频运动分析的最底层，广泛的应用场合使运动检测算法应该可以处理各种复杂的情况，但很难有一种算法能够适合所有的应用场合，所以对运动检测方法的研究一直是国内外研究的重点。就国内外发表的文献来看，现在普遍采用的运动检测方法有帧间差分法、背景差分法和光流法。

（1）帧间差分法（Frames Difference）。

帧间差分法是一种基于像素的运动检测方法，它通过对视频图像序列中相邻的两帧或三帧图像进行差分运算来获得运动目标轮廓。从理论上看，相邻两帧或者相邻三帧的差分运算实际上是一种动态的边缘提取运算；从实际效果上看，帧间差分法能够检测出运动对象的部分轮廓信息，对动态环境有很强的自适应能力，但是在检测结果中，却不能完全提取出所有属于运动对象的特征像素点，在运动物体内部容易产生空洞，这样的检测结果对后面的操作很不利。

帧间差分法可以很好地适用于存在多个运动目标和摄像机移动的情况。帧间差分法的基本过程如图 6.12 所示。

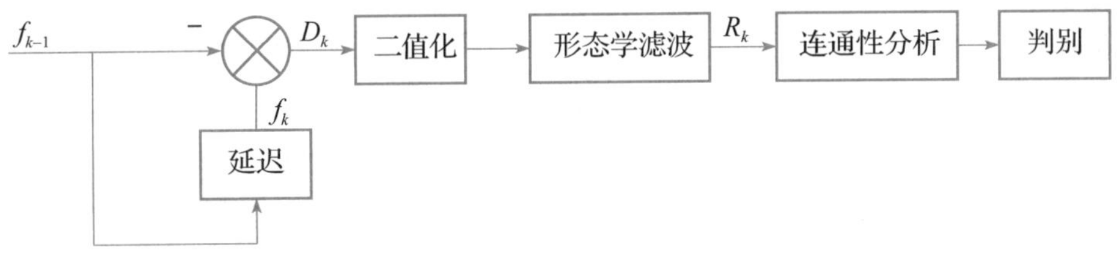

图 6.12　帧间差分法的基本过程

首先，计算出第 k 帧图像与第 $k-1$ 帧图像之间的差别，得到差分后的图像 D_k，然后对差分后的图像 D_k 使用图像分割算法进行二值化处理，即认为当差分图像中某一像素的差大于设定的阈值时，则该像素是前景像素（检测到的目标），反之则是背景像素。在对差分图像 D_k 二值化处理后，还可以使用数学形态学对其进行滤波处理，然后得到图像 R_k，最后对图像 R_k 进行区域连通性分析，当某一连通的区域面积大于某一给定阈值时，则成为检测目标，并认为该区域就是目标的区域范围，就可以确定目标的最小外接矩形。

基于连续帧间差分法的运动目标检测的主要优点有：算法实现简单、程序设计复杂度低、易于实现实时监视。

由于相邻帧的时间间隔较短，因此该方法对场景光线的变化不太敏感，受目标阴影的影响也不太大，对动态环境有较好的适应性。

从实验结果来看，帧间差分法存在两个问题：一是两帧间同一运动目标的重叠部分不容易检测出来，即只能检测出前后两帧中目标的一部分，出现目标在运动方向上前后分裂并拉长，如果物体运动较快，就会出现同一个目标检测出两个目标的问题，这是由于直接用相邻的两帧相减后，保留下来的部分是两帧中相对变化的部分，因此两帧间目标的重叠部分不容易被检测出来；二是只检测图像在两帧中变化的信息，这样容易出现伪目标，即前一帧相对于当前帧差分出来的目标。

（2）背景差分法（Background Difference）。

背景差分法通过输入图像与背景图像的比较从而分割出运动目标。背景差分法的基本操作是：首先需要有一张背景图像，然后对视频图像和此背景图像进行差分运算，用一张新的图像保存差分结果的绝对值。在此差分图像中，若像素的值大于一个特定的阈值，则认为视频图像中在相同位置的像素属于运动目标区域，若像素的值小于或者等于一个特定的阈值，则认为视频图像中在相同位置的像素属于背景区域。很明显，在运用背景差分法时需要有一定的限制：要求前景（运动物体）像素的灰度值和背景像素的灰度值存在一定的差别，同时要求摄像机是静止的。但由于背景差分法具有实现简单、运算速度快和在大多数情况下检测结果完整的突出优点，背景差分法成了应用最广泛的运动检测方法。在低层次的处理中，背景差分法的操作对象是单个像素，由于缺乏对图像足够的“理解”，检测结果很容易受噪声和各种突变的影响，使检测结果的准确度大大下降。为此，国内外的研究人员在提高准确度方面做了大量的研究，提出了一系列改进的方法，包括基于统计模型的方法（如高斯模型、混合高斯模型、非参数化模型等）、基于预测的方法、自适应背景更新的方法等。同时还有一些研究工作者考虑将背景差分法和边缘提取相结合，在构建背景模型的基础上，获取背景图像的边缘信息。这可以看作是对图像的一种低级别的“理解”，在仅有边缘信息的图像中运用差分法，可以很好地抑制干扰对检测结果的影响。

（3）光流法（Optical Flow）。

光流的概念是由吉布森（James J. Gibson）于 1950 年提出来的。所谓光流就是指图像中模型运动的速度，它是一种二维瞬时速度场，二维速度矢量是可见的三维速度矢量在成像平面上的投影。用光流检测运动目标的基本原理是：给图像中的每一个像素赋予一个速度矢量，这就形成了一个图像运动场，在运动的一个特定时刻，图像上的点与三维物体上的点一一对应，这种对应关系可由投影关系得到，根据各个像素的速度矢量特征，可以对图像进行动态分析。如果图像中没有运动目标，则光流矢量在整个图像区域是连续变化的，当物体和图像背景存在相对运动时，运动物体所形成的速度矢量必然和邻域背景速度矢量不同，从而检测出运动物体的位置。

6.3.3 图像分割

1. 图像分割的概念

对于一张图来说，图中可能有多个物体、多个人物甚至多层背景，图像分割希望能做到预测原图上的每个像素点是属于哪个部分（人、动物、背景等）。

图像分割是利用图像的灰度、颜色、纹理、形状等特征，把图像分成若干个互不重叠的区域，并使这些特征在同一区域内呈现相似性，在不同的区域之间存在明显的差异性，然后就可以将分割的图像中具有独特性质的区域提取出来用于不同的研究。简单来说，就是在一幅图像中，把目标从背景中分离出来。对于灰度图像来说，区域内部的像素一般具有灰度相似性，而在区域的边界上一般具有灰度不连续性。关于图像分割技术，由于问题本身的重要性和困难性，从 20 世纪 70 年代起图像分割问题就吸引了很多研究人员的关注。虽然到目前为止，还不存在一个通用的、完美的图像分割方法，但是对于图像分割的一般性规律基本上已经达成了共识，已经产生了相当多的研究成果和方法。

图像分割举例：输入一幅彩色 RGB 图像 dog.jpg，如图 6.13 所示，完成对小狗的分割，最终结果为只包含小狗区域的二值图，如图 6.14 所示。

图 6.13　输入图像

2. 图像分割算法

目前图像分割算法数量已经达到上千种。随着对图像分割的更深层次研究和其他科学领域的发展，陆续出现了许多使用新理论的图像分割算法，各种图像分割算法都有其不同的理论基础。下面介绍 4 种常见的图像分割算法。

图 6.14 分割后的二值图

（1）基于阈值的图像分割算法。

基于阈值的图像分割算法具有易操作、功能稳定、计算简单高效等优点。该分割算法的基本原理是根据图像的整体或部分信息选择阈值，根据灰度级别对图像进行划分。如何选取合适的阈值是阈值算法最重要的问题。由于该算法直接利用灰度值，因此计算方面十分简单高效。当图像中目标与背景灰度值差异大时，应使用全局阈值分割法；当图像灰度值差异不大或多个目标的灰度值相近时，使用局部阈值或动态阈值分割法会更适合。基于阈值的图像分割算法虽然简单高效，但也有其局限性，一方面，当图像中的灰度值差异不明显或灰度值范围重叠时，可能出现过分割或欠分割的情况；另一方面，基于阈值的分割方法不关心图像的空间特征和纹理特征，只考虑图像的灰度信息，抗噪性能差，导致在边界处的效果不符合预期，得到的分割效果比较差。

（2）基于边缘检测的图像分割算法。

基于边缘检测的图像分割算法是通过检测边界来把图像分割成不同的部分。在一张图像中，不同区域的边缘通常是灰度值剧烈变化的地方，基于边缘检测的图像分割算法就是根据灰度值突变来进行图像分割的。基于边缘检测的图像分割算法按照执行顺序的差异可分为两种，即串行边缘分割技术和并行边缘分割技术。基于边缘检测的图像分割算法的重点是如何权衡进行检测时的抗噪性和精度。若提高该算法的检测精度，噪声引起的伪边缘会影响图像得到过多的分割结果；然而，若提高该方法的抗噪性，会使得轮廓处的结果精度不高。因此研究人员在实际应用的时候，需要在综合考虑检测精度与抗噪性的相互作用的基础上进行取舍，这是基于边缘检测的图像分割算法的关键部分。基于边缘检测的图像分割算法的优点是运算快，边缘定位准确；其缺点是抗噪性能差，因而在划分复杂图像时非常容易导致边缘不连续、边缘丢失或边缘模糊等问题，边缘的封闭性和连续性难以保证。

（3）基于区域的图像分割算法。

基于区域的图像分割算法的原理是连通含有相似特点的像素点，最终组合成分割结果。基于区域的图像分割算法主要利用图像局部空间信息，能够很好地避免其他算法图像分割空间小的缺陷。基于区域的图像分割算法包括区域生长法、区域分离与合并法。区域生长法的总体思想是，依据某种相似性标准，不停地把符合此标准的相邻像素点加入同一区域，最终得到目标区域。在分割过程中，种子点位置的选取非常重要，直接影响分割结果的优劣。

（4）基于神经网络技术的图像分割算法。

基于神经网络技术的图像分割算法的基本原理是将样本图像数据用来训练多层感知机，最终得到决策函数，进而用获得的决策函数对图像像素进行分类得到分割结果。根据具体方法所处理的数据类别的不同，可以分为基于图像像素数据的神经网络分割算法和基于图像特征数据的神经网络分割算法。因为前者使用高维度的原始图像作为训练数据，而后者利用图像特征信息，所以前者拥有更多能够使用的图像信息。前者对每个像素进行单独处理，由于数据量大且数据维度高，因此计算速度难以提高，如果用于处理实时数据，则效果并不理想。总而言之，神经网络是由许多模拟生物神经的处理单元相互连接形成的结构，因它有巨大的互连结构和分布式的处理单元，所以系统拥有很好的并行性和健壮性，同时系统较为复杂，运算速度较慢。

3. 图像语义分割

语义分割从字面意思上理解就是让计算机根据图像的语义来进行分割，如图 6.15 所示。语义在语音识别中指的是语音的意思，在图像领域中指的是图像的内容，对图片意思的理解；分割的意思是从像素的角度分割出图片中的不同对象，对原图中的每个像素都进行标注，如一幅图中粉红色代表人、绿色代表自行车等。

（a）原图

（b）分割后

图 6.15　图像语义分割

常见的利用滑动窗口实现语义分割的过程如图 6.16 所示。

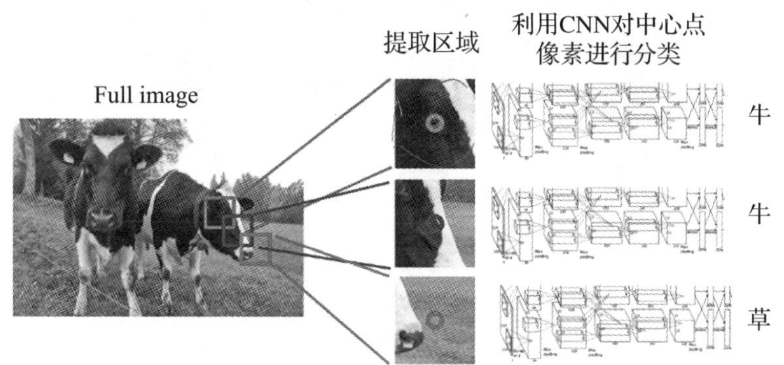

图 6.16　常见的利用滑动窗口实现语义分割的过程

图像语义分割面临的常见问题如下：

（1）数据问题。

不像检测等任务，只需要标注一个类别就可以拿来使用，分割则需要精确的像素级标注，包括每一个目标的轮廓等信息，因此制作数据集成本过高。

（2）计算资源问题。

现在想要得到较高精度的语义分割模型就需要使用类似于 ResNet-101 等网络。同时，分割预测了每一个像素，这就要求 Feature Map 的分辨率尽可能高，这说明了计算资源的问题，虽然也有一些轻量级的网络，但精度还是太低了。

（3）精细分割。

目前的方法对于图像中大体积的东西能够很好地分类，但是对于细小的类别，由于其轮廓太小，无法精确地定位轮廓，精度较低。

（4）上下文信息。

分割中的上下文信息很重要，否则会造成一个目标被分成多个部分，或者不同类别的目标归类到相同类别。

6.3.4　行为识别

1. 行为识别的概念

行为识别研究的是视频中目标的动作，如判断一个人是在走路、跳跃还是挥手。它在视频监督、视频推荐和人机交互中有着重要的应用。图 6.17 为基于骨骼关键点检测的深度神经网络算法，可自动识别人体姿势，如关节、五官等，通过关键点描述人体骨骼信息，以此来判别动作类型。

近几十年来，随着神经网络的兴起，发展出了很多处理行为识别问题的方法。不同于目标识别，行为识别除了需要分析目标的空间依赖关系，还需要分析目标变化的历史信息，这就为行为识别的问题增加了难度。输入一系列连续的视频帧，机

图 6.17　基于骨骼关键点检测的深度神经网络算法

器首先面临的问题是如何将这一系列图像依据相关性进行分割，如一个人可能先做了走路的动作，接下来又挥手，然后又跳跃。机器要判断这个人做了三个动作，并且分离出对应时间段的视频进行单独判断。其次，机器要解决的问题是从一张图像中分离出要分析的目标，如一个视频中有一个人和一条狗，需要分析人的行为而忽略狗。最后是将一个人在一个时间段的行为进行特征提取，然后进行训练，对动作做出判断。

2. 行为识别方法

（1）传统的行为识别方法。

行为识别主要包括特征提取与表示、分类识别两个部分。早期行为识别方法的特征提取与表示是一个人工选择的过程，其行为识别方法主要有：基于人体形状和姿势的表示信息的行为识别方法与基于相互作用的行为识别方法。

基于人体形状和姿势的表示信息的行为识别方法是根据人体不同的动作呈现出不同的几何轮廓来完成行为识别的，通过对人体几何轮廓特征进行分析与设计，来表示人体不同动作的几何特征，以达到识别动作的目的。有研究者提出了一种基于姿势基元的人体动作识别方法。从视频中估计代表姿势与活动的参数，并对基于梯度方向直方图的描述符进行扩展，以更好地处理关节姿势和杂乱背景。另有研究者通过使用轮廓检测和图像分割算法，用轮廓与线段表示静止图像中的人体姿势以进行特征提取，并将提取获得的特征拆分成网格以获取空间信息。然后将每个网格中的要素连接为一个直方图，并使用支持向量机算法对直方图进行分类。该方法很好地利用了人体几何轮廓信息，但是这种从整张图像中提取出一个特征描述符来表示整张图像的特征的方法，对于变化度非常大的行为识别灵活度较差。

基于相互作用的行为识别方法是指利用人与对象、人体姿势与对象，以及人体与背景之间紧密的相互作用构成的上下文信息进行分类。有研究者提出了一种表示人类行为中物体与人的姿势之间的关系的相互上下文模型，该模型可以完成物体与人体姿势关系的联合建模，而不是分别在学习动作中建模。该方法更好地利用了图像中的上下文信息进行识别。另有研究者利用特征点的检测和描述对于几何和光度学变化及类内变化的不变性，提出了一种将时空兴趣点和时空形状上下文相结合的新方法，用于动作的描述和检索。该方法更好地利用了图像中的信息，但是也更易

受到错误的对象检测和行为估计的影响。

（2）基于深度学习的行为识别方法。

基于深度学习的行为识别方法不同于传统的行为识别方法。与传统方法的人工特征选择表示不同，基于深度学习的行为识别方法特征表示以一种端到端的形式自动地从原始数据中学习。

当前基于深度学习的行为识别方法主要有：针对静态帧与短视频的行为识别方法和针对长视频的行为识别方法。无论输入的数据是哪种形式，卷积神经网络都是计算机视觉中特征提取的基础。卷积层对原始输入数据进行特征提取，通过对提取的特征进行抽象与压缩，以得到较高层次的特征，最后将较高层次的特征送入分类器，用于最终的行为识别结果输出。

有研究者以人体的姿态、行人周围的物体、行人与物体的交互方式和场景等作为重要线索，提出了一种基于 RCNN 的网络结构，旨在提取一个首要区域和一个包含上下文信息的次要区域作为用于识别的高层次特征。另有研究者提出了一种基于两个单独的识别流（时间和空间）的架构，通过不同的识别流获取时间与空间信息，然后将两个识别流的信息通过缓慢融合（Late Fusion）进行组合。空间流完成从视频帧中的动作识别，同时训练时间流，以识别来自密集光流形式的运动动作。有研究者将时间信息加入传统的 CNN 中，提出了 3DCNN，通过 3D 卷积核提取视频数据的时间信息与空间信息，进而获取视频流的动作信息。

CNN 和各种 CNN 的变种在图像识别及短视频识别问题上已经取得了很大的成功。但是针对长视频分析，如果能够获得更多的时间分量信息将会更加有效。于是有人提出了一种针对长序列学习，能够更好地发现远程时间关系的基于 CNN+LSTM 的识别方法。该方法通过 CNN 获取帧级特征，再将帧级特征与光流特征输入 LSTM 进行训练得到分类结果。后来有人提出了一种名为 TSN 的基于长范围时间结构建模的网络结构，该网络通过结合视频级监督与稀疏时间采样策略，以保证对整段视频学习的有效性和高效性。上述基于深度学习的行为识别方法均属于监督学习，在整个学习过程中需要大量有标签的样本数据。

3. 行为识别的分类技术

行为识别中用到的典型分类器，根据其是否需要结合时间序列关系显式建模，可分为直接分类法和状态空间分类法两种。

（1）直接分类法。

直接分类法是指不考虑图像序列内的时间关系，直接将单帧图像或图像序列转换为特征向量后进行行为模式分类。

近邻分类器（Nearest Neighbor，NN）是最简单的直接分类器。K 近邻分类器是将测试样本与训练集中的所有样本进行空间距离度量（如欧氏距离或马氏距离），寻找出前 K 个与测试样本距离最近的学习样本，并以其中数量最多的那一类作为测试样本的类别。特别地，当 K=1 时，K 近邻分类器等价于最近邻分类器。若训练集中的学习样本数目较多时，K 近邻分类器的计算量会很大。一种改进的方法就是以每一类的均值样本代替原训练集中该类的学习样本。有人通过计算待识别样本和训练样本对应全局特征的欧氏距离，采用最近邻分类器实现了行为模式分类，但欧氏距离度量存在将特征不同属性间的差别等同看待的缺点。另有人计算了幅度特征的不同阶图像矩，并引入马氏距离来度量各特征维的变化。由于近邻分类器为每个训练样本赋予了相等的权重，因而分类结果容易受到病态样本或大偏差样本的影响。

近年来，支持向量机（Support Vector Machine，SVM）和相关向量机（Relevance Vector Machine，RVM）的研究及其应用受到了广泛关注。与近邻分类器不同的是，SVM 和 RVM 需要依据训练样本对类别边界或类别归属关系建模，属于典型的判别式分类器。

（2）状态空间分类法。

状态空间分类法（State Space Approach）把每一种静态姿势定义为一种状态，各种状态之间的切换满足一定的概率关系，将运动序列看成是这些不同状态之间的一次遍历过程，计算出各种遍历过程对应的联合概率，并将其最大值作为行为模式分类的依据。状态空间分类法通常对行为序列在时间或空间上的微小变化不敏感。状态空间分类器可进一步划分为两类：生成式分类器和判别式分类器。

4. 行为识别存在的问题

行为识别方法的研究经过多年的发展，已经取得了很大的进展，但是行为识别方法并不成熟，仍然存在许多问题有待解决。

（1）类内变化与类间差异。

类内变化是指相同的行为在不同人体上存在差异。这是因为人体表观（人体服饰和尺度）及执行动作的速度存在差异，导致对动作时空域造成变化。另外，行为识别过程中，类间会存在重叠，即两种不同的动作包含相同的姿势，将会影响识别的效果。

（2）复杂环境因素。

人体行为识别常常受到光照变化、背景杂乱、遮挡等复杂环境因素的影响。这些影响可能导致人体外观发生很大的变化，对人体的检测和行为识别造成较大的困难。另外，运动人体的遮挡或互遮挡现象也影响着人体检测与行为识别的效果。

（3）动态视频采集的影响。

动态视频采集的过程中，常常会遇到运动目标的阴影、视角的变化、杂乱的背景、人体的快速运动引起的运动模糊及摄像机运动造成人体尺度的变化等问题。这些问题的普遍存在给准确表征人体动作带来了困难，从而降低了行为识别的准确率。

（4）人体复杂的结构。

人体属于非刚性结构，其外形和姿态易发生变化，且人体的运动也相当复杂。这就为人体行为识别增加了困难，也为人体行为识别的研究带来了挑战。

6.3.5 图像增强

1. 图像增强的概念

图像增强是指对低质量图像做变换修改，得到质量更高的图像。图像增强的意义是通过对训练图像做一系列随机改变，以产生相似但又不同的训练样本，从而扩大训练数据集的规模，而且随机改变训练样本可以降低模型对某些属性的依赖，从而提高模型的泛化能力。根据低质量图像的种类不同，图像增强应用包括图像去噪、图像超分辨率、图像去模糊及亮度提升等。

常见的图像增强方式可以分为两类：几何变换类和颜色变换类。几何变换类主要是对图像进行几何变换操作，包括翻转、旋转、裁剪、变形、缩放等。颜色变换类指通过模糊、颜色变换、擦除、填充等方式对图像进行处理。

图 6.18 为使用图像增强技术前后对比图。

（a）原图

（b）图像增强后的效果图

图 6.18 使用图像增强技术前后对比图

2. 图像增强的实现

一般来说，图像增强是有目的地强调图像的整体或局部特性，如改善图像的颜色、亮度和对比度等，将原来不清晰的图像变得清晰或强调某些感兴趣的特征，扩大图像中不同物体特征之间的差别，抑制不感兴趣的特征，提高图像的视觉效果。传统的图像增强已经被研究了很长时间，现有的方法可大致分为三类：一是空域方法，即直接对像素值进行处理，如直方图均衡、伽马变换；二是频域方法，即在某种变换域内操作，如小波变换；三是混合域方法，即结合空域和频域的一些方法。传统的方法一般比较简单且速度比较快，但是没有考虑到图像中的上下文信息等，所以效果不是很好。

图像增强是计算机视觉领域的传统方向，在 20 世纪 90 年代已经成为研究热点。传统方法通常存在需要先验知识和涉及复杂优化过程等问题。而深度学习为图像增强提供了一个全新的视角和思路，基于深度学习的图像增强算法通常是基于“学习”的方案，即利用神经网络构建低质量图像与高质量图像的潜在关系。另外，也会利用对抗训练等技术来保证生成的高质量图像具备视觉和语义的一致性。基于深度学习的图像增强算法一般不需要复杂而又难以把握的经验知识，而是利用训练数据和网络自身的拟合能力去自动学习。此外，这类算法往往采用重训练、轻部署的方案。

6.3.6 视觉问答

1. 视觉问答的概念

视觉问答是计算机视觉领域和自然语言处理领域的交叉方向，近年来受到了广泛关注。一个视觉问答系统以一张图片和一个关于这张图片形式自由、开放式的自然语言问题作为输入，以生成一条自然语言答案作为输出。简单来说，视觉问答就是对给定图片进行问答。

2. 视觉问答技术

视觉问答系统需要将图片和问题作为输入，结合这两部分信息，产生一条人类语言作为输出。针对一张特定的图片，如果想要机器以自然语言来回答关于该图片的某一个特定问题，人们需要让机器对图片的内容、问题的含义和意图及相关的常识有一定的理解。因此，视觉问答的主要目标就是让计算机根据输入的图片和问题输出一个符合自然语言规则且内容合理的答案。

视觉问答的基本思路是：使用卷积神经网络从图像中提取图像特征，用循环神经网络从文字问题中提取文本特征，然后设法融合视觉和文本特征，最后通过全连接层进行分类。该任务的关键是如何融合这两个模态的特征。直接的融合方案是将视觉和文本特征拼成一个向量，或者让视觉和文本特征向量逐元素相加或相乘。

图 6.19 显示了视觉问答，图中 R 为正确答案。

Q：How many animals are there?
A：Two.
R：*Two horses stand on the grass.*

（a）

Q：What are the animals standing on?
A：Grass.

（b）

图 **6.19** 视觉问答

6.4 计算机视觉的应用

6.4.1 智慧医疗

随着近年来计算机视觉技术的进步，智慧医疗领域受到了学术界和产业界的持续关注，其应用也越来越广泛和深入。面向智慧医疗领域，人工智能技术从三个层

面将产生深刻的影响：第一层面是临床医生，计算机视觉技术能帮助其更快速、更准确地进行图像分析；第二层面是卫生系统，其能通过人工智能的方式改善工作流程、减少医疗差错；第三层面是患者，通过增强的云存储能力可以处理自己的数据，以促进自我健康。

目前，在医学上采用的图像处理技术大致包括压缩、存储、传输和自动 / 辅助分类判读，还可用于医生的辅助训练手段。与计算机视觉相关的工作包括分类、判读和快速三维结构的重建等方面。长期以来，地图绘制是一项耗费人力、物力和时间的工作。以往的做法是人工测量，现在更多的是利用航测加上立体视觉中恢复三维形状的方法绘制地图，大大提高了地图绘制的效率。同时，通用物体三维形状的分析与识别一直是计算机视觉的重要研究目标，并在景物的特征提取与表示、知识的存储与检索及匹配识别等方面都取得了一定的进展，构成了一些用于三维景物分析的系统。

此外，深度学习在医学图像等领域的应用也有大量的研究成果。比如，图像配准技术，是在医学图像分析领域进行量化多参数分析与视觉评估领域的关键技术。DeepGestlt 算法模型能够提高识别罕见遗传综合征的准确率，在实验的 502 张不同的图像中，其正确识别罕见遗传综合征的准确率达到了 91%。基于卷积神经网络的人工智能能够识别心室功能障碍患者，灵敏度、特异性和准确度分别达到了 86.3%、85.7% 和 85.7%。

6.4.2 工业领域

计算机视觉在工业领域也有着极为重要的应用。在工业领域，计算机视觉是工业机器人领域的关键技术，配合机械装置能够实现产品外观检测、缺陷检测、质量检测、产品分类、部件装配等功能。例如，工业机器人的手眼系统是计算机视觉应用最为成功的领域之一，由于工业现场的诸多因素，如光照条件、成像方向均是可控的，因此手眼系统的出现使得问题大为简化，有利于构成实际的系统。此外，ABB 公司研发的 IRB360 工业机器人借助 FlexPicker 视觉系统实现了跟踪传送带物品并且完成分拣，大大提升了工作效率。在工业互联网大力推进的大背景下，计算机视觉的应用将越来越普及，在智能化、无人化的工业领域发挥更大的作用。

与工业机器人不同，移动机器人具有行为能力，于是就必须解决行为规划问题，即对环境的了解。随着移动机器人的发展，越来越多应用场景要求其提供视觉能力，包括道路跟踪、回避障碍、特定目标识别等。不过目前移动机器人视觉系统研究仍处于实验阶段，大多采用遥控和远视方法。

图 6.20 显示了使用机器视觉检测产品的质量。

6.4.3 自动驾驶领域

计算机视觉技术是人工智能的主要技术之一，也是目前自动驾驶在感知识别方

图 6.20　使用机器视觉检测产品的质量

面的核心技术。现代自动驾驶系统的特点，是按顺序进行模块化任务，如感知、预测和规划，为了执行各种各样的任务并实现高级智能。自动驾驶用于计算机视觉的深度学习模型，长时间由卷积神经网络（CNN）主导，而 CNN 主要有图像分类、目标识别、语义分割三大应用场景。

计算机视觉软硬件技术的齐头并进加速了自动驾驶技术的发展，特别是在摄像头、激光雷达、毫米波雷达、360° 大视场光学成像、多光谱成像等视觉传感器配套跟进的条件下，加上卷积神经网络深度学习算法等的配合，基于计算机视觉系统的目标识别系统利用计算机视觉观测交通环境，从实时视频信号中自动识别出目标，为自动驾驶，如起步、加速、制动、车道线跟踪、换道、避撞、停车等操作提供判别依据。自动驾驶的车辆可以完成道路及道路边沿识别、车道线检测、车辆类型识别、行人识别、交通标志识别、障碍物识别与避让等任务。

以下是计算机视觉在自动驾驶领域的应用举例：

（1）目标检测和识别。

计算机视觉可以通过对摄像头录制的图像进行分析，对道路上的行人、交通信号灯、道路标识等进行检测和识别，从而保证自动驾驶车辆能够做出正确的行驶决策。

（2）同时定位与构建地图技术。

同时定位与构建地图技术（SLAM）是自动驾驶技术中另一个重要的应用。SLAM 运用计算机视觉技术对周围环境进行感知，同时将这些信息与车辆内部传感器的数据结合起来建立精确的地图和位置信息，从而使自动驾驶车辆能够在复杂的环境中实现精确定位和导航。

（3）行为预测和规划。

在自动驾驶过程中，汽车需要预测周围车辆和行人的行为，同时制定满足安全要求和乘客需求的最佳行车路径。计算机视觉可以通过多传感器数据分析，从而发

现不同数据之间的关联性，预测汽车周围车辆和行人的行为，从而对下一步行驶路线做出精确定位，并制定行车策略。

图 6.21 显示了自动驾驶中的计算机视觉应用。

图 6.21 自动驾驶中的计算机视觉应用

当前利用计算机视觉技术，已经可以在某种程度上辅助、部分代替甚至完全代替人类完成一些基础类型的工作。虽然目前在自动驾驶领域，计算机视觉的逻辑模型并没有达到理想状态，仍存在一定的缺陷，但随着深度学习算法的不断更迭和优化，由神经网络构建的计算机视觉模型将会更加具有适用性和准确性，在未来，计算机视觉技术将会有更广阔的发展空间，落地应用于更多领域的场景中。

6.4.4 社交领域

在社交领域中，计算机视觉技术可以发挥至关重要的作用。它可用于跟踪房屋或特定区域中的人员，以了解他们是否遵守社会距离规范。

社交距离工具是对象检测和实时跟踪的应用程序。在这种情况下，为了检查社交距离违规行为，人们可使用边界框检测视频中存在的每个人，并跟踪框架中每个边界框的运动并计算它们之间的距离。如果检测到任何违反社会距离规范的行为，则将突出显示那些边界框。

此外，为使这些工具更先进、更准确，人们还可以使用迁移学习技术。

6.5 计算机视觉面临的问题

人类正在进入信息时代，计算机视觉具有广泛的应用场景，如视频监控与分析、增强现实、人脸识别、安防监控、智能交通、图像搜索、图像生成、虚拟现实等领域。

计算机视觉在发展的同时也面临着一些挑战，许多计算机视觉应用需要在实时环境中运行，如自动驾驶、智能监控等。这要求计算机视觉算法具备高速处理和实时决策的能力，以满足实时性的要求。比如，计算机视觉需要能够理解和分析复杂的场景，多个对象、遮挡、光照变化、背景干扰等因素都会影响成像效果，处理这些复杂场景需要应用鲁棒性高的算法和模型。

未来计算机视觉任务发展面临的挑战主要来自以下几个方面：

（1）缺乏数据集。缺乏数据集是人们在尝试构建机器学习模型时最常遇见的问题之一。要构建模型，就需要充足的数据。解决该问题的一种方法是使用者从不同来源收集数据或扩充现有数据集。

（2）有标注的图像和视频数据较少。机器在模拟人类智能进行认知或者感知的过程中，需要大量有标注的图像或者视频数据。当前，主要依赖人工标注海量的图像视频数据，不仅费时费力而且没有统一的标准，可用的有标注的数据有限，这导致机器的学习能力受限。

（3）计算机视觉技术的精度有待提高，如在物体检测任务中，当前最好的检测正确率为 66%，这样的结果只能应用于对正确率要求不是很高的场景。

（4）提高计算机视觉任务处理的速度迫在眉睫，图像和视频信息需要借助高维度的数据进行表示，这是让机器看懂图像或视频的基础，从而对机器的计算能力和算法的效率提出很高的要求。

项目小结

本项目首先介绍了计算机视觉的概念与图像预处理技术，然后介绍了图像分类、目标检测、图像分割、行为识别、图像增强与视觉问答，最后介绍了计算机视觉的应用。

通过对本项目的学习，读者能够对计算机视觉基础及相关特性有一个基本的认识，重点需要掌握的是图像分类、目标检测、图像分割、行为识别、图像增强与视觉问答。

实训

本实训主要介绍如何使用 Python 实现计算机视觉。

（1）指定颜色的映射，代码如下：

```
import matplotlib.pyplot as plt
import matplotlib as mpl
import numpy as np
#cmap 参数是 matplotlib 中的一个参数，用于指定颜色映射
a = np.array([1,2,3,4,5])
b= np.array([6,7,8,9,10])
```

```
c = np.array([0,1,2,3,4])
plt.scatter(a,b,c=[1,2,3,4,4],s=80,cmap=plt.cm.Spectral)
#plt.cm.Spectral 是一个颜色映射集
plt.show()
```

运行结果如图 6.22 所示。

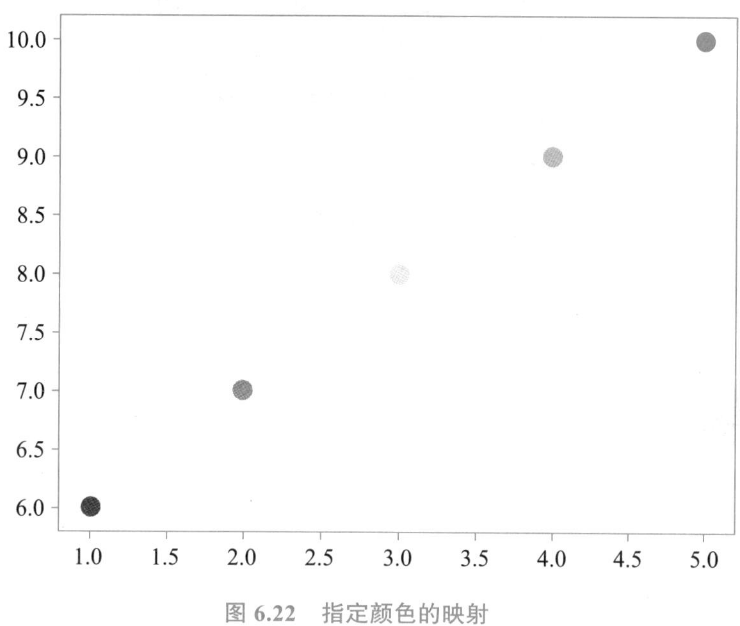

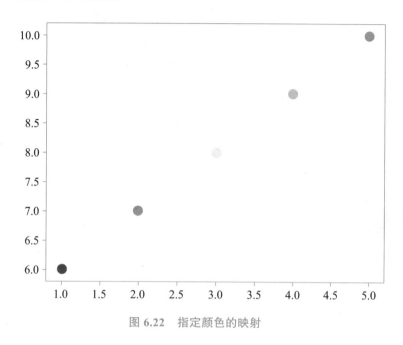

图 6.22　指定颜色的映射

（2）填充颜色，代码如下：

```
import matplotlib.pyplot as plt
import numpy as np
s = np.array([[2.3, 2.4, 2.5, 3.9, 0.0, 4.0, 0.0],
                    [2.4, 0.0, 4.0, 1.0, 2.7, 0.0, 0.0],
                    [1.1, 2.4, 0.8, 4.3, 1.9, 4.4, 0.0],
                    [0.6, 0.0, 0.3, 0.0, 3.1, 0.0, 0.0],
                    [0.7, 1.7, 0.6, 2.6, 2.2, 6.2, 0.0],
                    [6.3, 1.2, 10.6, 0.0, 0.0, 3.2, 5.1]
                   ])

plt.imshow(s)           # 将一个二维数组传到 imshow 方法中，用于展示图像或者
灰度矩阵的变化情况
plt.tight_layout()      # 自动调整子图参数，使其填充整个图像区域
plt.show()
```

运行结果如图 6.23 所示。

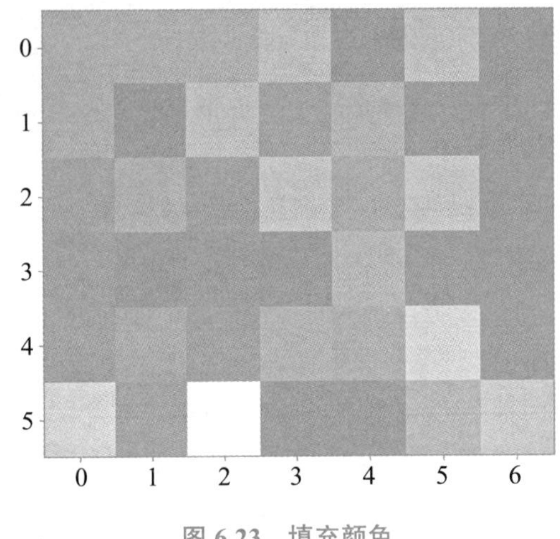

图 6.23　填充颜色

习题

简答题

1. 请简述什么是图像分类。
2. 请简述什么是分割。
3. 请简述什么是图像增强。

项目 7
自然语言处理

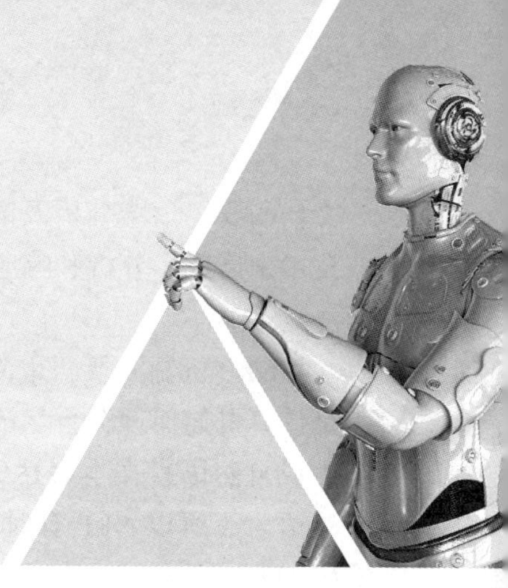

教学目标

通过本项目的学习，了解自然语言处理的定义、发展历程及开发环境等，理解并掌握自然语言处理的文本处理、机器翻译及语音识别相关知识，了解自然语言处理的常见应用场景。

理解团队协作的重要性，营造互帮互助、和谐共进的学习和工作氛围。

7.1 自然语言处理概述

7.1.1 自然语言处理的定义

语言是人类学习和生活中的重要工具。自然语言是人类社会发展自然而然演变而来的语言，如常见的汉语、英语、德语、法语等语言。

自然语言处理（Natural Language Processing，NLP）是指利用计算机对自然语言的形、音、义等信息进行处理，即对字、词、句、篇章的输入、输出、识别、分析、理解、生成等进行操作和加工的过程。如果说计算语言学（CL）旨在研究人类语言计算，那么，NLP 就是一门通过构建计算工件来理解、生成或处理人类语言的工程学科。NLP 是计算机科学领域和人工智能领域的一个重要研究方向，是一门融语言学、计算机科学、数学和统计学于一体的科学。NLP 的具体表现形式包括机器翻译、文本摘要、文本分类、文本校对、信息抽取、语音合成、语音识别等。在现实中，大多数消费者可能都与 NLP 有过互动，例如，华为手机的小艺、苹果手机的 Siri、微软小娜 Cortana 和亚马逊智能语音助手 Alexa 等，这些虚拟助手背后的核心技术就是 NLP。正是基于 NLP 技术，这些虚拟助手才能在用户询问问题时理解用户的请求，使用自然语言做出回应。NLP 可以应用于文本和语音。除了虚拟助手外，其他基于 NLP 的工具还包括 Web 搜索、垃圾邮件过滤、自动文本或语音翻译、文档摘要、情绪分析及语法 / 拼写检查等。例如，一些电子邮件程序可以使用 NLP 技术来读取、分析和响应消息，自动基于消息内容提供建议，帮助用户更高效地回复电子邮件。

NLP 机制涉及两个流程：自然语言理解和自然语言生成。自然语言理解研究的是计算机如何理解自然语言文本中包含的意义，自然语言生成研究的是计算机如何生成自然语言文本表达给定的意图、思想等。因为 NLP 的目的是让计算机理解自然语言，所以 NLP 有时也被称为自然语言理解（Natural Language Understanding, NLU）。

7.1.2 NLP 的发展历程

关于 NLP 的研究最早可以追溯到 20 世纪 50 年代，当时的研究主要依赖于基于规则的方法。NLP 技术已经历 70 多年的发展历程，归纳起来可分为萌芽期、发展期和繁荣期三个阶段。

1. 萌芽期（1959 年以前）

20 世纪 50 年代前后，除了当时给世界带来极大震撼的计算机技术外，在美国还有两个人在进行着重要的研究工作。其中一位是乔姆斯基，他的主要工作是对形式语言进行研究；另一位是香农，他的主要工作是基于概率和信息论模型进行研究。香农的信息论是在概率统计的基础上对自然语言和计算机语言进行的研究。1956 年，乔姆斯基提出了上下文无关语法，该语法被运用到 NLP 中。他们的工作直接推动了基于规则和基于概率这两种不同的 NLP 技术的产生，而这两种不同的 NLP 技术又引发了数十年有关基于规则方法和基于概率方法孰优孰劣的争论。

2. 发展期 (1960—1999 年)

20 世纪 60 年代，法国格勒诺布尔大学的著名数学家沃古瓦开始了自动翻译系统的开发。在这一时期，很多国家和组织对机器翻译都投入了大量的人力、物力和财力。然而在机器翻译系统的开发过程中，出现了各种各样的问题，并且这些问题的复杂程度远远超过了预期。为了解决这些问题，当时人们提出了各种各样的模型和解决方案。虽然最后的结果并不如人意，但是却为后来的各个相关分支领域的发展奠定了基础，如统计学、逻辑学、语言学等。

20 世纪 90 年代后，随着计算机技术的快速发展，基于统计的 NLP 取得了相当大的成果，开始在不同的领域里大放异彩。例如，由于机器翻译领域引入了许多基于语料库的方法，因此率先取得了突破。1990 年，第 13 届国际计算机语言学大会的主题是“处理大规模真实文本的理论、方法与工具”，由此将研究的重心开始转向大规模真实文本，传统的基于语言规则的 NLP 开始显得力不从心。

20 世纪 90 年代中期，有两件事促进了 NLP 研究的复苏与发展。一件事是计算机的运行速度和存储量的大幅提高，这为 NLP 改善了物质基础，使得语言处理的商品化开发成为可能；另一件事是 1994 年万维网协会的成立，在互联网的带动下，产

生了很多原来没有的计算模型，大数据和各种统计模型应运而生。在这段时间，在大数据和概率统计模型的影响下，NLP 得到了飞速的发展。

3. 繁荣期（2000 年至今）

到了 21 世纪，大批互联网公司的涌现，如雅虎搜索、谷歌和百度，对 NLP 的发展起到了很大的推动作用。大量的基于万维网的应用和各种社交工具在不同的方面促进了 NLP 的发展和进步。在这个过程中，各种数学算法和计算模型越来越显现出重要性。机器学习、神经网络和深度学习等技术都在不断地消除人与计算机之间的交流限制。特别是深度学习技术，它将会在 NLP 领域发挥越来越重要的作用。也许在不久的将来，在互联网的基础上，现今 NLP 中遇到的问题将不再是问题。使用不同语言的人们可以畅通无阻地沟通交流，人与计算机之间的沟通也没有阻碍。

7.1.3 NLP 的主要编程语言

1. Python

NLP 库和工具包一般在 Python 中可用，目前大多数 NLP 项目都是使用 Python 开发的。Python 的交互式开发环境让用户可以轻松开发和测试新代码。

2. Java 和 C++

Java 和 C++ 的编码效率更高，通常是处理大量数据时的首选语言。

7.1.4 一些常用的 NLP 库和开发环境

1. TensorFlow 和 PyTorch

TensorFlow 和 PyTorch 是常用的两个深度学习工具包。它们可自由用于研究和商业用途，其主要语言是 Python，同时也支持其他多种语言。它们随带大量的预构建组件库，因此即使高度复杂的深度学习 NLP 模型一般也只需要这两个组件。它们支持高性能计算基础设施，如搭载图形处理器单元（GPU）加速器的计算机集群。最后，它们还提供了优秀的文档和教程。

2. Allen NLP

Allen NLP 是一个使用 PyTorch 和 Python 的高级 NLP 组件（如简单的聊天机器人）库。它提供了优秀的文档。

3. Hugging Face

Hugging Face 公司发布了数百种预训练深度学习 NLP 模型，发布了大量的在 TensorFlow 和 PyTorch 中即插即用的软件工具包，让开发人员能够快速评估不同预训练模型执行特定任务的效果。

4. Spark NLP

Spark NLP 是一个面向高级 NLP 的开源文本处理库，支持 Python、Java 和 Scala 编程语言。它旨在为自然语言处理管道提供一个应用编程接口（API），不仅提供预训练神经网络模型、管道和嵌入，还支持自定义模型训练。

5. spaCy NLP

spaCy NLP 是 Python 中的一个免费、开源的高级 NLP 库，专用于帮助用户构建可处理和理解大量文本的应用。spaCy NLP 非常直观，可处理常见 NLP 项目中的众多任务。极其优化的 NLP 库，可与深度学习框架（如 TensorFlow 或 PyTorch）一起运行。该库提供了大多数标准功能（如标记化、PoS 标记、解析、命名、实体识别等），并且构建快速。spaCy 也可以与深度学习框架无缝集成，并预装了一些非常好的、有用的语言模型。

6. NLTK（自然语言工具包）

NLTK 是由史蒂文·伯德（Steven Bird）和爱德华·洛佩尔（Edward Loper）在宾夕法尼亚大学计算机和信息科学系开发一个免费的、开源的、社区驱动的项目。它包含 Python 模块、数据集和教程，主要用于 NLP 的研究和开发，它为 50 多种语料库和词汇资源（如 WordNet）提供了易使用的界面，还提供了一套用于分类、标记化、词干化、解析和语义推理的文本处理库。NLTK 适用于语言学家、工程师、学生、教育工作者、研究人员和行业用户等，在操作系统方面适用于 Windows、Mac OS X 及 Linux。

7. Pattern

Pattern 是一个多用途的库，它可以处理以下任务：自然语言处理，执行诸如标记、词干提取、词性标注、情感分析等；数据挖掘，它包含从 Twitter、Facebook、Wikipedia 等网站挖掘数据的 API；机器学习，它包含 SVM、KNN、感知机等机器学习模型，可用于分类、回归和聚类任务。

8. TextBlob

TextBlob 是一个用于处理文本数据的 Python 库。它为常见的自然语言处理（NLP）任务提供了一致的 API，如词性标注、名词短语提取与分析等。

7.2 文本处理

7.2.1 什么是文本处理？

在自然语言处理中，计算机无法直接识别我们的文本信息，它只能识别由 0 和 1 构成的二进制代码。如果想要使用计算机处理文本，那么我们首先要做的就是让计算机认识我们的文本信息。为此，通常会对文本信息进行预处理、分词、特征化等操作，从而将文本信息转化为计算机能够识别的二进制代码，然后再进行机器学习、深度学习等对计算机识别出的文本进行处理。

7.2.2 文本处理的流程

文本处理的流程：首先，可以通过网络爬虫从新闻、报告、文章等获取网页文

本等文本数据；然后开始分词，利用空格等分隔符将词彼此分开；紧接着在分好词之后，还需要进行一些文本清洗工作，如去掉一些无用的标签、爬取网页中的<html><head>等、特殊符号（如“！”“...”“？”等标点符号及数字等）；停用词过滤，a、an、the 等词对于句子的理解用处不大，而它们出现的频率又高，我们可以选择去掉，但需要根据场景去进行，如 good、great 等在情感分析任务中就不可以去掉；数据清洗完成后，就需要对数据进行标准化，包括词干提取（Stemming）和词性还原（Lemmatization），如单复数（apples 和 apple 都可归为同一个单词），还有时态（went、going、gone 都可以归为 go）；在经过标准化之后，文本就变成了一个个的字符串，但我们的模型需要的是向量类型的输入，所以需要利用 TF-IDF 或者 Word2vec 等特征提取方法将字符串转化为向量；最后，利用机器学习等进行算法建模和模型评估。

上述流程的每个部分都是独立的，我们可以采用模块化思维，先将每个部分搭建好，然后再把它们组合起来，最后再逐步优化。

7.2.3 文本处理流程中的几个关键术语

1. 分词

（1）什么是分词。

根据语境，将句子以字词为单位划分的过程称为分词。分词就是将连续的字序列按照一定的规范重新组合成词序列的过程。我们知道，在英文的行文中，单词之间是以空格作为分界符的，而中文只是字、句和段能通过明显的分界符（逗号、句号等）来简单划界，唯独词没有一个形式上的分界符，分词过程就是找到这样的分界符的过程。

（2）什么是中文分词。

词作为语言语义理解的最小单元，是人类理解文本语言的基础。因此理解中文分词也是 AI 解决 NLP 领域的高阶任务。由于中文字词之间是没有空格等明显的分界符的，因而分词就是一个需要专门去解决的问题，中文分词随之出现。

中文分词是指将一个汉字序列切分成一个个单独的词。目前 NLP 中的机器翻译、语音合成、自动分类、自动摘要、自动校对、搜索引擎等这些都要用到中文分词。中文分词就是让计算机在词与词之间加上边界标记。

（3）分词中的基本问题。

当前中文分词的研究主要面临的问题体现在 3 个方面：分词规范、歧义词切分和未登录词识别。

1）分词规范。

中文因其自身语言特性的局限，单字词与词素之间、词与短语（词组）之间划界均没有一个公认的、权威的标准。所以，从计算的严格意义上说，中文分词是一个没有明确定义的问题。

2）歧义词切分。

歧义字段在汉语文本中普遍存在。梁南元最早对歧义字段提出了两种基本的定义：

①交集型切分歧义：汉字串 ABC 称作交集型切分歧义，如果满足 AB、BC 同时为词（A、B、C 分别为汉字串），此时汉字串 B 称作交集串。

例如，大学生（大学 / 学生）、研究生物（研究生 / 生物）、结合成（结合 / 合成）。

②组合型切分歧义：汉字串 AB 称作多义组合型切分歧义，满足 A、B、AB 同时为词。

例如，起身，一种切分为：他 | 站 | 起 | 身 | 来，另一种切分为：明天 | 起身 | 去重庆。学生会，一种切分为：我在 | 学生会 | 帮忙；另一种切分为：我的 | 学生 | 会来 | 帮忙。

由此可见歧义字段给我们的分词问题带来了极大的困扰，所以想要正确地做出切分判断，一定要结合上下文语境，甚至韵律、语气、重音、停顿等。

3）未登录词识别。

未登录词又称生词。这类词有两种解释，一是词库中没有收录的词，二是训练语料未曾出现过的词。未登录词主要体现在以下几种：

①新出现的词：如“蓝牙”“蓝瘦香菇”“奥特”“累觉不爱”“躺平”等。

②研究领域名称：特定领域和新出现领域的专有名词，如“苏丹红”“禽流感”“埃博拉”“三聚氰胺”等。

③其他专有名词：包含其他新产生的城市名、公司企业、职称名、电影、书籍、专业术语、缩写词等。

（4）常用的中文分词方法。

自从中文自动分词的问题被提出来以后，人们提出了很多分词方法，包括前向最大匹配法（Forward Maximum Matching，FMM）、后向最大匹配法（Backward Maximum Matching，BMM）、双向最大匹配法等。这些方法大多数都是基于词典（词表）进行的，因此一般称为基于词表（词典）的分词方法。后来随着统计方法的发展，人们又提出了基于统计模型的分词方法，以及规则方法和统计方法相结合的分词方法。

1）基于词典（词表）的分词方法。

基于词典的分词方法是从大规模的训练语料中提取分词词库，并同时将词语的词频统计出来，然后通过逆向最大匹配、N－最短路径等分词方法对句子进行切分。基于词典的分词方法非常直观，可以很容易地通过增减词典来调整最终的分词效果。比如，当发现某个新出现的名词无法被正确切分的时候，我们可以直接在词典当中进行添加，以达到正确切分的目的。不过，过于依赖词典也会导致这种方法对于未登录词的处理不是很好，并且当词典中的词出现公共子串的时候，就会出现切分歧义的问题。所以，只有当语料库足够丰富的时候，才能对每个词的频率有一个很好的设置。

2）基于字的分词方法。

与基于词典的分词方法不同，基于字的分词方法需要依赖于一个事先编制好的词典，通过查词典的方式做出最后的切分决策。基于字的分词方法将分词过程看作字的分类，它认为每个字在构造一个特定词语时都占据一个确定的构词位置（词位）。这种方法对未登录词问题的处理较好。

一般情况下，我们认为每个字的词位有 4 种情况：B（Begin）、E（End）、M（Middle）、S（Single），那么对一个句子的切分就可以转化为对句子中每个字打标签的过程。例如：

自然语言处理 / 可以 / 应用 / 在 / 很多 / 领域。

自 B 然 M 语 M 言 M 处 M 理 E 可 B 以 E 应 B 用 E 在 S 很 B 多 E 领 B 域 E。

我们对句子中的每个字赋予了一个词位，即 B、E、M、S 中的一个标签，这样就达到了分词的目的。

3）基于统计模型的分词方法。

基于统计模型的分词方法是利用大量的语料库进行统计分析，通过计算每个词语在语料库中出现的频率和概率，来确定每个词语的边界。具体来说，该方法分为两个步骤：训练阶段和分词阶段。

在训练阶段，需要准备大量的语料库，并对语料库进行预处理，如去除停用词、标点符号等。然后，将语料库中的每个句子进行切分，得到每个句子的词语序列。接着，统计每个词语在语料库中出现的频率和概率，并计算相邻两个词语出现的概率，得到一个词语之间的转移概率矩阵。最后，将训练得到的模型保存下来，以备后续的分词使用。

在分词阶段，需要将待分词的文本进行预处理，如去除停用词、标点符号等。然后，将文本中的每个句子进行切分，得到每个句子的词语序列。接着，利用训练得到的模型，计算每个词语的概率，并根据相邻两个词语的转移概率，确定每个词语的边界。最后，将分词结果输出。

基于统计模型的分词方法的优点包括：

①精度高：该方法利用大量的语料库进行统计分析，能够准确地识别每个词语的边界，从而提高了分词的精度。

②适用范围广：该方法不依赖于特定的领域知识，适用于各种类型的文本，如新闻、论文、小说等。

③可扩展性强：该方法可以通过增加语料库的规模和质量，来提高分词的精度和覆盖率。

基于统计模型的分词方法的缺点包括：

①对语料库的要求高：该方法需要大量的语料库进行训练，而且语料库的质量和规模对分词的影响很大。

②无法处理歧义词语：该方法无法处理一些歧义词语，如“长”既可以表示动

词，也可以表示形容词。

③对计算机的性能要求较高：该方法需要大量的计算资源进行训练和分词，对计算机的性能要求较高。

基于统计模型的分词方法是一种精度高、适用范围广、可扩展性强的分词方法，但也存在一些缺点。在实际应用中，需要根据具体情况选择合适的分词方法。

（5）分词技术。

分词技术目前已经非常成熟，目前主要有 3 种。

1）最大匹配分词方法。

最大匹配是指以词典为依据，取词典中最长词为一次取字数量的扫描串，在词典中进行扫描（为提升扫描效率，还可以根据字数多少设计多个字典，然后根据字数分别在不同字典中进行扫描）。例如，词典中最长词为"中华人民共和国"共 7 个汉字，则最大匹配起始字数为 7 个汉字。然后逐字递减，在对应的词典中进行查找。

一般情况下，最大匹配分词方法根据起始匹配位置的不同可以分为：前向最大匹配法（Forward Maximum Matching，FMM），后向最大匹配法（Backward Maximum Matching，BMM），双向最大匹配法。

①前向最大匹配法（FMM）。

前向最大匹配法，顾名思义就是从左往右取词，取词最大长度为词典中最长词的长度，每次右边减 1 个字，直到词典中存在或剩下 1 个单字。

关键点：预先准备好词典；获取词典中最长词的长度；从左到右依次匹配。

举例：

"不知道你在说什么"

分词结果："不知道，你，在，说什么"

"我们暑假在动物园玩"

分词结果："我们，暑假，在，动物，园，玩"

②后向最大匹配法（BMM）。

后向最大匹配法，顾名思义就是从右往左取词，取词最大长度为词典中最长词的长度，每次左边减 1 个字，直到词典中存在或剩下 1 个单字。

关键点：预先准备好词典；获取词典中最长词的长度；从右到左依次匹配。

举例：

"不知道你在说什么"

分词结果："不，知道，你在，说，什么"

"我们暑假在动物园玩"

分词结果："我们，暑假，在，动物园，玩"

③双向最大匹配法。

使用 FMM 和 BMM 两种算法都分词一遍，然后根据大颗粒度词越多越好、非词典词和单字词越少越好的原则，选取其中一种分词结果输出。

举例：

“我们暑假在动物园玩”

前向最大匹配法的分词结果为：“我们，暑假，在，动物，园，玩”，其中，总分词数为 6 个，单个词为 3 个。

后向最大匹配法的分词结果为：“我们，暑假，在，动物园，玩”，其中，总分词数为 5 个，单个词为 2 个。

选择标准：

➢ 首先看两种方法结果的总分词数，总分词数越少越好。

➢ 总分词数相同的情况下，单个词的数量越少越好。

因此，最终的分词结果为后向最大匹配法的结果。

2）词义分词方法。

词义分词方法是一种机器语音判断的分词方法，进行简单的句法、语义分析，利用句法信息和语义信息处理歧义现象来分词。这种分词方法目前还不成熟，尚处于测试阶段。

3）统计分词方法。

根据词组的统计，就会发现两个相邻的字出现的频率最高，那么这个词就很重要，可以作为用户提供字符串中的分隔符来分词。

比如，“我的，你的，许多的，这里，这一，那里”等，这些词出现比较多，就从这些词里面分开。

（6）常见的分词工具。

常见的开源分词工具有：HanLP，jieba，FudanNLP，LTP，THULAC，NLPIR 等。其中，jieba 是国内使用人数最多的中文分词工具。

2. 清洗

文本数据通常包含大量的无关信息和噪声，如标点符号、HTML 标记、停用词、缩写、拼写错误、语法错误等。这些信息和噪声会干扰模型的学习和性能，导致模型预测不准确或低效。通过数据清洗，可以去除这些不必要的信息和噪声，使文本数据更加干净和有用。这个过程通常包括以下 4 个方面：

（1）去除 HTML 标签和特殊字符。

在一些文本数据中，可能包含 HTML 标签和特殊字符，如 <、> 等。这些标签和特殊字符在文本分析和处理中是无用的，需要被删除或被替换为特定的符号。在 Python 中，我们可以使用第三方库，如 Beautiful Soup 和 lxml，来去除 HTML 标签。而对于特殊字符，我们可以使用 replace 方法或正则表达式来替换。

（2）去除停用词。

停用词是指在文本中频繁出现但不具有实际意义的单词，如汉字“的”“了”等，再如英文中的“the”“an”“their”这些都可以作为停用词来处理。这些单词会占用计算资源，降低文本处理的效率，因此需要被去除。在 Python 中，我们可以使用第三方库，如 NLTK 和 spaCy，来删除停用词。

（3）处理拼写错误。

在一些文本数据中，可能包含拼写错误的单词。这些错误可能是由于打字错误、自动纠错等造成的。为了提高文本分析的准确性，我们需要对这些拼写错误的单词进行处理。在 Python 中，我们可以使用第三方库，如 PyEnchant 和 AutoCorrect，来修正拼写错误。

（4）处理缩写和语气词。

在一些社交媒体和聊天应用中，人们经常使用缩写和语气词，如“LOL”“OMG”“哈哈”等。这些缩写和语气词在文本分析中可能会导致误解，因此需要进行处理。在 Python 中，我们可以使用正则表达式或自然语言处理技术来识别和处理这些缩写和语气词。

3. 标准化

文本数据通常是混乱的、不一致的，包含着各种各样的错误和噪声。如果我们想要从这些数据中提取有用的信息，首先需要进行文本的标准化。文本的标准化是指将不同格式、不同来源的文本数据转化成统一的格式和标准。

词干提取（Stemming）和词形还原（Lemmatization）是自然语言处理中常用的文本预处理技术，用于将单词转化成它们的原始形式，以减少词汇的变形形式，从而简化文本分析和比较。

（1）词干提取。

词干提取是一种基于规则的文本处理方法，通过删除单词的后缀来提取词干。它的目的是将单词转化为基本的语言形式，即词干，而不考虑单词的语法和语义。例如，将“running”、“runs”和“ran”都转化为词干“run”。

通常，词干提取的方法有多种，其中最常用的是 Porter 词干提取算法和 Lancaster 词干提取算法。这些算法基于不同的规则和启发式方法，根据单词的特定模式和规则来进行词干提取。但是，词干提取可能会导致一些词汇的错误切割和不准确性。

（2）词形还原。

词形还原是一种更复杂的文本处理方法，与词干提取相比，它更加准确和语义化。词形还原旨在将单词还原为它们的基本词形，即词元（Lemma），考虑单词的语法和语义信息。

词形还原使用词典和规则来找到单词的基本形式。它可以处理单词的不同变形形式，如时态、人称、单复数等，并将它们还原为其基本的词元。例如，将“running”、“runs”和“ran”都还原为词元“run”。

（3）词性标注。

词形还原通常使用词性标注（Part-of-speech Tagging）来更准确地确定单词的基本形式。例如，动词的基本形式可能取决于其时态和人称，名词的基本形式可能取

决于其单复数等。

实际上，在中文的 NLP 中的词形还原和词干提取用得比较少（在机器翻译和信息检索需要形态学分析的时候可能会用到），一般来说中文更多的是使用分词技术和词性标注技术来处理。那么，究竟什么是词性标注呢？

词性标注往往是指对分词后的词语进行词性标记，如名词、动词、形容词等。词性标注能够帮助模型更好地理解文本，同时也有助于其他任务，如命名实体识别和依存句法分析等。词性标注算法包括基于规则的算法、基于统计的算法和基于深度学习的算法。词性标注可以用隐马尔可夫模型中经典的维特比算法来实现，也可以用现在用得比较多的神经网络来实现。

举例：使用 jieba 分词工具来进行词性标注，代码如下：

```
import jieba.posseg as pseg
sentence =pseg.cut(" 我爱北京天安门 ")
for w in sentence:
    print (w.word,w.flag)
```

运行结果如图 7.1 所示。

```
我 r
爱 v
北京 ns
天安门 ns
```

图 7.1　运行结果

总结来说，词干提取和词形还原都是文本预处理的技术，用于将单词转化为它们的原始形式。词干提取更简单和快速，但可能会导致一些不准确性。而词形还原更准确和语义化，但计算开销较大。选择使用哪种方法取决于具体任务的需求和性能要求。

4. 实体识别

实体识别是指在文本中自动识别和提取出人名、地名、机构名等具有特定意义的实体。实体识别通常采用基于规则的方法或基于机器学习的方法，如条件随机场（CRF）和循环神经网络（RNN）等。本书只展示使用现有的工具进行命名实体识别的方法，有很多工具可以用来进行命名实体识别。一些较为成熟的中文命名实体识别（NER）工具包括 LTP（语言技术平台）、PyHanLP、Lac 等。

举例：实现实体识别，代码如下：

```
from LAC import LAC
lac = LAC(mode='lac')
text = " 杨昀杰在 2021 年 1 月 1 日出生于重庆市万州区。"
```

```
    result = lac.run(text)
    print(result)
```

运行结果为：

```
    [['杨昀杰', '在', '2021年', '1月1日出生于', '重庆市', '万州区'],
['PER', 'p', 'TIME', 'v', 'LOC', 'LOC']]
```

5. 文本特征提取

在经过标准化处理之后，需要利用特征提取方法将字符串转换为向量。

将文本转换为向量表示是深度学习中的一个重要步骤，词向量化是将分词后的词语转换为向量表示的过程。常见的词向量化算法有 TF-IDF 及 Word2Vec 等。

（1）TF-IDF（词频 - 逆文档频率）。

TF-IDF 是一种常用的文本特征提取方法，主要用于文档关键词的提取。TF-IDF 由两部分组成：词频（TF）和逆文档频率（IDF）。词频（TF）表示单词在文档中出现的频率。它通常通过将单词在文档中出现的次数除以文档的总单词数来计算。词频越高，说明单词在文档中越重要。逆文档频率（IDF）表示单词在文档集合中的普遍重要性。它通常通过将文档集合的总文档数除以包含该单词的文档数，然后取对数来计算。逆文档频率越高，说明单词在文档集合中越重要。TF-IDF 值是通过将词频和逆文档频率相乘来计算的。一个单词的 TF-IDF 值越高，说明该单词在文档中越重要。

TF-IDF 的基本思想是：如果某个单词在一篇文章的出现频率很高，同时在其他文章中很少出现，则认为该单词大概率是一个关键词。

举例：

假如一篇文章的总词语数是 100 个，而词语“苹果”出现了 5 次，那么“苹果”一词在该文章中的词频就是 5/100=0.05。计算文件频率（DF）的方法是测定有多少份文件出现过“苹果”一词，然后除以文件集里包含的文件总数。所以，如果“苹果”一词在 1 000 份文件中出现过，而文件总数是 10 000 000 份的话，其逆向文件频率就是 log（10 000 000/1 000）=4。最后的 TF-IDF 值为 0.05 × 4=0.20。

（2）Word2Vec。

Word2Vec 是谷歌公司于 2013 年发布的一个开源词向量工具包。它的特点是能够将单词转换为向量来表示，这样词与词之间就可以定量地度量它们之间的关系，挖掘其中的联系。Word2Vec 的目的是理解两个或更多单词一起出现的概率，从而将具有相似含义的单词组合在一起，在向量空间中形成一个聚类。Word2Vec 简单、高效，特别适合从大规模、超大规模的语料中获取高精度的词向量表示。

Word2Vec 主要包含两个模型算法，分别是跳字模型（Skip-gram）和连续词模型（Continuous Bag of Words，CBOW）；并且提出两种高效的优化训练策略：负采样（Negative Sampling）和层序 Softmax（Hierarchical Softmax）。

7.3 机器翻译

7.3.1 机器翻译简介

随着全球化的发展，语言交流变得越来越重要。然而，不同语言之间的交流仍然存在障碍。机器翻译技术的出现，为不同语言之间的交流提供了新的解决方案。机器翻译是一种利用计算机技术将一种语言翻译成另一种语言的技术。NLP 技术是机器翻译的核心技术之一，它可以帮助机器翻译更加准确和流畅。

NLP 技术是一种利用计算机技术处理自然语言的技术。它可以帮助机器理解和处理人类语言。机器翻译是 NLP 技术的一个重要应用领域。机器翻译的过程可以分为 3 个步骤：分析源语言句子、生成目标语言句子和评估翻译质量。NLP 技术在这 3 个步骤中都发挥了重要作用。

在分析源语言句子的过程中，NLP 技术可以帮助机器识别句子的语法结构和语义信息。这个过程包括分词、词性标注、句法分析和语义分析等。分词是将句子分成单词或短语的过程。词性标注是为每个单词或短语标注其词性。句法分析是分析句子的结构和语法关系。语义分析是分析句子的意义和语义关系。这些分析结果可以帮助机器更好地理解源语言句子，从而更准确地翻译。

7.3.2 机器翻译的发展历程

1. 机器翻译的提出（1933—1949 年）

机器翻译的研究历史最早可以追溯到 20 世纪 30 年代。1933 年，法国科学家 G.B. 阿尔楚尼提出了用机器进行翻译的想法。1946 年，世界上第一台现代电子计算机 ENIAC 诞生。随后不久，美国科学家沃伦・韦弗（Warren Weaver）于 1947 年提出了利用计算机进行语言自动翻译的想法。1949 年，沃伦・韦弗发表了《翻译备忘录》，正式提出机器翻译的思想。

2. 开创期（1950—1963 年）

1954 年，美国乔治敦大学在 IBM 公司的协同下，用 IBM-701 计算机首次完成了英俄机器翻译试验。IBM-701 计算机有史以来第一次自动将 60 个俄语句子翻译成英语。但是没人提到这些翻译得到的样本是经过精心挑选和测试过的，从而排除了歧义。这一时期，美国与苏联两个国家出于对军事的需要，投入了大量资金用于机器翻译，集中在英文与俄文的语言配对翻译，翻译的主要对象是科学和技术上的文件，如科学期刊的文章，粗糙的翻译足以了解文章的基本内容。欧洲国家由于经济需要，也给予了相当大的重视。机器翻译于这一时期出现热潮。

3. 受挫期（1964—1974 年）

1964 年，美国科学院成立了语言自动处理咨询委员会（Automatic Language Processing

Advisory Committee)。该委员会经过 2 年的研究，于 1966 年 11 月公布了一份名为《语言与机器》的报告（简称 ALPAC 报告）。该报告全面否定了机器翻译的可行性，并宣称“在近期或可以预见的未来，开发出实用的机器翻译系统是没有指望的”，建议停止对机器翻译项目的资金支持。受此报告的影响，各类机器翻译项目锐减，机器翻译的研究出现了空前的萧条。

4. 复苏期（1975—1989 年）

20 世纪 70 年代中后期，随着计算机技术和语言学的发展及社会信息服务的需求，机器翻译才开始复苏并日渐繁荣。业界研发出了多种翻译系统，如 Weinder、URPOTRAA、TAUM-METEO 等。其中，1976 年由加拿大蒙特利尔大学与加拿大联邦政府翻译局联合开发的 TAUM-METEO 系统，是机器翻译发展史上的一个里程碑，标志着机器翻译由复苏走向繁荣。

5. 发展期（1993—2005 年）

这一时期主要是统计机器翻译。1993 年，IBM 的 Brown 和 Della Pietra 等人提出了基于词对齐的翻译模型，这标志着现代统计机器翻译方法的诞生。2003 年，爱丁堡大学的 Koehn 提出了短语翻译模型，使机器翻译效果得到显著提升，推动了工业应用。2005 年，David Chang 进一步提出了层次短语模型，同时基于语法树的翻译模型方面研究也取得了长足的进步。

6. 繁荣期（2006 年至今）

2013 年和 2014 年，牛津大学、谷歌、蒙特利尔大学研究人员提出端到端的神经机器翻译，开创了深度学习翻译新时代。2015 年，蒙特利尔大学引入 Attention 机制，神经机器翻译达到实用阶段。2016 年，谷歌发布 GNMT，讯飞上线 NMT 系统，神经翻译开始得到大规模应用。

7.3.3 机器翻译的方法

1. 直译式翻译系统

通过快速的分析和双语词典，将原文译出，并重新排列译文的词汇，以符合译文的句法。

2. 规则式翻译系统

先分析原文内容，产生原文的句法结构，再转换成译文的句法结构，最后再生成译文。

3. 中介语式翻译系统

先生成一种中介的表达方式，而非特定语言的结构，再由中介的表达方式转换成译文。

4. 知识库式翻译系统

建立一个翻译需要的知识库，构成翻译专家系统。

5. 统计式翻译系统

源语言中任何一个句子都可能与目标语言中的某些句子相似，这些句子的相似程度可能都不相同，统计式翻译系统能找到最相似的句子。

6. 范例式翻译系统

将过去的翻译结果当成范例，产生一个范例库，在翻译一段文字时，参考范例库中近似的例子，并处理差异。

7. 混合式翻译系统

基于混合式的机器翻译方法将基于规则的翻译方法和基于统计的翻译方法相结合。在基于规则的技术中引入语料库方法，其中有基于实例的方法和基于统计的方法，通过对语料库的预处理使其转化为自然语言知识库的方法。

混合式机器翻译方法是可靠的，但目前混合方法中各种模型的耦合方式还比较松散，进行多翻译模型的深度融合可能是未来研究的一个热点。

7.3.4　机器翻译的流程

机器翻译的流程如图 7.2 所示。

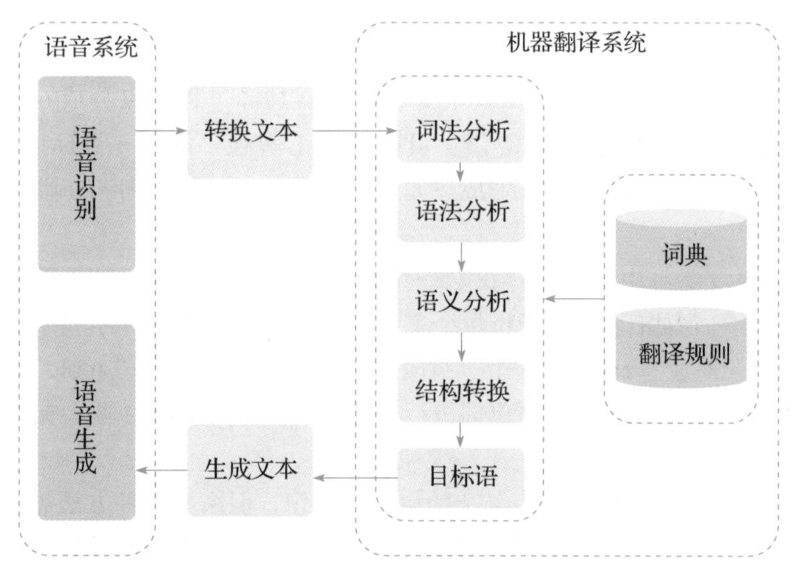

图 7.2　机器翻译的流程

（1）词法分析：将源语言的词汇分解为词语和词素，并对它们进行分类和识别。

（2）语法分析：将源语言的句子结构分解为词序和语法规则，并对它们进行分类和识别。

（3）翻译规则：根据语言之间的语法和语义关系，制定翻译规则，如词序规则、语态规则、时态规则等。

（4）神经网络：利用人工神经网络进行翻译，神经网络可以学习源语言和目标语言之间的语言结构和语义关系，从而实现翻译的自动化。

（5）统计机器翻译：利用机器学习技术进行翻译，通过对大量的翻译数据进行学习和训练，可以自动识别翻译规则和模式，从而实现更准确的翻译。

7.3.5 机器翻译算法与案例

机器翻译是人工智能的终极目标之一，它的流程和算法非常复杂。简单来说，机器翻译就是把一种语言翻译成另外一种语言。机器翻译面临的挑战主要有：译文选择、词语顺序的调整和数据稀疏。

目前，机器翻译技术主要有基于规则、基于统计和基于神经网络三种方法。基于规则的机器翻译方法直接用语言学专家知识，准确率非常高，但成本很高。基于统计的机器翻译方法在大数据的基础上进行训练，成本低，但面临数据稀疏的问题。基于神经网络的机器翻译方法近年来迅速崛起，它主要包含编码器和解码器两个部分，通过神经网络获取自然语言之间的映射关系。

1. 基于规则的机器翻译方法（Rule-Based Machine Translation，RBMT）

RBMT 是一种早期的机器翻译方法，它依赖于语言学专家编写的翻译规则。这些规则通常包括词汇、语法和语义等方面的知识，用于将源语言文本转换为目标语言文本。通常，一个典型的基于规则的机器翻译过程可以描述为“独立分析—独立生成—相关转换”的方法。整个完整的机器翻译过程可以分成 6 个步骤：源语词法分析、源语句法分析、源语 – 目标语词汇转换、源语 – 目标语结构转换、目标语句法生成、目标语词法生成。每一个步骤都是通过相应的翻译规则来完成的。

举例：假设要将中文句子“我吃一个苹果”翻译成英语。在基于规则的系统中，首先会有一个词汇表，用于将每个单词翻译成对应的英语单词。例如，“我”对应“I”，“吃”对应“eat”，“一个”对应“an”，“苹果”对应“apple”。然后，系统会根据英语的语法规则对这些单词进行重新排列，得到正确的翻译结果“I eat an apple”。

基于规则的系统会涉及更多复杂的语言学知识，但由于这种方法需要大量人工编写规则，因此开发成本较高。随着基于统计的机器翻译方法和基于神经网络的机器翻译方法的发展，基于规则的机器翻译方法已经不再是主流方法。

2. 基于统计的机器翻译方法（Statistical Machine Translation，SMT）

SMT 是一种利用大量双语语料库进行训练，通过统计学习方法来建立翻译模型的机器翻译方法。

举例：假设我们要将中文句子“我吃一个苹果”翻译成英语。在基于统计的系统中，首先会根据大量的双语语料库来学习单词和短语之间的对应关系。例如，系统可能会学习到“我”通常对应“I”，“吃”通常对应“eat”，“一个苹果”通常对应“an apple”等。然后，系统会根据这些对应关系和统计学习到的语言模型来生

成可能的翻译结果，并选择概率最高的结果作为最终翻译。在这个例子中，最终翻译结果可能是“I eat an apple”。

基于统计的系统会涉及更多复杂的统计学习方法，并且这种方法依赖于大量的双语语料库，因此数据稀疏是一个挑战。随着基于神经网络的机器翻译方法的发展，基于统计的机器翻译方法也已经不再是主流方法。

3. 基于神经网络的机器翻译方法（Neural Machine Translation，NMT）

NMT 是一种利用深度神经网络进行机器翻译的方法。它通常采用编码器－解码器（Encoder-Decoder）结构，将源语言文本编码成一个固定长度的向量，然后再通过解码器将该向量解码成目标语言文本。

举例：假设我们要将中文句子“我吃一个苹果”翻译成英语。在基于神经网络的系统中，首先会将每个单词转换成一个固定长度的向量表示，然后通过编码器将这些向量组合成一个固定长度的上下文向量。接着，解码器会根据这个上下文向量和目标语言的语言模型来生成可能的翻译结果，并选择概率最高的结果作为最终翻译。在这个例子中，最终翻译结果可能是“I eat an apple”。

基于神经网络的系统会涉及更多复杂的深度学习技术，如循环神经网络（RNN）、长短时记忆网络（LSTM）、注意力机制（Attention Mechanism）等。由于这种方法能够自动学习语言之间的复杂映射关系，因此近年来取得了巨大的成功，并成为当前主流的机器翻译方法。

7.3.6　机器翻译的应用场景

在机器翻译领域，有许多不同的应用场景。下面将介绍一些常见的机器翻译应用场景。

语言交流：机器翻译可以用于不同语言之间的交流，帮助人们跨越语言障碍，促进不同文化之间的交流和理解。

法律领域：机器翻译可以帮助法律从业人员更快速、准确地理解和适用法律法规，提高法律服务的效率和质量。

医疗领域：机器翻译可以用于医学术语的自动翻译，帮助医生和护士更快速、准确地获取患者的病情信息和制定相应的治疗方案。

科技领域：机器翻译可以用于自然语言处理和人工智能领域，为科学家和工程师提供便利的交流工具。

金融领域：机器翻译可以用于金融领域的文件翻译和数据分析，提高金融机构的工作效率和服务质量。

教育领域：机器翻译可以用于外语教学，帮助学生更快速、准确地学习外语，提高学习效率和质量。

机器翻译在各个领域都有广泛的应用，可以帮助人们更好地跨越语言障碍，促进不同文化之间的交流和理解，提高工作效率和服务质量。

7.3.7 机器翻译的特点

机器翻译作为一种自动化的语言翻译技术，具有许多优点，但也存在一些不足。

1. 机器翻译的优点

（1）速度快：机器翻译能够在短时间内完成大量文本的翻译，比人工翻译更快。

（2）成本低：机器翻译不需要支付人工翻译费用，因此成本更低。

（3）可扩展性强：机器翻译能够支持多种语言之间的翻译，且能够快速扩展新的语言。

（4）可用性高：机器翻译可以通过网络或移动应用程序随时随地使用。

2. 机器翻译的缺点

（1）准确性有限：机器翻译的准确性受到许多因素的影响，包括语言之间的差异、语料库的质量和数量等。因此，机器翻译的准确性可能不如专业的人工翻译。

（2）难以处理复杂的文本：机器翻译难以处理一些复杂的文本，如具有特殊格式或结构的文本、含有大量术语或专业知识的文本等。

（3）缺乏人类智慧：机器翻译缺乏人类的智慧和创造力，难以处理一些需要理解语境和文化背景的翻译任务。

7.3.8 提高机器翻译质量的方法

1. 增加训练数据

机器翻译的质量与训练数据的质量和数量有关。增加训练数据可以提高机器翻译的准确性和流畅性。

2. 优化 NLP 技术

优化 NLP 技术可以提高机器翻译的准确性和流畅性。例如，改进分词算法、优化词性标注模型、改进句法分析算法等。

3. 结合人工翻译

由于人工翻译可以提供更准确的翻译结果，因而可以将人工翻译结果作为训练数据，或者将人工翻译结果与机器翻译结果进行融合，以提高翻译质量。

4. 结合上下文信息

上下文信息可以帮助机器更好地理解源语言句子，从而更准确地翻译。可以结合上下文信息进行机器翻译，以提高翻译质量。

总之，NLP 技术是机器翻译的核心技术之一。通过增加训练数据、优化 NLP 技术、结合人工翻译和上下文信息等方法，可以提高机器翻译的质量，为不同语言之间的交流提供更好的解决方案。

7.4　语音识别

7.4.1　什么是语音识别

语音识别也称为自动语音识别、计算机语音识别或语音转文本，它是以语音为研究对象，通过信号处理和识别技术让机器自动识别和理解人类口述的语言后，将语音信号转换为相应的文本或命令的一门技术。人们常常会将语音识别与声音识别混淆，语音识别专注于将语音从口头格式转换为文本，而声音识别则旨在识别个人用户的声音。

1952 年，贝尔实验室研发出了第一台能识别人类语音的机器，名为 Audery，标志着人类使用计算机识别语音时代的开始。随后，IBM 在 1962 年发布了 Shoebox 系统，该系统能够识别 16 个不同的英文单词。IBM 并没有就此止步，而是不断创新，于 1996 年推出了 Voice Type Simply Speaking 语音识别软件。这款语音识别软件的词汇量达到 42 000 个单词，支持英语和西班牙语，还有一个包含 100 000 个单词的拼写词典。虽然语音技术在早期的词汇量有限，但如今已广泛应用于汽车、科技和医疗保健等众多行业。由于深度学习和大数据技术的进步，才在近几年加快了语音技术的应用。

7.4.2　语音识别的基本原理

语音识别的本质是一种基于语音特征参数的模式识别，即通过学习，系统能够把输入的语音按一定模式进行分类，进而依据判定准则找出最佳匹配结果。目前，模式匹配原理已经被应用于大多数语音识别系统中。

一般的模式识别包括预处理、特征提取、模式匹配等基本模块。首先，对输入语音进行预处理，其中预处理包括分帧、加窗、预加重等。其次是特征提取，选择合适的特征参数尤为重要，常用的特征参数包括：基音周期、共振峰、短时平均能量或幅度、线性预测系数（LPC）、感知加权预测系数（PLP）、短时平均过零率、线性预测倒谱系数（LPCC）、自相关函数、梅尔倒谱系数（MFCC）、小波变换系数、经验模态分解系数（EMD）、伽马通滤波器系数（GFCC）等。在进行实际识别时，要对测试语音按训练过程产生模板，最后根据失真判决准则进行识别。常用的失真判决准则有欧式距离、协方差矩阵与贝叶斯距离等。

7.4.3　语音识别的发展历程

语音识别可以追溯到 1952 年，Davis 等人研制了世界上第一个能识别 10 个英文数字发音的实验系统，从此正式开启了语音识别的技术发展进程。语音识别发展到今天已经有 70 多年，它从技术方向上大体可以分为三个阶段。

1993—2009年，语音识别一直处于高斯混合－隐马尔科夫（GMM-HMM）时代，语音识别率提升缓慢，尤其是2000—2009年，语音识别率基本处于停滞状态；2009年，随着深度学习技术，特别是循环神经网络（DNN）的兴起，语音识别框架变为循环神经网络－隐马尔科夫（DNN-HMM），并使语音识别进入神经网络深度学习时代，语音识别精准率得到了显著提升。

2015年以后，由于端到端技术的兴起，语音识别进入了百花齐放时代，语音界都在训练更深、更复杂的网络，同时利用端到端技术进一步大幅提升了语音识别的性能。

直到2017年，微软在Switchboard上词错误率达到5.1%，从而让语音识别的准确性首次超越了人类，当然这是在限定条件下的实验结果，还不具备普遍代表性。

7.4.4 语音识别的应用场景

1. 沟通

语音在信息表达方面呈现表达快速但是读取较慢的问题，特别是一大段语音发过来会让人失去听的兴趣，所以可以通过自动语音识别（ASR）来转化为文字，提高双方的用户体验。

2. 会议记录

在一些会议上，语音识别可以用来作为会议记录，帮助与会者提高会议效率。

3. 智能硬件 / 语音搜索 / 智能客服产品的头部流程

对于智能音箱等产品，人机交互的第一步就是先进行语音转文字的过程。

4. 教育测评

将声学系统与语言模型稍微加以修改可以作为评分系统应用于教育行业，帮助教师实施教育标准。

5. 客服记录

客服是和用户直接沟通的人群，将语音通话过程转成文字记录下来，有助于客服部门评估业务服务水平，更有利于业务部门通过客户与用户沟通的原始信息分析并理解用户需求。

7.4.5 语音识别未来面临的挑战

目前的语音识别率达到98%，这个实际指的是安静条件下的近场识别，非安静条件下的场景识别率可能在90%左右，而且在复杂场景下会遇到各种问题。

1. 环境与网络问题

在车载环境中，由于不可避免的噪声会造成语音信号识别困难；需要通过硬件及软件进行降噪处理，而且声学模型的训练本身必须需要考虑噪声环境；另外，像汽车及翻译机器都是移动的，网络也会波动，所以一些基本的功能需要可以进行离线识别，只不过需要本地搭载芯片和识别模型。

2. 中英文夹杂

通常来讲，生活中很多时候会使用一些英文词汇，比较极端的一些人会中英文夹杂。处理这种情况时，我们可以把英语单词都当成汉语舶来词，就是汉语的一部分，至于书写成什么记号，中文也好英文也罢，都不是关键问题。

训练时作为混合语言去训练，声学模型、语言模型、词典都是混合模型。这种模型能准确识别出中英文汉字，如百度的智能音箱就已经能够很好地识别中英文夹杂。

3. 地区方言

各个地区的语言发音基本上会有所偏差，特别是某些地区，邻近的地区可能互相听不懂；再加上方言的语料难以获得，方言一直是一个棘手的点。因为无法清晰定义训练任务，尤其当一个字有多种不同的发音时，就会难以建模，所以方言都是用独立模型（如普通话模型、四川话模型、粤语模型等）去训练的。

4. 专业领域

由于人类社会知识非常复杂，当语音系统应用在各个场景时，系统的语言模型的偏向可能不同。通常服务商会提供定制的功能，用户拿到的可能是一个大规模训练后的模型，自己再提供一些个性化的训练数据，从而提高在某个专业领域词条的识别性能（科研、医学等）。

5. 纠错

只是将用户的语言记录下来也许不错，但是更好的体验是将用户话语中的一些不必要的词汇去除。比如，有一些会议场景中很有可能会出现用户纠正的行为。另外，实际应用场景中多音字的问题（语言模型也认为是通顺的）总是避免不了的，还需要结合用户场景计算概率，从而做出更有可能的判断。

7.5　自然语言处理的应用

7.5.1　自然语言处理的常见应用

1. 自动处理日常任务

基于 NLP 的聊天机器人可以代替人工来处理大量日常任务，让员工腾出时间来处理更具挑战性和更有趣的任务。例如，聊天机器人和数字助手可以识别各种用户请求，然后从企业数据库中找到相匹配的条目并有针对性地为用户创建响应。

2. 优化搜索

对于文档和 FAQ 检索，NLP 可以优化关键字匹配搜索，包括基于上下文消除歧义（如“carrier”在生物医学和工业领域中分别表示不同的含义）；匹配同义词（如在用户搜索“automobile”时检索提及“car”的文档）；考虑形态变化（对非英语查询非常重要）。利用基于 NLP 的学术搜索系统，医生、律师及其他领域的专家能够更加轻松、便捷地获取高度相关的前沿研究信息。

3. 搜索引擎优化

NLP 可帮助企业通过搜索分析来优化内容，提升企业在线上搜索中的展示排名。如今搜索引擎一般使用 NLP 技术来对结果进行排序，如果企业了解如何有效利用 NLP 技术，就能获得相比竞争对手更加靠前的排名，进而提高可见度。

4. 分析和组织大型文档集合

文档聚类和主题建模等 NLP 技术有助于轻松了解大型文档集合（如企业报告、新闻文章或科学文档）中内容的多样性。这些技术通常被用于法律取证。

5. 社交媒体分析

NLP 可以分析客户评论和社交媒体评论，帮助企业更有效地理解大量信息。例如，情绪分析可以识别社交媒体评论流中的正面和负面评论，直接、实时衡量客户情绪。这可以为企业提供巨大的回报，提高客户满意度。

6. 市场洞察

企业可以使用 NLP 技术来分析客户的语言，进而更有效地满足客户需求，了解如何更好地与客户沟通。例如，面向方面（Aspect-oriented）的情绪分析可以检测社交媒体中关于特定方面或产品的情绪（如“键盘很好，但屏幕太暗”），从而为产品设计和营销提供切实可行的洞察。

7. 审核内容

如果企业吸引了大量用户或客户评论，NLP 可以帮助该企业审核这些内容，通过分析评论的用词、语气和意图来确保实现高素质和良好礼仪。

7.5.2 自然语言处理的行业应用

NLP 可以简化并驱动各种业务流程自动化，尤其是涉及大量非结构化文本（如电子邮件、调研、社交媒体对话等）的业务流程。利用 NLP 技术，企业可以更好地分析数据，做出正确的决策。以下是 NLP 的一些真实应用案例。

医疗卫生：如今全球的医疗卫生系统都开始采用电子医疗记录，需要处理大量的非结构化数据。NLP 可以帮助医疗卫生组织分析数据，捕获关于健康记录的新洞察。

法律：面对一个案件，律师经常要花费很长时间来研究大量文档，搜索相关材料。NLP 技术可以驱动法律取证流程自动化，通过快速详查大量文档来为律师节省时间并减少人为错误。

金融：金融行业的变化速度非常快，任何一项竞争优势都将发挥关键作用。NLP 可以帮助交易员自动从公司文件和新闻报道中挖掘信息，提取与自身投资组合和交易决策高度相关的信息。

客户服务：如今许多大型企业都使用虚拟助手或聊天机器人来答复客户的基本问询和信息请求（如常见问题解答），在必要时才会将复杂问题转交给人工客服。

保险：大型保险公司使用 NLP 来筛选与索赔相关的文档和报告，以理顺业务运营。

项目小结

本项目首先介绍了 NLP 的概念和发展历程，然后介绍了 NLP 的文本处理、机器翻译和语音识别相关知识，最后介绍了 NLP 的常见应用。

通过本项目的学习，读者能够对 NLP 相关知识有一个基本的认识，重点需要掌握的是 NLP 的文件处理、机器翻译和语音识别。

实训

实训目的：学习使用不同的分词工具进行分词。

实训内容：利用常见分词工具对“自然语言处理是人工智能领域的一个重要方向。”这句话进行分词操作。

实训环境：PyCharm。

实训语言：Python。

程序代码：

```
text = "自然语言处理是人工智能领域的一个重要方向。"
# 使用 jieba 分词
import jieba
seg_list = jieba.cut(text)
print("jieba 分词结果：", " ".join(seg_list))

# 使用 THULAC 分词
import thulac
thu = thulac.thulac()
seg_list = thu.cut(text)
print("THULAC 分词结果：", " ".join([item[0] for item in seg_list]))

# 使用 HanLP 分词
from pyhanlp import HanLP
seg_list = HanLP.segment(text)
print("HanLP 分词结果：", " ".join([term.word for term in seg_list]))

# 使用 LTP 分词
from ltp import LTP
ltp = LTP()
seg, _ = ltp.seg([text])
print("LTP 分词结果：", " ".join(seg[0]))
```

运行结果：

```
jieba 分词结果：自然语言 处理 是 人工智能 领域 的 一个 重要 方向 。
```

```
THULAC 分词结果：自然语言 处理 是 人工智能 领域 的 一 个 重要 方向 。
HanLP 分词结果：自然语言 处理 是 人工智能 领域 的 一个 重要 方向 。
LTP 分词结果：自然语言 处理 是 人工智能 领域 的 一个 重要 方向 。
```

习题

简答题

1. 请简述 NLP 的概念。
2. 请简述文本处理、机器翻译和语音识别的应用。

项目 8
知识图谱

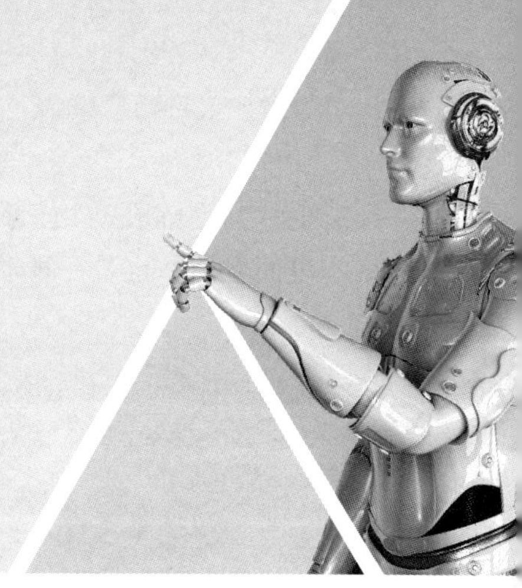

教学目标

通过本项目的学习，了解知识图谱的起源与发展历程，理解知识图谱的基本概念与实现，掌握知识图谱的实现方式，了解知识图谱的应用。

养成规则意识，形成精准科学的工作作风与脚踏实地的新时代工匠精神。

8.1 知识图谱概述

8.1.1 知识图谱的起源

知识图谱（Knowledge Graph）最早由谷歌公司提出。2012 年，谷歌公司开始了知识图谱项目，该项目的关键在于从互联网的海量资源和信息中提取实体、属性、实体关系等，并利用这些信息构建知识图谱，用来解决并优化个性化推荐、信息检索、智能问答这三个方面出现的问题。

8.1.2 知识图谱的发展历程

知识图谱的发展可以追溯到 20 世纪 60 年代的语义网络，中间经历了一系列的演变，才形成了今天的知识图谱。

1. 语义网络

知识图谱的本质是语义网络（Semantic Network）的知识库，也可理解为多关系图（Multi-relational Graph）。语义网络是由奎林于 20 世纪 60 年代提出的知识表达模式，采用相互连接的节点和边来表示知识，节点表示对象、概念，边表示节点之间的关系。

图 8.1 是一个语义网络的示例，它的中间是哺乳动物，猫是一种哺乳动物，猫

有毛；狗是哺乳动物，狗也有毛；鲸是一种哺乳动物，鲸在水里面生活；海豚也在水里面生活，也是一种动物；哺乳动物也是动物的一种。

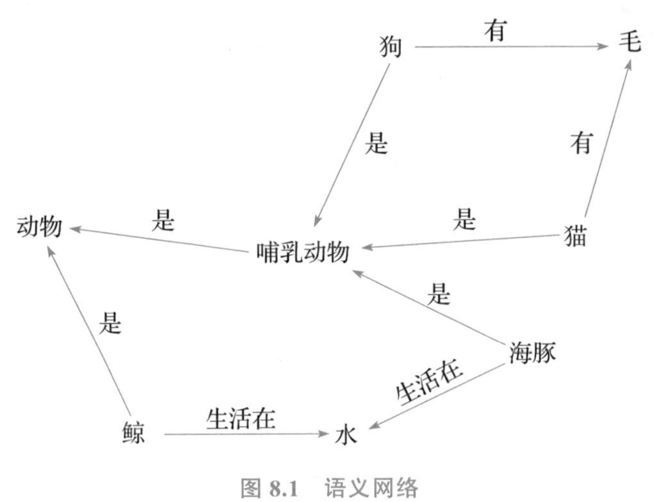

图 8.1　语义网络

语义网络的优点是简单直白，缺点是缺乏标准，完全靠用户自定义。

2. 本体论

本体论（Ontology）一词源于哲学领域，且一直以来存在着许多不同的用法。在计算机科学领域，其核心意思是指一种模型，用于描述由一套对象类型（概念或者类）、属性及关系类型所构成的世界。人工智能研究人员认为，可以把本体创建成为计算模型，从而成就特定类型的自动推理。

20 世纪 80 年代出现了一批基于此的专家系统，如 WordNet 和 Cyc 项目。WordNet 不同于通常意义的字典，它包含了语义信息。WordNet 根据词条的意义将它们分组，每一个具有相同意义的词条组称为一个 synset（同义词集合）。WordNet 为每一个 synset 提供了简短、概要的定义，并记录不同 synset 之间的语义关系。

3. 万维网

1989 年，蒂姆 · 伯纳斯 · 李（Tim Berners-Lee）发明了万维网，实现了文本间的链接。万维网通过超文本标记语言（HTML）把信息组织成为图文并茂的超文本，利用链接从一个站点跳到另一个站点。这样彻底摆脱了以前查询工具只能按特定路径一步步地查找信息的限制。

4. 语义网

1998 年，蒂姆 · 伯纳斯 · 李提出了“语义网”（Semantic Web）的概念。语义网是为了使网络上的数据变得机器可读而提出的一个通用框架，如图 8.2 所示。“Semantic”就是用更丰富的方式来表达数据背后的含义，让机器能够理解数据。“Web”则是希望这些数据相互链接，组成一个庞大的信息网络，正如互联网中相互链接的网页，只不过基本单位变为粒度更小的数据。

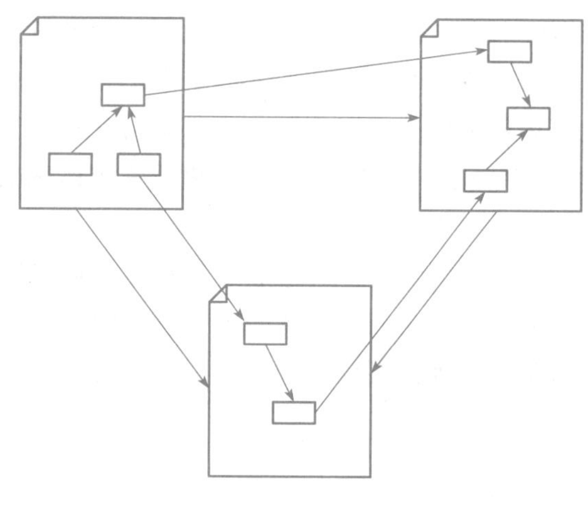

图 8.2　语义网

5. 链接数据

随着语义网技术的不断发展，它的技术栈越来越庞大，过于复杂导致绝大多数的企业、开发者很难理解，无从下手。

2006 年，蒂姆・伯纳斯・李提出与其要求大家现在把数据搞得很漂亮，不如让大家把数据公开出来。只要数据能够公开出来，数据能够连在一起，我们就会建立一个生态，这套想法被称为“链接数据”。

在关联数据的定义上，他定义了几层什么是好的链接数据。

1 星：数据以某种格式公开可用。

2 星：数据以结构化格式提供，如 Microsoft Excel 文件格式（.xls）。

3 星：数据以非专有结构化格式提供，如逗号分隔值（.csv）。

4 星：数据遵循 W3C 标准，如使用 RDF 和采用 URI。

5 星：所有其他，加上指向其他关联开放数据源的链接。

这就是蒂姆・伯纳斯・李提出的链接数据的五星标准。

6. 知识图谱

知识图谱除了显示其他网站的链接列表，还提供结构化及详细的关于主题的信息。其目标是用户能够使用此功能提供的信息来解决他们查询的问题，而不必导航到其他网站并自己汇总信息。从 2006 年开始，大规模维基百科类丰富结构的知识资源的出现和网络规模信息提取方法的进步，使得大规模知识获取方法取得了巨大进展。与 Cyc、WordNet 和 HowNet 等手工研制的知识库和本体的开创性项目不同，这一时期的知识获取是自动化的，并且在网络规模下运行。当前自动构建的知识库已成为语义搜索、大数据分析、智能推荐和数据集成的强大资产，在大型行业和领域中正在得到广泛使用。典型的例子是谷歌收购 Freebase 后在 2012 年推出的知识图谱，Facebook 的图谱搜索，Microsoft Satori 及商业、金融、生命科学等领域特定的知识库。最具代表性大规模网络知识获取的工作包括 DBpedia、Freebase、

KnowItAll、WikiTaxonomy 和 YAGO，以及 BabelNet、ConceptNet、DeepDive、NELL、Probase、Wikidata、XLore、Zhishi.me 等。这些知识图谱遵循 RDF 数据模型，包含数以千万级甚至亿级规模的实体，以及数十亿甚至百亿事实（即属性值和与其他实体的关系），并且这些实体被组织在成千上万的由语义类体现的客观世界的概念结构中。

现在除了通用的大规模知识图谱，各行业也在建立行业和领域的知识图谱。当前知识图谱的应用包括语义搜索、问答系统与聊天、大数据语义分析及智能知识服务等，在智能客服、商业智能等真实场景中体现出广泛的应用价值，而更多知识图谱的创新应用还有待开发。

8.1.3 知识图谱理解误区

知识图谱已成为大数据知识工程的代表，但是大部分人在使用的时候，会陷入几个误区。

1. 知识图谱不是整理文件夹

很多人将知识图谱的应用和知识整理的过程联系在一起，这一点是正确的，但是如果把知识图谱的应用仅仅当作是知识整理的过程，就会贬低知识图谱的价值。从逻辑上看，知识图谱与整理文件夹是包含关系，或者说整理文件夹是一个过程，这个过程是知识图谱应用的基础，在此基础上，能够更好地放大知识图谱的作用。

2. 知识图谱需要算力支撑

对于绝大多数的知识图谱来说，需要有算力提供支撑，系统大小不重要，重要的是系统内的知识体系是否足够清晰，是否能够被知识算法合理高效地抽离和应用。很多组织的知识存储要进行改良，将线性的知识转化为二维、族谱式知识，能够帮助新员工更快了解组织的核心知识，迅速开启工作内容，创造更大的价值。

8.1.4 常见的知识图谱

常见的知识图谱大体可以分为百科知识图谱（Encyclopedia Knowledge Graph）和常识知识图谱（Common Sense Knowledge Graph）两种。另外，中文类知识图谱也很重要。

1. 百科知识图谱

百科知识图谱是百科事实构成的，通常是“非黑即白”的确定性知识。目前微软和谷歌拥有全世界最大的通用知识图谱，脸书拥有全世界最大的社交知识图谱。相比之下，国内知识图谱创业公司则从智能客服、金融、法律、公安、航空、医疗等“知识密集型”领域作为图谱构建切入点。除了上述商业通用图谱以外，DBpedia、YAGO、Freebase、BabelNet、Wikidata 等开放域百科知识图谱也在蓬勃发展。

（1）DBpedia。

DBpedia 是始于 2007 年的早期语义网项目，也就是数据库版本的多语言维基百

科。DBpedia 采用了严格的本体设计，包含人物、地点、音乐、组织机构等类型定义。从对维基百科条目和链接数据集中抽取包括 abstract、infobox、category 等信息。DBpedia 采用了 RDF 语义框架描述，与 Freebase、OpenCyc、BioRDF 等其他数据集也建立了实体映射关系，目前拥有 127 种语言、超过 2 800 万个实体与 30 亿个 RDF 三元组。根据抽样评测，RDF 三元组的正确率达到 88%。

（2）YAGO。

YAGO 于 2007 年由德国马普研究所研制，集成了维基百科、WordNet 和 GeoNames 三个来源的数据，是 IBM 沃森大脑的后端知识库之一。YAGO 利用规则对维基百科实体的 infobox 进行抽取，通过实体类别推断构建“概念 – 实体”“实体 – 属性”间的关系。此外，YAGO 也融合了语言知识，如将维基百科标签与 WordNet 中的概念（Synset）进行映射，以 WordNet 概念体系完成百科知识本体构建。很多知识条目也增加了时空属性维度描述。

目前，YAGO 拥有 10 种语言、约 459 万个实体、2 400 万个知识三元组。YAGO2 包含了 100 个以上关系类型、20 万个实体类别、300 万个实体和 2.2 亿个知识三元组等。通过人工评测，YAGO 中三元组的正确率约为 95%。

（3）Freebase。

Freebase 是 Google Knowledge Graph 的早期版本，由 MetaWeb 公司在 2005 年建立，通过开源免费共享的方式众筹数据。Freebase 通过对象、事实、类型和属性进行知识表示，其中一个重要的创新在于采用复合值类型（Compound Value Type，CVT）来处理多元关系，也就是说，一个关系包含多个子二元关系。这样采用 CVT 唯一标识扩展了关系表示的能力。目前，Freebase 正在向 Wikidata 上迁移以进一步支持谷歌语义搜索。

（4）BabelNet。

BabelNet 是目前世界上最大的多语言百科知识库之一，它本身可被视为一个由概念、实体、关系构成的语义网络。BabelNet 采用类似 YAGO 的思路，将维基百科页面标题与 WordNet 概念进行映射，通过维基百科跨语言页面链接及机器翻译系统，为 WordNet 提供非英语语种链接数据。

目前，BabelNet 共拥有 271 个语言版本，包含了 1 400 万个概念、36.4 万个词语关系和 3.8 万个链接数据，拥有超过 19 亿个 RDF 三元组。BabelNet 中每个概念包含所有表达相同含义的不同语言的同义词。由于 BabelNet 中的错误来源主要在于维基百科与 WordNet 之间的映射，目前的映射正确率大约为 91%。

（5）Wikidata。

Wikidata，顾名思义与维基百科有着千丝万缕的联系。它由维基媒体基金会发起和维持，目前是一个可以众包协作编辑的多语言百科知识库。Wikidata 中的每个实体存在多个不同语言的标签、别名、描述，通过三元组声明表示每一个条目，如实体“London- 中文标签 – 伦敦”。

此外，Wikidata 利用参考文献标识每个条目的来源或出处，通过备注处理复杂多元表示，刻画多元关系。截至 2017 年，Wikidata 能够支持近 350 种语言、2 500 万个实体及 7 000 万个声明，支持数据集的完全下载。

2. 常识知识图谱

常识知识图谱集成了语言知识和概念常识，通常关心的是带有一定概率的不确定事实，因此需要挖掘常识图谱的语言关联或发生概率。常识知识图谱除了语言知识库以外，还包括 Cyc、ConceptNet、Microsoft ConceptGraph 及 NELL。

（1）Cyc。

Cyc 是 1984 年由 Douglas Lenat 创建的，作为知识工程时代的一项重要进展，最初目标是建立人类最大的常识知识库。Cyc 知识库主要由术语和断言组成。术语包含概念、关系和实体的定义；而断言用来建立术语间的关系，通过形式化谓词逻辑进行描述，包括事实描述和规则描述。其主要特点是基于形式化语言表示方法来刻画知识，支持复杂推理，但是也导致扩展性和灵活性不够，现有 Cyc 知识库包括 50 万条术语和 700 万条断言。

（2）ConceptNet。

ConceptNet 是一个大规模的多语言常识知识库，起源于一个 MIT 媒体实验室众包项目 Open Mind Common Sense（OMCS），其本质为一个描述人类常识的大型语义网络。其侧重于用近似自然语言描述三元组知识间的关系，类似于 WordNet。ConceptNet 拥有如“IsA、UsedFor、CapableOf”等多种固定关系，允许节点是自然语言片段或句子，但关系类型确定有利于降低知识获取的难度。它的知识表示框架主要包含以下要素：概念、词汇、短语、断言和边。其中断言描述概念间的关系，类似于 RDF 中的声明，边类似于 RDF 中的属性，一个概念包含多条边，而一条边可能有多个来源和附加属性。

ConceptNet 目前拥有 304 个语言的版本、超过 390 万个概念、2 800 万个断言，知识三元组正确率约为 81%，支持数据集的完全下载。

（3）Microsoft ConceptGraph。

Microsoft ConceptGraph 的前身是 Probase，以概念层次体系（Taxonomy）为核心，主要包含的是概念间的关系，如“IsA”“isPropertyOf”“Co-occurance”及实例（等同于上文中的实体）。其中每一个关系均附带一个概率值，用于对概念进行界定，因此在语义消歧中作用很大。比如，概念电动汽车，实体可以为特斯拉，那么通过 IsA 关系描述中的“汽车”或“人名”，再加上时间属性，保证语义理解的正确性。

目前，Microsoft ConceptGraph 拥有 500 多万个概念、1 200 多万个实例及 8 500 万个 IsA 关系（正确率约为 92.8%），支持 HTTP API 调用。

（4）NELL。

NELL（Never-Ending Language Learner）是卡内基梅隆大学基于互联网数据抽取而开发的三元组知识库。它的基本理念是给定少量初始样本（少量概念、实体类

型、关系)，利用机器学习方法自动从互联网学习和抽取新的知识。目前，NELL 已经抽取了 400 多万条高置信度的三元组知识。

3. 中文类知识图谱

中文类知识图谱对于中文自然语言理解至关重要，特别是中文开放知识图谱联盟（OpenKG）的努力，推动了中文类知识图谱的普及与应用。OpenKG 借鉴了 Schema.org 知识众包模式，搭建了中文类知识图谱建模、推理、学习的可解释接口规范 cnSchema，构建中文类知识图谱核心数据结构，包括数据（实体、本体、陈述)、元数据（版本管理、信息溯源、上下文)，支持 RDF 逻辑层、JSON-LD 存储层和计算层三个层次的知识表示。OpenKG 技术平台目前已经包含了 Zhishi.me、XLore、CN-DBPedia、PKUBase，以及常识、医疗、金融、城市、出行等 15 类开放中文知识图谱。

（1）Zhishi.me。

Zhishi.me 借鉴了 DBpedia 的思路，对百度百科、互动百科和中文维基百科中的信息进行抽取，然后对多源同一实体进行对齐和链接。此外，结合社交站点的分类目录及标签云，Zhishi.me 融合了中文模式（Schema)，包含三种概念间关系，即 equal、related 与 subClassOf 关系。Zhishi.me 拥有约 40 万个中文概念、1 000 万个实体与 1.2 亿个 RDF 三元组，所有数据可以通过在线查询得到，人工评测正确率约为 84%，并支持数据集的完全下载。

（2）XLore。

XLore 是一个大型的中英文知识图谱，旨在从各种不同的中英文在线百科中抽取并生成 RDF 三元组，并建立中英文实体间的跨语言链接。目前，XLore 大约有 246 万个概念、44 万个关系或属性、1 600 万个实体。

（3）CN-DBpedia。

CN-DBpedia 是目前规模最大的开放百科中文知识图谱之一，主要从中文百科类网站（如百度百科、互动百科、中文维基百科等）页面中提取信息。它的概念本体复用已有成熟的概念体系（如 DBpedia、Freebase 等)。针对实体正文内容涉及的属性构建一个抽取器（分类器)，从百科文本中抽取内容，经过滤、融合、推断等操作后，最终形成高质量的结构化数据。目前 CN-DBpedia 涵盖超过 1 600 万个实体、2.2 亿个关系，相关知识服务 API 累计调用量已达 2.6 亿次。

8.1.5　知识图谱构建的几个常见关键术语

1. 本体（Ontology）

本体（Ontology）的设计和构建是知识图谱构建的第一步。本体是图谱的模型，是对构成图谱的数据的一种模式约束。本体通过对于概念（Concept)、术语（Terminology）及其相互关系（Relation）的规范化（Conceptualization）描述，勾画出某一领域的基本知识体系和描述语言。

2. 类型（Type）

具有相同特点或属性的实体集合的抽象，如足球球员、足球联赛、足球教练。

3. 实体（Entity）

实体就是类型的实例，如足球球员——梅西、足球联赛——西甲等。

4. 关系（Relation）

实体与实体之间通过关系关联起来，如张三选修了人工智能导论这门课。

5. 属性（Properties）

事物的外部特征，如桌子的高度、宽度、长度、颜色及品牌等。

6. 图谱

图谱是具有关联性的知识集合，可以由三元组［实体（Entity）、实体关系（Relation）、实体（Entity）］表示。

7. 知识库

知识库（Knowledge Base）就是一个知识数据库，包含了知识的本体和知识。Freebase 是一个知识库（结构化），维基百科也可以看成一个知识库（半结构化）。知识图谱可以看成由图数据库存储的知识库。

8.1.6 知识图谱的分层架构

知识图谱由数据层（Data Layer）和模式层（Schema Layer）构成。

模式层是知识图谱的概念模型和逻辑基础，对数据层进行规范约束，多采用本体作为知识图谱的模式层，借助本体定义的规则和公理约束知识图谱的数据层。也可将知识图谱视为实例化的本体，知识图谱的数据层是本体的实例。如果不需要支持推理，则知识图谱（大多是自底向上构建的）可以只有数据层而没有模式层。在知识图谱的模式层，节点表示本体概念，边表示概念间的关系。

在数据层，事实以“实体－关系－实体”或“实体－属性－属性值”的三元组存储，形成一个图状知识库。其中，实体是知识图谱的基本元素，指具体的人名、组织机构名、地名、日期、时间等。关系是两个实体之间的语义关系，是模式层所定义关系的实例。属性是对实体的说明，是实体与属性值之间的映射关系。属性可视为实体与属性值之间的 hasValue 关系，从而也转化为以“实体－关系－实体”的三元组存储。在知识图谱的数据层，节点表示实体，边表示实体间关系或实体的属性。

8.2 知识图谱的实现

知识图谱的实现过程其实就是知识图谱的构建过程。知识图谱的构建方式主要分为自顶向下（Top-down）与自底向上（Bottom-up）两种。

自顶向下的构建方式：这种方式需要先定义好本体（Ontology 又称为 Schema），再基于输入数据完成信息抽取到图谱构建的过程。该方法更适用于专业知识方面图谱的构建，如企业知识图谱，面向领域专业用户使用。

自底向上的构建方式：这种方式是从开放的 Open Linked Data 中抽取置信度高的知识，或从非结构化文本中抽取知识，完成知识图谱的构建。该方式更适用于常识性的知识，如人名、机构名等通用知识图谱的构建。

8.2.1　知识图谱的构建流程

知识图谱的构建流程是一个迭代更新的过程，根据知识获取的逻辑，每一轮迭代包含信息抽取、知识融合、知识加工三个阶段，如图 8.4 所示。

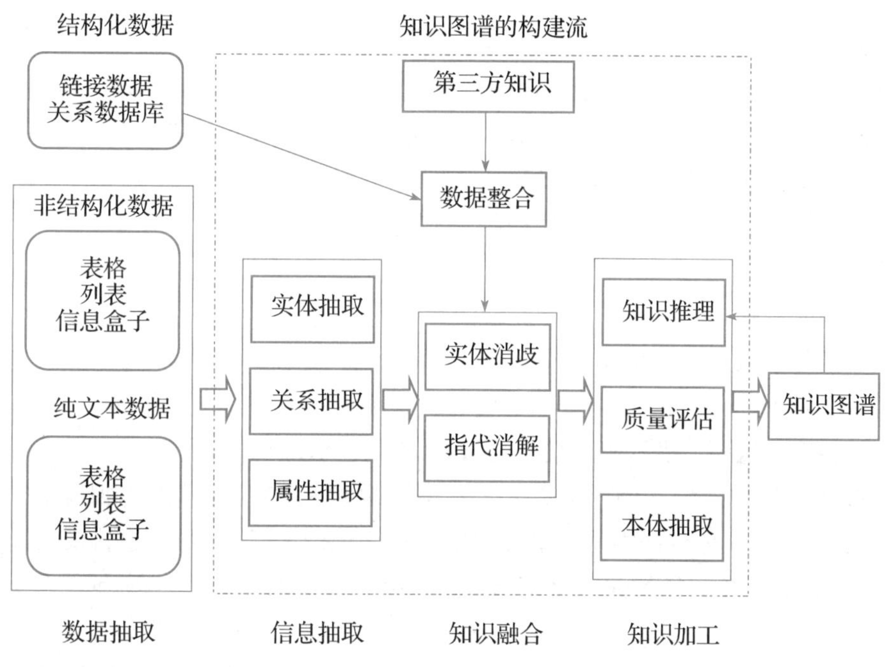

图 8.3　知识图谱的构建流程

8.2.2　信息抽取

从各种类型的数据源中提取出实体、属性及实体间的相互关系，在此基础上形成本体化的知识表达。从不同来源、不同结构的数据中进行知识提取，形成知识存入知识图谱。提取的信息通常包括实体（Entity）、关系（Relation）、事件（Event）。例如，从新闻中抽取时间、地点、关键人物，或者从技术文档中抽取产品名称、开发时间、性能指标等。

信息抽取主要完成实体抽取与链指、关系抽取和事件抽取三个子任务。

1. 实体抽取与链指

实体抽取与链指也就是命名实体识别。命名实体识别旨在从文本中发现命名实体，最典型的包括人名、地名、机构名等三类实体。近年来，人们开始尝试识别更丰富的实体类型，如电影名、产品名等。此外，由于知识图谱不仅涉及实体，还有大量概念（Concept），因此也有研究者提出对这些概念进行识别。不同环境下的同一个实体名称可能会对应不同实体，例如，“苹果”可能指某种水果、某个著名 IT 公司，也可能是一部电影。这种一词多义或者歧义问题普遍存在于自然语言中。将文档中出现的名字链接到特定实体上，就是一个消歧的过程。消歧的基本思想是充分利用名字出现的上下文，分析不同实体可能出现在该处的概率。例如，某个文档如果出现了 iphone，那么“苹果”就有更高的概率指向知识图谱中的叫“苹果”的 IT 公司。

2. 关系抽取

通常我们说的三元组（Triple）抽取，主要用于抽取实体间的关系。关系抽取通常在命名实体识别之后，在识别出实体后，还需要抽取两个实体或多个实体之间的语义关系。语义关系通常用于连接两个实体，并与实体一起表达文本的主要含义。常见的关系抽取结果可以用 SPO 结构的三元组来表示。

3. 事件抽取

事件抽取是从非结构化信息中抽取出用户感兴趣的事件，并以结构化形式呈现给用户。事件抽取旨在抽取出结构化的事件信息，包括事件触发词、事件类型、事件论元和论元角色。

（1）事件触发词：表示事件发生的核心词，多为动词或名词。

（2）事件类型：ACE2005 定义了 8 种事件类型和 33 种子类型。其中，大多数事件抽取均采用 33 种事件类型。事件识别是基于词的 34 类（33 种事件类型 +None）多元分类任务，角色分类是基于词对的 36 类（35 类角色类型 +None）多元分类任务。

（3）事件论元（事件要素）：事件的参与者，主要由实体、值、时间组成。值是一种非实体的事件参与者，如工作岗位。

（4）论元角色（要素角色）：事件论元在事件中充当的角色，共有 35 类角色，如攻击者、受害者等。

事件抽取可以分为基于事件体系的事件抽取和事件体系未知的事件抽取。前者包括句子级和文档级两类，后者又称为开放域事件抽取。事件抽取的研究效果难以令人满意，亟待提升该基本任务的效果。将事件关联起来，可形成事件知识图谱（简称“事件图谱”）。“事件图谱”是指持续、快速地获取客观世界中发生的事件，并丰富事件属性、建立事件间的关联关系，构成以事件为基本单位的知识网络。

事件知识图谱应用包括脚本事件预测、时序知识图谱预测、事件脉络生成等。

下游应用包括搜索、问答、推荐、金融量化投资等。然而，由于事件知识图谱是一个相对比较新的概念，实际应用比较少，在实际应用中引入事件知识图谱将很有前景。

8.2.3 知识融合

经由信息抽取之后的信息单元间的关系是扁平化的，缺乏层次性和逻辑性，同时存在大量冗余甚至错误的信息碎片。知识融合，简单地讲就是将多个知识库中的知识进行整合，形成一个知识库的过程。在这个过程中，主要关键技术包含指代消解、实体消歧、实体链接。不同的知识库，收集知识的侧重点不同，对于同一个实体，有知识库的可能侧重于其本身某个方面的描述，有的知识库可能侧重于描述实体与其他实体的关系，知识融合的目的就是将不同知识库对实体的描述进行整合，从而获得实体的完整描述。

在获得新知识之后，往往需要对其进行整合，以消除矛盾和歧义，如某些实体可能有多种表达，某个特定称谓也许对应于多个不同的实体等。知识融合通常包括逻辑树融合、频率融合和句法融合。逻辑树融合仅限于消解术语冲突；频率融合适用于消解术语冲突和谓词冲突；句法融合则普遍适用于消解术语冲突、谓词冲突及语义冲突。

知识融合的目标是融合各个层面（概念层、数据层）的知识，更有效地进行知识共享和重用，其结果往往会产生新的知识。在合并两个知识图谱（本体）时，需要确认：等价实例（数据层面）、等价类 / 子类、等价属性 / 子属性。

另外，知识融合除了实体对齐外，还有概念层的知识融合、跨语言的知识融合等工作。值得一提的是，在不同文献中，知识融合有不同的叫法，如本体对齐、本体匹配、实体对齐等，但它们的本质是一样的。

8.2.4 知识加工

对于经过融合的新知识，需要经过质量评估之后（部分需要人工参与甄别），才能将合格的部分加入知识库中，以确保知识库的质量。通过信息抽取和知识融合得到的事实表达并不等于知识，需经过知识加工最终获得结构化、网络化的知识体系。知识加工的过程主要包括：本体构建，知识推理，质量评估，知识更新。

1. 本体构建

本体是指公认的概念集合、概念框架，如“人”“事”“物”等。以水果分类为例，一方面限定了术语集合（即规定大家必须采用共同承认的一套词汇，禁止私自发明新词），另一方面定义术语之间的上下位关系（如苹果隶属于水果，猫隶属于动物等）。

通常情况下，本体构建主要包括三个阶段：实体并列关系相似度计算、实体上下位关系抽取及本体的生成。比如，当知识图谱刚得到“苹果”“香蕉”“手机”这三个实体的时候，可能会认为它们三个之间并没有什么差别，但当它计算三个实体之间的相似度后，就会发现，苹果和香蕉之间可能更相似，和手机差别更大一些，这就是第一步的作用。但知识图谱实际上没有一个上下层的概念，它还是不知道，苹果和手机根本就不隶属于一个类型，无法比较。因此我们在实体上下位关系抽取这一步，就需要去完成这样的工作，从而生成第三步的本体。当三步结束后，这个知识图谱可能就会明白，“苹果和香蕉其实都是水果，这样一个实体下的细分实体，它们和手机并不是一类。”

2. 知识推理

完成了本体构建之后，一个知识图谱的雏形便已建好。但此时的知识图谱之间大多数关系都是残缺的，缺失值非常严重，仍旧需要使用知识推理技术去完成进一步的知识发现。究竟什么是知识推理呢？知识推理就是指从知识库中已有的实体关系数据出发，经过计算机推理，建立实体间的新关联，从而扩展和丰富知识网络。

举例：朱元璋是朱标的父亲，朱标是朱允炆的父亲，那么通过对朱元璋和朱允炆两个实体之间进行知识推理，就可以推断出他们之间是祖孙关系。

当然，知识推理的对象也并不局限于实体间的关系，也可以是实体的属性值、本体的概念层次关系等。比如，推理属性值：已知某实体的生日属性，可以通过推理得到该实体的年龄属性。推理概念：已知（老虎，科，猫科）和（猫科，目，食肉目）可以推出（老虎，目，食肉目）。

知识推理的方法可以分为三类：基于逻辑的推理、基于图的推理和基于深度学习的推理。

（1）基于逻辑的推理。

基于逻辑的推理是指直接使用一阶谓词逻辑、描述逻辑等方式对专家制定的规则进行表示及推理。基于逻辑的推理又分为基于一阶谓词的推理和基于描述逻辑的推理。所谓基于一阶谓词逻辑的推理，是指一阶谓词逻辑对专家制定的规则进行表示，然后以命题为基本单位进行推理。命题包括个体和谓词，个体对应知识图谱中的实体，谓词对应知识图谱中的关系。而基于描述逻辑的推理关键在于将知识图谱中的复杂实体或关系推理转换成一致检测问题，有效降低了知识图谱模型的推理复杂度，达到表达能力和推理复杂度的平衡。基于描述逻辑的推理通过确定一个描述是否满足逻辑一致性，实现知识图谱的推理。

基于逻辑推理的代表性工作包括：

①马尔科夫逻辑网络（Markov Logic Network）模型。

②基于贝叶斯网络的概率关系模型（Probabilistic Relational Models）。

③基于统计机器学习的 FOIL（First Order Inductive Learner）算法。

④ PRA（Path Ranking Alogorithm）算法。

⑤ SFE（Subgraph Feature Extraction）算法。

⑥ HiRi（Hierarchical Random-walk Inference）算法。

基于逻辑的推理的优势在于能够模拟人类的逻辑推理能力，有可能引入人类的先验知识辅助推理，不足之处在于尚未有效解决优势所带来的一系列问题，包括专家依赖、复杂度过高等问题。

（2）基于图的推理。

基于图的推理是利用图谱的结构作为特征完成推理任务。其优点是推理效率高且可解释。基于图的推理方法通常包括基于全局结构的推理和基于局部结构的推理两种。

①基于全局结构的推理。

基于全局结构的推理是指对整个知识图谱进行路径提取，然后将实体之间的路径作为特征用于判断实体间是否存在目标关系。其优点是可以自动挖掘路径规则且具有可解释性。

②基于局部结构的推理。

基于局部结构的推理是指利用与推理高度相关的局部图谱结构作为特征进行计算，以实现知识图谱的推理。其优点是特征粒度更细且计算代价低。

（3）基于深度学习的推理。

基于深度学习的推理充分利用了神经网络对非线性复杂关系的建模能力，可以深入学习图谱结构特征和语义特征，实现对图谱缺失关系的有效预测。目前，深度神经网络已被广泛应用于 NLP 领域，并取得了显著的成效。神经网络可以自动捕捉特征，通过非线性变换将输入数据从原始空间映射到另一个特征空间并自动学习特征表示，适用于知识推理这种抽象任务。

2013 年，Socher 等人提出一种新的神经张量网络模型（Neural Tensor Network，NTN），该模型采用双线性张量层直接将 2 个实体向量跨多个维度联系起来，刻画实体之间复杂的语义关系，大幅提高了推理性能。

3. 质量评估

知识图谱质量评估通常在知识抽取或融合阶段进行，可以对知识的可信度进行量化，通过舍弃置信度较低的知识，可以保障知识库的质量。

4. 知识更新

随着时间的推移或新知识的增加，知识图谱的内容会不断迭代更新，从而保障知识的时效性。

8.3 知识图谱的应用

随着城市生活节奏的加快及人们对工作高效性和智能化的需求日渐严格，知识图谱在生活中的各个领域都得到了广泛的应用，也直接推动了各行各业智能化和数据化的进程。

知识图谱通过推理引擎使计算机有了推理能力。随着人工智能技术的不断进步，知识图谱技术也在搜索、自动问答等领域有了更广泛的应用。

8.3.1 知识图谱的常见应用领域

1. 智能检索

知识检索是知识图谱非常成熟的应用。通过借助知识图谱理解用户的搜索语义，从而更深层次地理解用户的需求，大大提升了用户的使用体验，使用户能获得更精确、更智能的搜索结果。

知识图谱的诞生主要是为了解决搜索引擎用户体验问题。2010 年，微软开始构建 Microsoft Satori 知识图谱来增强 Bing 搜索能力。2012 年 5 月，谷歌公司为了支撑其语义搜索推出 Knowledge Graph，目前已成为全球最大的知识图谱。2012 年 11 月，搜狗知立方上线，成为国内首个搜索引擎中文类知识图谱。差不多同一时间，百度知识图谱被立项。2013 年，Facebook 发布 Open Graph 应用于社交网络智能搜索。早期各大搜索平台主要依赖于关键字搜索技术，返回给用户包含关键字的网页列表，用户需要进一步浏览这些网页并且过滤掉大量无用信息才能找到真正想要的结果，用户更希望能够直接得到答案。利用知识图谱技术可以直接给出用户想要的搜索结果，而不再是各种链接。如图 8.4 所示，搜索“重庆有多少人?”，百度搜索直接展示出数据，用户直接将光标移动到相应年份，可以快速查看当年数据。

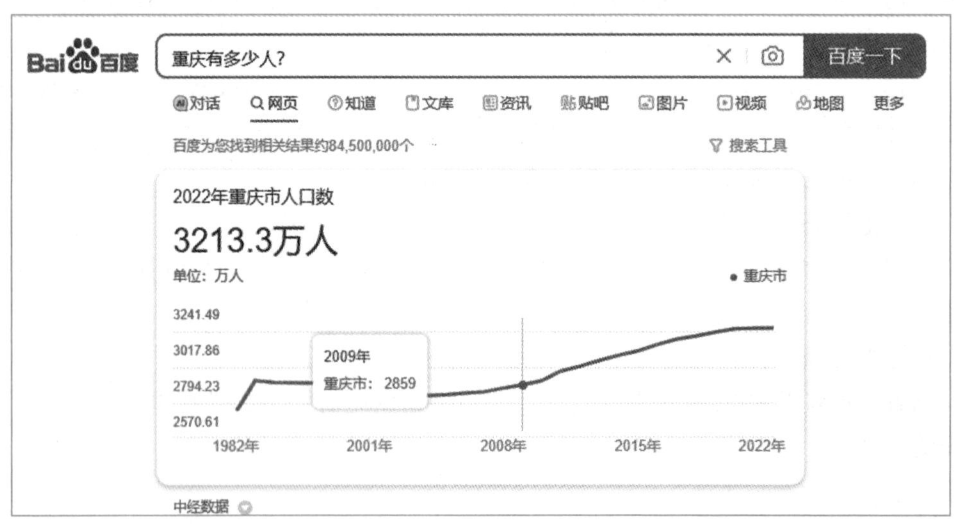

图 8.4　百度搜索

另外，知识图谱也应用到了电商搜索领域。对于电商平台来说，交易量和客户活跃度是其核心竞争力，而客户一般都是通过搜索获得想要的商品，越精准的搜索

结果，客户使用越多。因此，百度、搜狗、阿里巴巴、美团、腾讯等通过不断摸索，纷纷尝试构建自己的知识图谱平台。

2. 智能问答

智能问答通过借助知识图谱可以使计算机根据用户所提出的问题直接给出回答，这也是智能检索未来的发展趋势。知识图谱为智能问答提供了知识库，然后基于其强大的推理能力，为用户给出基于推理结果的回答，如银行、电信在线客服，智能问答机器人等。

3. 大数据分析

知识图谱和语义技术也被应用于辅助数据分析与决策。近年来，描述性数据分析（Declarative Data Analysis）受到越来越多的重视。描述性数据分析是指依赖数据本身的语义描述实现数据分析的方法。计算性数据分析主要是建立各种数据分析模型，如深度神经网络；而描述性数据分析突出预先抽取数据的语义，建立数据之间的逻辑，并依靠逻辑推理的方法（如 DataLog）来实现数据分析。例如，我们上网的时候会经常查找一些感兴趣的页面或者产品，在浏览器上浏览过的痕迹会被系统记录下来，放入特征库；对于电子商务网站来说，如果我们想购买笔记本，就会在电子商务网站上查看比较不同商家的笔记本，我们再次打开电子商务网站的时候，笔记本这个产品就会优先显示在商品列表中，供我们选择。再如，搜索、浏览新闻时，如果我们对军事类或者社会热点很关注，新闻 App 就会推荐体育题材或者社会热点的新闻。

4. 辅助决策

辅助决策，就是利用知识图谱的知识，对知识进行分析处理，通过一定规则的逻辑推理，得出某种结论，为用户决断提供支持，如美团大脑。

美团大脑通过机器智能阅读每个商家的每一条评论，充分理解每个用户对于商家的感受，将大量的用户评价进行归纳总结，从而可以发现商家在市场上的竞争优势或劣势、用户对于商家的总体印象趋势、商家产品的受欢迎程度变化。同时通过细粒度用户评论全方位分析，细致刻画商家服务现状，以及给商家提供前瞻性经营方向。

除了以上领域，知识图谱在其他领域也有着广泛的应用。比如，在推荐领域，知识图谱可以将其本来就存在的知识库引入推荐系统中，这样可以解决一些冷启动或者稀疏性的常见问题。目前一般都通过依次学习、交替学习、联合学习等方式在推荐系统中使用。

知识图谱还可以在反欺诈领域中应用。反欺诈是金融等行业中的重要环节，由于很多欺诈案件会涉及很复杂的关系网络，并且有很多不同的数据源，而使用知识图谱可以解决这些问题。知识图谱还可以通过描述、推理帮助我们应对在复杂的关系网络中存在的潜在风险。

知识图谱同样还可以在股票研究分析中使用。由于在股票行情分析中，数据源是公司年报、半年报、公告、招股书、新闻等很多非结构化文本，需要在众多数据源中抽取获得公司的各种属性与关系，如股东、子公司、客户等信息，这样才能构建出知识图谱网络。通过运用知识图谱可以辅助券商分析员、交易员等基金投资人员分析该公司的具体情况，做出更好的判断与决策。

随着知识图谱越来越广泛的应用，知识图谱未来将以其强大的非结构化数据处理能力、知识推理能力在各个领域（尤其是工业领域）成为热门工具。

8.3.2 知识图谱未来面临的挑战

数据是知识图谱的基石，在实际应用中，数据来源的多样性造成数据标准不统一、数据质量差、多源数据歧义、噪声大、数据间关联关系不明确等问题。当知识图谱不能准确地将具有同义异名的实体对齐或将同名异义的实体消歧就会导致知识图谱中出现知识冗余或缺失；数据歧义和关系不明确对知识图谱的构建和推理造成了巨大的阻碍，对知识图谱应用成效的提升和技术的进步提出了巨大的挑战。例如，搜索“苹果”，某购物平台出现的全是苹果手机，而另一购物平台则既有苹果手机，又有苹果（水果）。这说明两个平台对同一客户需求判断出现了语义分歧，前者认为客户只需要苹果手机，后者认为客户可能想吃苹果。但是，出现这样的结果却很难判断谁好谁坏，不同用户体验是不一样的。另外，知识图谱系统从获取、建模、融合、计算等，每个环节均涉及不同的算法，算法的低泛化能力、低鲁棒性、缺乏统一评测指标的特点也给知识图谱的进一步发展造成了一定的阻碍。

8.3.3 知识图谱行业的未来发展趋势

1. 创新的知识图谱形态（构建多模态知识图谱）

当前知识图谱技术已经被广泛用于处理结构化数据和文本数据，但对于视觉、听觉数据等的关注度相对较低，且目前仍缺乏有效的技术手段从这些数据中抽取知识。如果在更大范围内进行链接预测和实体对齐，进而进行实体关系抽取，能使现有的模型在综合考虑文本和视觉特征时获得更好的性能。多模态知识图谱在传统知识图谱的基础上，把多模态化的认知体验与相应的符号关联，构建多种模态下的实体，以及多模态实体间多种模态的语义关系，即使得图谱本身一开始就具备多模态的特性。

2. 知识图谱与区块链技术结合发展

区块链技术的最关键特征为去中心化，即不依靠中心管理节点，让每个个体都有机会成为中心，能实现数据的分布式记录、存储和更新。在知识图谱中运用区块链技术能实现多节点知识输入、存储和更新，使开放链接知识库在更多分布节点获取知识，鼓励更多人群（特别是那些具有专业领域知识的人）共同来参与知识图谱

的构建，实现知识量的进一步扩充。

3. 知识图谱市场向杠铃型结构发展

自动化构建知识图谱的特点是面向互联网的大规模、开放、异构环节，利用机器学习技术和信息抽取技术自动获取互联网信息，构建更大规模的常识知识图谱有利于支撑深度学习的计算。但当前知识图谱在构建和落地过程中对人工的依赖程度还较高，导致构建成本高、效率低，在相对通用的知识图谱中自动化、大规模、高质量的构建技术仍有待探索。

项目小结

本项目首先介绍了知识图谱的起源，然后介绍了知识图谱的基本概念与实现，最后阐述了知识图谱的应用。

通过对本项目的学习，读者能够对知识图谱有一个基本的认识，重点需要掌握的是知识图谱的实现方式。

实训

本实训主要介绍使用 OrientDB 构建图数据库。

（1）下载 OrientDB。下载地址：https://orientdb.org/download，如图 8.5 所示，在此页面中单击“Download”按钮，下载 OrientDB。

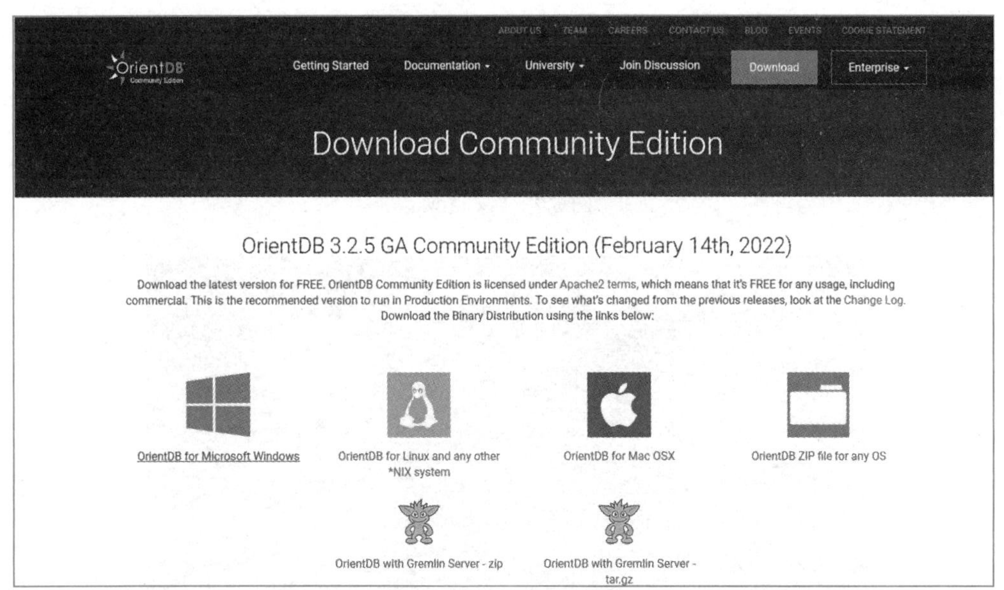

图 8.5　下载 OrientDB

（2）下载 OrientDB 中的目录结构如图 8.6 所示。

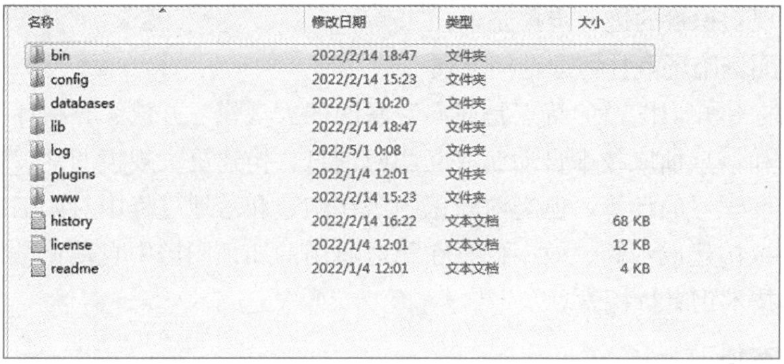

名称	修改日期	类型	大小
bin	2022/2/14 18:47	文件夹	
config	2022/2/14 15:23	文件夹	
databases	2022/5/1 10:20	文件夹	
lib	2022/2/14 18:47	文件夹	
log	2022/5/1 0:08	文件夹	
plugins	2022/1/4 12:01	文件夹	
www	2022/2/14 15:23	文件夹	
history	2022/2/14 16:22	文本文档	68 KB
license	2022/1/4 12:01	文本文档	12 KB
readme	2022/1/4 12:01	文本文档	4 KB

图 8.6　目录结构

（3）进入 bin 目录中，如图 8.7 所示，双击“ server”启动 OrientDB 服务，运行界面如图 8.8 所示。

名称	修改日期	类型	大小
backup.sh	2022/1/4 12:01	SH 文件	5 KB
console	2022/1/4 12:01	Windows 批处理文件	2 KB
console.sh	2022/1/4 12:01	SH 文件	2 KB
dserver	2022/2/14 15:23	Windows 批处理文件	4 KB
dserver.sh	2022/2/14 15:23	SH 文件	5 KB
oetl	2022/1/4 12:01	Windows 批处理文件	2 KB
oetl.sh	2022/1/4 12:01	SH 文件	3 KB
orientdb.service	2022/1/4 12:01	SERVICE 文件	1 KB
orientdb.sh	2022/1/4 12:01	SH 文件	2 KB
orientdb.upstart	2022/1/3 12:54	UPSTART 文件	1 KB
server	2022/2/14 15:23	Windows 批处理文件	4 KB
server.sh	2022/2/14 15:23	SH 文件	5 KB
shutdown	2022/1/4 12:01	Windows 批处理文件	2 KB
shutdown.sh	2022/1/4 12:01	SH 文件	2 KB

图 8.7　bin 目录

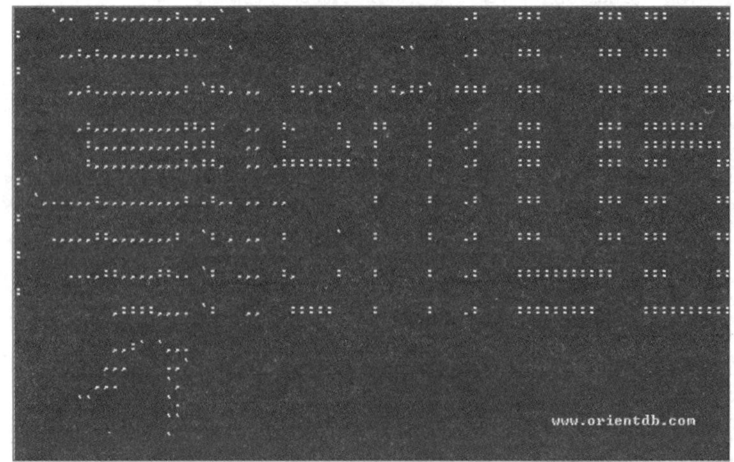

图 8.8　运行界面

值得注意的是：该窗口需要一直开启。

（4）启动 OrientDB 服务后，设置密码为 123456，默认使用的用户名（User）为 root。设置密码界面如图 8.9 所示。

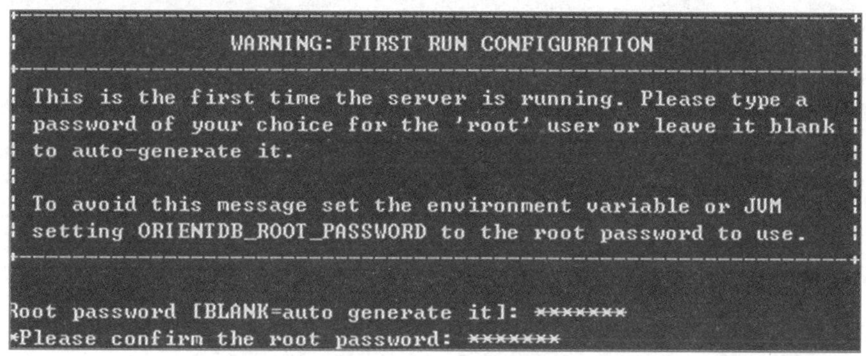

图 8.9　设置密码界面

（5）在浏览器中输入：http://localhost：2480，输入 User 为 root，Password 为 123456，如图 8.10 所示。

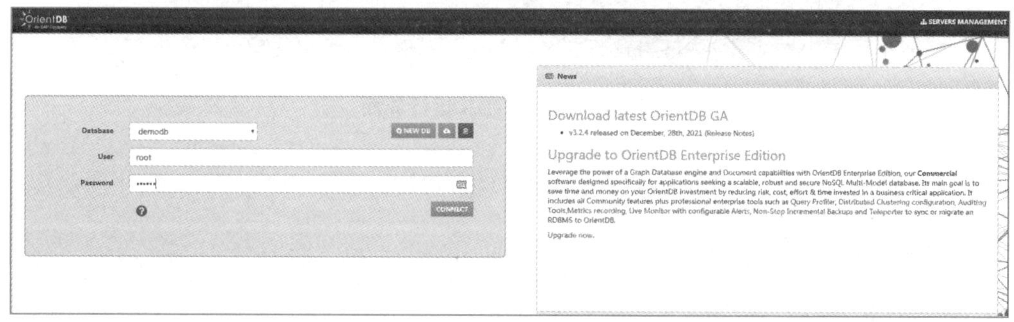

图 8.10　浏览器界面

（6）单击“CONNECT”按钮后，出现安装成功界面，如图 8.11 所示。

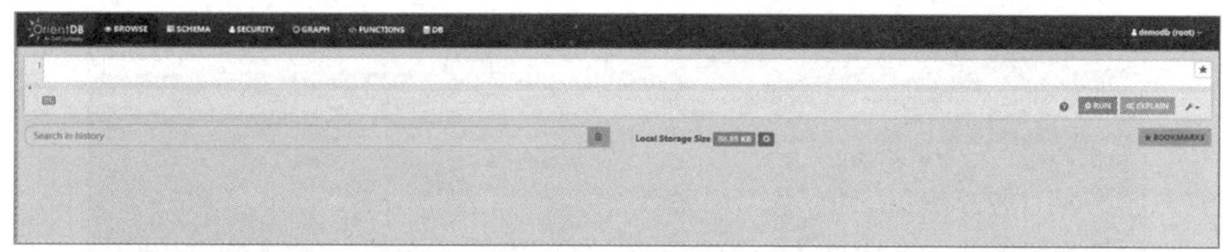

图 8.11　安装成功界面

（7）在 OrientDB 的 bin 目录中双击“console”图标，如图 8.13 所示，启动 OrientDB。

名称	修改日期	类型	大小
backup.sh	2022/1/4 12:01	SH 文件	5 KB
console	2022/1/4 12:01	Windows 批处理文件	2 KB
console.sh	2022/1/4 12:01	SH 文件	2 KB
dserver	2022/2/14 15:23	Windows 批处理文件	4 KB
dserver.sh	2022/2/14 15:23	SH 文件	5 KB
oetl	2022/1/4 12:01	Windows 批处理文件	2 KB
oetl.sh	2022/1/4 12:01	SH 文件	3 KB
orientdb.service	2022/1/4 12:01	SERVICE 文件	1 KB
orientdb.sh	2022/1/4 12:01	SH 文件	2 KB
orientdb.upstart	2022/1/3 12:54	UPSTART 文件	1 KB
server	2022/2/14 15:23	Windows 批处理文件	4 KB
server.sh	2022/2/14 15:23	SH 文件	5 KB
shutdown	2022/1/4 12:01	Windows 批处理文件	2 KB
shutdown.sh	2022/1/4 12:01	SH 文件	2 KB

图 8.12　启动 OrientDB

（8）进入 OrientDB 运行界面，如图 8.13 所示。

```
OrientDB console v.3.2.5 (build c4298657c01683192ba0b7bfffdf82226c164506, branch
 UNKNOWN) https://www.orientdb.com
Type 'help' to display all the supported commands.
orientdb>
```

图 8.13　OrientDB 运行界面

（9）使用 create 命令创建数据库 water，语句为：

```
create database remote: localhost/water root 123456
```

连接该数据库，命令如下：

```
connect remote:localhost/water root 123456
```

运行页面如图 8.14 所示。

```
OrientDB console v.3.2.5 (build c4298657c01683192ba0b7bfffdf82226c164506, branch
 UNKNOWN) https://www.orientdb.com
Type 'help' to display all the supported commands.
orientdb> connect remote:localhost/water root 123456

Connecting to database [remote:localhost/water] with user 'root'...OK
orientdb {db=water}>
```

图 8.14　运行页面

（10）创建顶点，语句如下：

```
create vertex v2 set brand="marre",color="red"
create vertex v2 set brand="opption",color="pink"
create vertex v2 set brand="lelsie",color="yellow"
```

页面如图 8.16、图 8.17 所示。

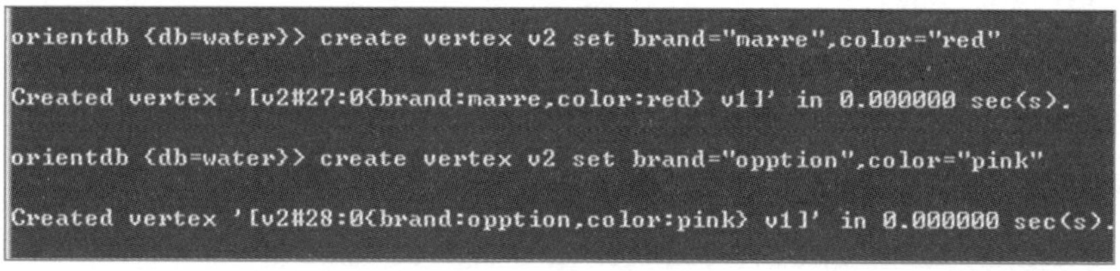

```
orientdb {db=water}> create vertex v2 set brand="marre",color="red"

Created vertex '[v2#27:0{brand:marre,color:red} v1]' in 0.000000 sec(s).

orientdb {db=water}> create vertex v2 set brand="opption",color="pink"

Created vertex '[v2#28:0{brand:opption,color:pink} v1]' in 0.000000 sec(s).
```

图 8.15　创建顶点 1

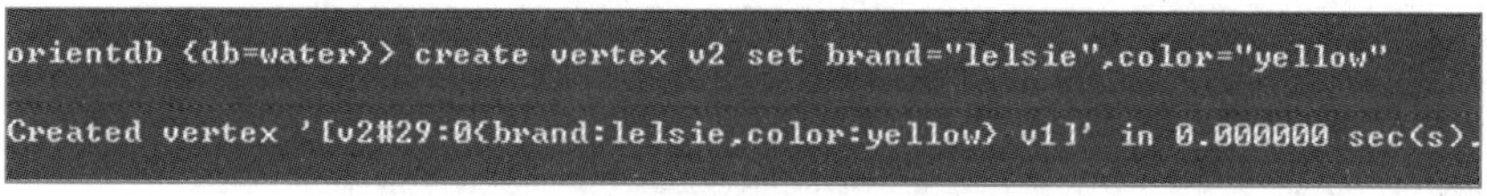

```
orientdb {db=water}> create vertex v2 set brand="lelsie",color="yellow"

Created vertex '[v2#29:0{brand:lelsie,color:yellow} v1]' in 0.000000 sec(s).
```

图 8.16　创建顶点 2

（11）设置顶点 #27：0 与顶点 #28：0 的联系，语句如下：

```
create edge from #27:0 to #28:0
```

页面如图 8.17 所示。

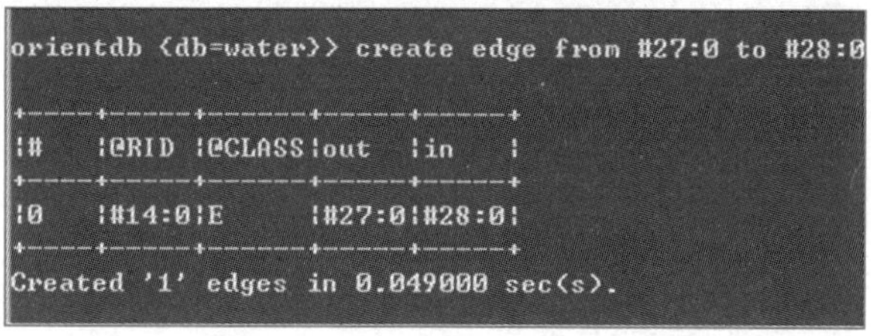

```
orientdb {db=water}> create edge from #27:0 to #28:0

+-----+------+-------+------+------+
|#    |@RID  |@CLASS |out   |in    |
+-----+------+-------+------+------+
|0    |#14:0 |E      |#27:0 |#28:0 |
+-----+------+-------+------+------+
Created '1' edges in 0.049000 sec(s).
```

图 8.17　设置顶点 #27:0 与顶点 #28:0 的联系

（12）在网址 http://localhost：2480 中选中右侧的图标 Send to Graph，如图 8.18 所示。

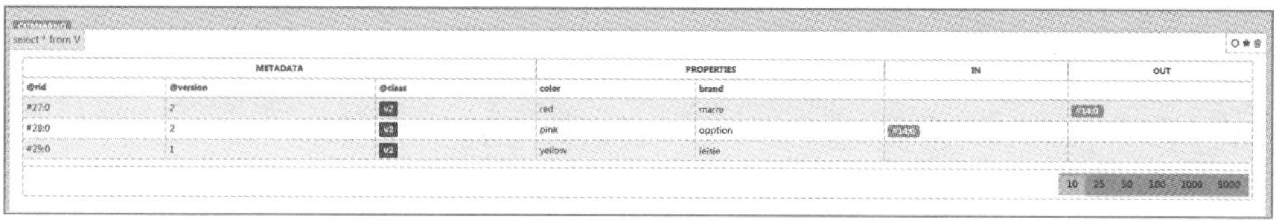

COMMAND

select * from V

METADATA			PROPERTIES		IN	OUT
@rid	@version	@class	color	brand		
#27:0	2	v2	red	marre		[illegible]
#28:0	2	v2	pink	opption	[illegible]	
#29:0	1	v2	yellow	leisie		

10　25　50　100　1000　5000

图 8.18　选中右侧的图标 Send to Graph

（13）在打开的界面中输入语句：select * from V，运行程序结果如图 8.19 所示。

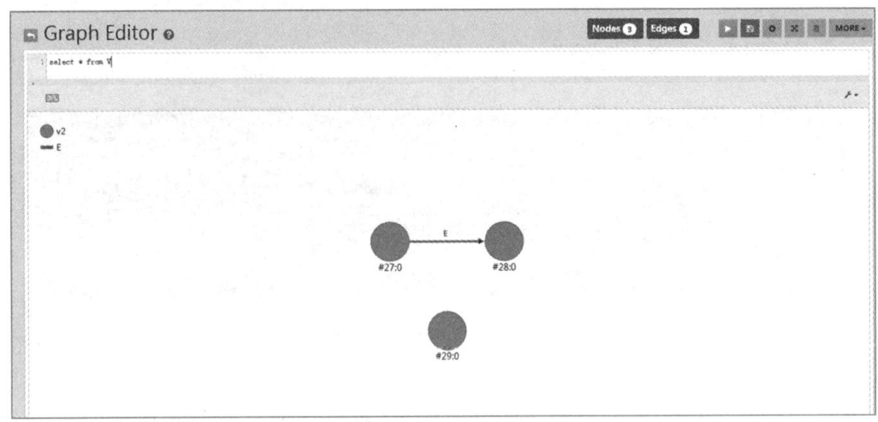

图 8.19　运行程序结果 1

（14）设置顶点 #28：0 与顶点 #27：0 的联系，语句如下：

```
create edge from #28:0 to #27:0
```

页面如图 8.20 所示。

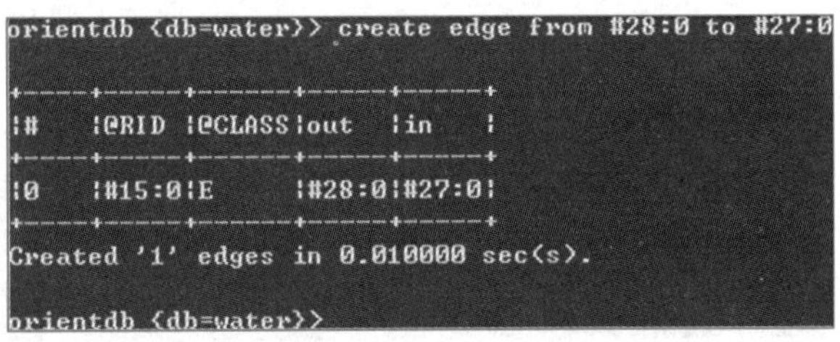

图 8.20　设置顶点 #28:0 与顶点 #27:0 的联系

（15）运行程序结果如图 8.21 所示。

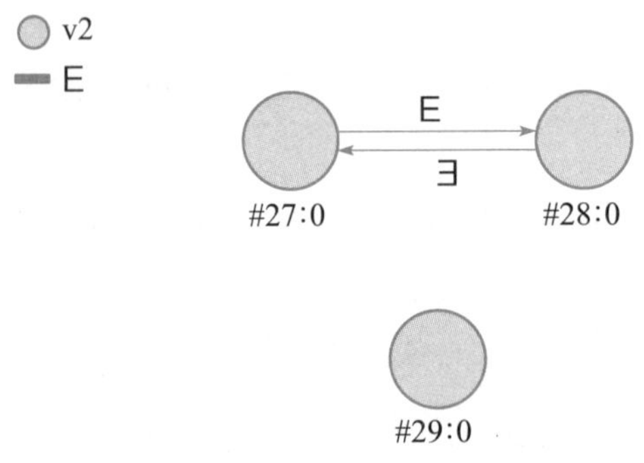

图 8.21　运行程序结果 2

习题

简答题。

1. 请简述什么是知识图谱。
2. 请简述知识图谱的应用。

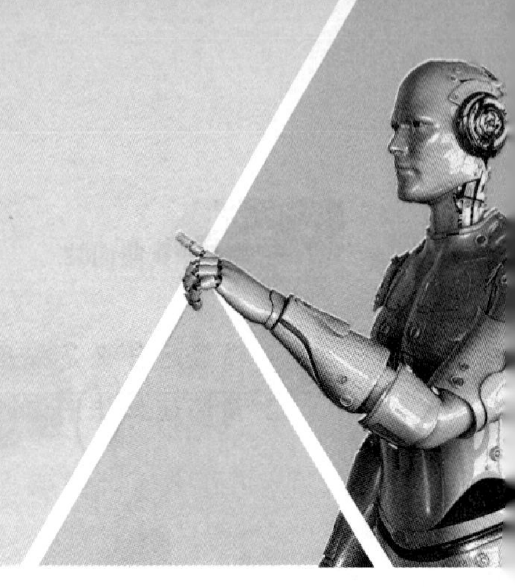

项目 9
人工智能的应用

教学目标

通过对本项目的学习，了解智慧农业、智慧医疗及智慧工厂的概念，理解人工智能技术在其中的应用。

明确一切从实际出发、实事求是的工作态度，形成职业责任感与法律意识。

9.1 智慧农业

9.1.1 认识智慧农业

智慧农业是用科技武装农业，并牵引资本、人力、土地等多种生产要素。很多国家都把智慧农业作为重点发展方向，全球智慧农业呈现出高度集成的特点。各种设备与技术高度集成，物联网、大数据、人工智能、云计算等叠加交融，形成智能生产系统。

从技术上看，智慧农业就是将物联网技术、大数据技术及人工智能技术运用到传统农业中去，运用传感器和软件通过移动平台或者电脑平台对农业生产进行控制，使传统农业更具有“智慧”。从范围上看，智慧农业涉及整个农业领域，贯穿整个农业产业链，并在其中发挥助推和颠覆者的作用。

在智慧农业时代，依托传感器技术的兴起，农业生产链中的各个环节都将会产生海量的数据。通过对这些数据进行整合、分析和挖掘，再依靠人工智能、大数据等新型数据科学技术将数据和算法充分融合，可以更好地对农作物耕地、播种、施药、杀虫、收割等全生命周期环节中产生的数据进行模型构建和精准预测，实现农作物监测、精细化育种、病虫害防治和环境资源按需分配，推动农业生产过程中的自动化运行和管理过程中的数智化控制。

同时，区块链和农业大数据等技术也将充分联合，打通农业生产、加工、运输

和零售环节的上下通路，实现产销一体化，从农业生产、农业物流、农业市场和农产品管理等方面上提升全产业链的整体效率，对相关数据进行记录和存储以帮助追溯农产品流通中的全程信息，从源头上保障农产品的安全和可靠。

9.1.2 人工智能在农业领域的应用

人工智能在农业领域的研发及应用早在 21 世纪初就已经开始，这其中既有耕作、播种和采摘等智能机器人，也有智能探测土壤、探测病虫害、气候灾难预警等智能识别系统。这些应用帮助我们提高产出、提高效率，同时减少农药和化肥的使用。

1. 智能感知技术

智能感知技术是农业人工智能的基础，其技术领域涵盖了传感器、数据分析与建模、图谱技术和遥感技术等。农业智能传感技术在物联网的宏观调控下，能根据目前农产品种植的特点，对不同作物的环境需求做出相应的感知，如图 9.1 所示，通过对其进行智能监测，能有效提高种植效率，增加产量。智能感知技术在农业领域可实现土壤探测、产量预测、病虫害防治、植株成像及果实瑕疵检测等各种功能。

图 9.1 农业智能感知技术

2. 智能装备

针对农业应用需求，目前诞生出以空中为主的卫星技术、农业无人机等和以地面为主的农业无人车、智能收割机、智能播种机和采摘机器人等智能装备。

例如，卫星技术主要以作物、土壤为对象，利用地物的光谱特性，进行作物长势、作物品质、作物病虫害等方面的监测，其主要应用于农作物产量预估、农业资源调查和农业灾害评估。

再如，农业无人机利用包括雷达、激光、超声波、GPS、里程计、计算机视觉等多种技术来感知周边环境。人工智能技术通过先进的计算和控制系统，来识别障碍物和各种标识牌，规划合适的路径来控制车辆行驶，在精准植保、农资运输、自动巡田、防疫消杀等领域有着广阔的发展空间，如智能收割机（见图 9.2）。农业无人机（见图 9.3）为用户提供了更加智能、精准、高效、灵活的生产解决方案，它集智能播撒、精准喷洒于一体，利用精准播撒技术，提升作物的产量和质量，并借助人工智能实现最优决策，引领作物管理智能化。

图 9.2　智能收割机

图 9.3　农业无人机

此外，农业机器人可应用于果园采摘、植保作业、巡查、信息采集、移栽嫁接等方面，如图 9.4 所示。目前已有越来越多的公司和机构加入采摘机器人的研发中，但离采摘机器人大规模投入使用尚存在一定距离。

图 9.4　农业机器人

3. 专家系统

在农业领域，许多问题的解决需要相当扎实的经验积累与研究基础。农业专家系统利用大数据技术将相关数据资料集成数据库，通过机器学习建立数学模型，从而进行启发式推理，能有效地解决农户所遇到的问题，科学指导种植。

常见的基于机器学习算法的农业专家系统能够将机器学习算法与智慧农业的云端服务器平台上的关系型数据库相结合，挖掘提取信息，得到低风险的决策信息及农业各指标的优化阈值，并将该阈值指令借助于无线通信模块广播到电气设备控制中心，实现对电磁阀、水泵、补光灯及风机的闭环自动控制，从而实现精准化的智能控制。

9.1.3 人工智能在农业领域的前景展望

传统农业的特点是依靠天气，而我国的智慧农业发端于物联网设备和与其对应的农业信息化系统，通过监测和改善生长环境，使农业生产更加稳定可控。如今，叠加新一代信息技术，农业数据要素将持续发挥作用。

不过需要注意的是：现阶段，人工智能可以成为农业生产强有力的辅助，但远不足以完全替代人的决策，这与其发展程度有关。一方面，有数据，缺智慧。行业数据、社会数据、企业数据难以有效融合，缺少针对农业大数据的深度挖掘和分析利用，预测预警和配置资源等核心技术还远未成熟。另一方面，有示范，缺规模。由于门槛高、价格高，目前应用局限在少数主体上，不少地方存在增量不增效、技术脱离实际等问题。此外，人工智能的核心是数据、算法和算力，但是农业生产对象具有生物特性，比较效益低、数据采集难、算法要求高、算力资源缺，从而导致落地难度大。

9.2 智慧医疗

9.2.1 认识智慧医疗

智慧医疗是指利用先进的信息技术和通信技术，将医疗资源与信息进行整合、共享和交流，提高医疗质量和效率的一种创新医疗模式。随着科技的发展和人们对健康需求的不断增长，智慧医疗正在成为医疗领域的热门话题。智慧医疗是将医疗服务向数字化、网络化、智能化方向发展的高新技术，该技术融合了人工智能、大数据分析、云计算、物联网等具有代表性的新兴信息技术，旨在提高医疗服务的效率、质量和安全性，以满足人们健康管理的需求。

智慧医疗的核心是通过数字化和网络化的方式，对医疗数据进行整合和分析，提高医疗服务的数据质量和效率。在这一过程中，先进的信息技术不仅可以为医疗工作提供便捷的数据支持，还可以为医疗人员提供更精准的诊断和治疗方案，使其成效得到大幅提升。

除此之外，智慧医疗还可以通过物联网技术实现对病人生命体征的实时监测，并能在病人病情恶化时自动发出警报，及时通知医护人员进行干预。大数据分析可以根据不同疾病的特点和病人的实际情况，制定个性化的治疗方案，使治疗效果更加明显。

9.2.2 人工智能在医疗领域的应用

1. 疾病诊断

人工智能技术的革新，不仅能提高医疗服务的效率和质量，还能降低患者的就诊成本。例如，在辅助诊断、智能问诊、用药推荐等方面的应用，人工智能技术可以帮助医生快速、准确地诊断疾病，提升患者的就诊体验。通过对海量医学数据的深度挖掘，人工智能技术可以辅助医生发现疾病的早期征兆，为患者制定个性化的治疗方案。

人工智能技术让医疗检查变得更加便利。例如，在冠脉的影像诊疗中，以往不用人工智能的时候，一个病人从扫描到图像重建，再到生成报告，往往需要花费30分钟左右。但现在，有了人工智能的加持，重建处理的过程被缩短到了1分钟左右；也就是说，现在仅需6分钟，就能完成冠脉检查到报告生成的全过程，大大提高了检查的效率。

此外，在肺结节、冠状动脉CTA成像、头颈部CTA人工智能模型、骨折模型、灌注等医学界常见的检测上，人工智能已经有很高的检出率。因为人工智能的分辨率更高，一般在平面片子上看不到的地方，肉眼容易漏诊，但人工智能却可以“看”得更清楚，提醒医生可能存在的病变。

需要注意的是：不少医生或者人工智能方面的专家也表示，人工智能技术无法取代医生，只是用于辅助医疗。例如，当医生对病情做完评估后，可以使用人工智能进行复查，以防有遗漏诊断的情况发生。

2. 康复机器人

康复机器人常常采用一体化人体工学设计，可帮助各类型下肢运动障碍的患者在早期实现站立及步行功能训练。它集成了电机和减速器的执行器、让各执行器之间稳定协同的智能算法，以及真实模拟走路时人体骨盆浮动的机械结构等，在患者尝试自主运动时给予力量辅助，并可针对不同情况的患者调整步高、步长、步速等多种步态参数，激活患者神经调控和肌肉调控，提升康复效果。

研发高精准度的人工神经康复机器人，要先通过先进的传感器技术和数据分析算法，实现对患者运动状态的实时监测和康复方案的个性化定制。此外，需要注重机器人与患者之间的智能交互，通过语音识别和情感分析等技术，机器人能够提供人性化的康复训练指导和情感支持，增强患者的参与度和康复效果。可以采用穿戴设备，实时监测患者的生理指标，为康复治疗提供更全面的数据支持。

随着网络技术的发展，人工神经康复机器人将更好地与人类协同工作。该机器

人可以根据患者的反馈和需求进行实时调整，提供个性化的康复治疗。同时，远程康复将成为未来的重要发展方向。患者可以通过云端系统与康复机器人和医生进行交流和监护，实现更加便捷和高效的康复治疗。

未来人工神经康复机器人将更加智能化和个性化。借助深度学习和机器学习技术，康复机器人能够根据患者的不同需求和病情，提供定制化的康复方案和指导，最大限度地提升康复效果。

3. 药物研发

人工智能除了搭载看得见的“硬装甲”，看不见、摸不着的算法和数据也是核心竞争力。用人工智能算法模型设计的药物分子，将由自动化机器人制造出来；标准化记录的实验全程、可追溯的过程数据和结果数据会继续“投喂”给人工智能模型以学习迭代，助力更多新药研发工作。

在药物研发领域，人工智能技术可以协助科学家筛选潜在的药物靶点，加快新药的研发进程。通过人工智能技术赋能新药研发，可以降本增效和提高成功率。

4. 个性化的医疗服务

人工智能技术在智慧医疗领域的应用，使得患者可以获得更加精准、个性化的医疗服务。以往，患者在诊所或医院的诊疗过程中，可能需要排队等候、反复咨询，耗费大量的时间和精力。然而，通过人工智能技术的辅助，患者可以通过在线问诊、智能诊断、远程会诊等方式，实现便捷高效的医疗服务。同时，人工智能技术在处理医学图像、分析病历数据方面的优势，也为提高诊断准确率、降低误诊率提供了有力保障。

此外，人工智能技术还可以帮助医疗物联网系统更好地理解和处理人类语言，从而实现更智能、更高效的应用。例如：患者监测与预警（通过分析患者的生理数据和病史，为医生提供实时的患者状况分析与预警），分析来自心电监测仪、血糖仪等医疗设备的数据，对患者的健康状况进行实时评估，并在发现异常时自动向医生发出预警，帮助医生及时了解患者的状况，提高诊疗效率。

尽管人工智能技术前景广阔，但仍面临着一些挑战。首先，隐私保护问题仍是医疗数据应用的关键问题。在使用人工智能技术过程中，如何确保患者数据的安全性和隐私权益，避免数据泄露和滥用，是亟待解决的问题。其次，虽然新一代人工智能技术在医疗领域有很多应用，但它并非万能。医疗行业涉及人的生命安全，因此在实际应用中，还是应以医生为主导，技术作为辅助工具。

9.3　智慧工厂

9.3.1　认识智慧工厂

智慧工厂是一个灵活柔性的系统，它能自我优化整个网络的表现，自适应、实时或近实时学习新环境条件，并自动运行整个生产过程。智慧工厂的主要特点包括：互连、优化、透明、前瞻性和灵活性。每个特点都有助于管理层做出明智的决策，帮助企业改善其生产流程。图 9.5 显示了智慧工厂的常见工作场景。

图 9.5　智慧工厂的常见工作场景

智慧工厂是现代工厂信息化发展的新阶段，是在数字化工厂的基础上，利用物联网技术和设备监控技术加强信息管理和服务；清楚掌握产销流程、提高生产过程的可控性、减少生产线上人工的干预、及时正确地采集生产线数据，以及合理地编排生产计划与生产进度。再加上绿色智能的手段和智能系统等新兴技术于一体，构建一个高效节能的、绿色环保的、环境舒适的人性化工厂。智慧工厂的组成如图 9.6 所示。

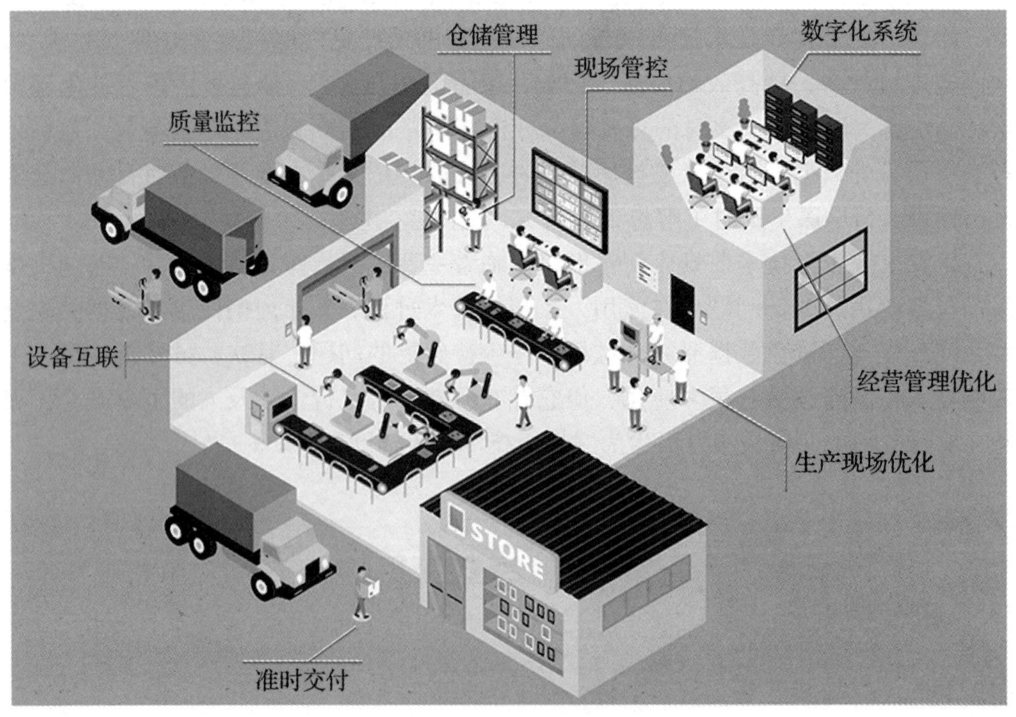

图 9.6　智慧工厂的组成

在智慧工厂中，一个工厂通常由多个车间组成，大型企业可有多个工厂。作为智慧工厂，不仅生产过程应实现自动化、透明化、可视化、精益化，同时，产品检测、质量检验和分析、生产物流也应当与生产过程实现闭环集成。目前，随着工业互联网、工业 4.0、物联网、5G、人工智能等概念的产生和流行，以及相应技术的发展和推动，许多包括中国在内的制造业大国，都开始了智慧工厂建设的实践，以解决传统制造业生产管理效率低、设备和人力成本高的顽疾。

智慧工厂的特征如下：

（1）利用物联网技术实现设备间高效的信息互联，数字工厂向“物联工厂”升级，操作人员可实现获取生产设备、物料、成品相互间的动态生产数据，满足工厂 24 小时监测需求。

（2）基于庞大数据库实现数据挖掘与分析，使工厂具备自我学习能力，并在此基础上完成能源消耗的优化、生产决策的自动判断等任务。

（3）引入基于计算机数控机床、机器人等高度智能化的自动化生产线，满足个性化定制柔性化生产需求，有效缩短产品生产周期，同时大幅降低产品成本。

（4）配套智能物流仓储系统，通过自动化立体仓库、自动输送分拣系统、智能仓储管理系统等实现仓库管理过程中各环节数据录入的实时性及对于货物出入库管理的高效性。

图 9.7 显示了智慧工厂的主要功能。

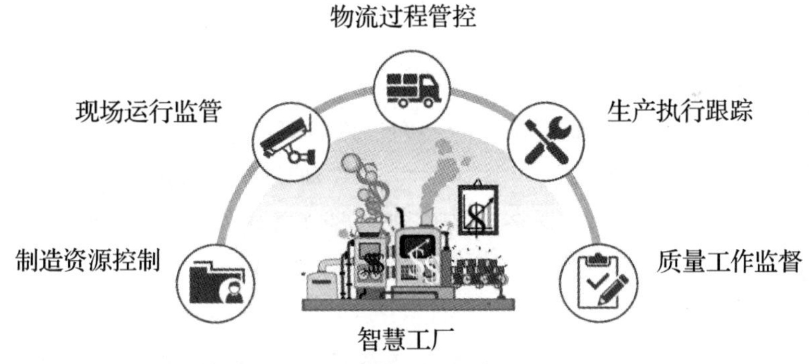

图 9.7 智慧工厂的主要功能

智慧工厂存在的初衷就是实现智能生产，充分结合各个企业的工业和技术特点，促进企业的规模化和智能化生产。而智慧工厂能够通过传感器的嵌入，对各生产线的人员、产品、耗能等状况进行实时监控与预测，在生产不经济时，进行及时的效率管控。在危险和污染环节用机器代替人工，注重绿色生产，实现绿色制造，同时也体现人文关怀。

9.3.2 人工智能在智慧工厂中的应用

人工智能在智慧工厂中的应用主要有智能决策、三维可视化、智能管理、智能物流与供应链、智能研发、智能产线、智能产品、智能装备及智能服务等。

1. 智能决策

企业在运营过程中，产生了大量的数据，如合同、费用、库存、产品、客户、投资、设备、产量、交货期等，这些数据一般是结构化的数据，可以进行多维度的分析和预测。同时，应用这些数据还可以提炼出企业的 KPI，并与预设的目标进行对比。

2. 三维可视化

智慧工厂三维可视化管理系统，支持融合工业大数据、物联网、人工智能等各类信息技术，整合厂区现有信息系统的数据资源，实现数字孪生工厂、设备运维监测、综合安防监测、能效管理监测、生产管理监测等多种功能，有效提高厂区综合监管能力、降低企业厂区运营成本，实现管理精细化、决策科学化和服务高效化，可广泛应用于态势监测、应急指挥、数据分析、成果汇报等多种场景。

智慧工厂通过三维建模，能够对厂区外部楼宇建筑到建筑内部空间结构进行三维展示，实现监管区域三维全景可视化。支持各类型数据源接入，融合多端业务系统数据，对设施运维、园区安防、能效管理、经营情况等关键指标进行分析与呈现，辅助对全工厂的管理运行，减少人工投入和加强管控。

例如，通过三维可视化技术将整个工厂环境和生产设备进行三维呈现，对整个生产过程进行虚拟仿真，结合不断进步的物联网技术和监控技术，真正帮助企业从数字化生产迈向智慧工厂。图 9.8 是智能监控，显示了三维可视化技术在工业生产中的应用。

3. 智能管理

制造企业核心的运营管理系统包括人力资产管理系统（HCM）、客户关系管理系统（CRM）、企业资产管理系统（EAM）、能源管理系统（EMS）、供应商关系管理系统（SRM）、企业门户（EP）、业务流程管理系统（BPM）等。实现智能管理和智能决策，最重要的条件是基础数据准确和主要信息系统无缝集成。

4. 智能物流与供应链

制造企业内部的采购、生产、销售流程都伴随着物料的流动，因此，越来越多的制造企业在重视生产自动化的同时，也越来越重视物流自动化，自动化立体仓库、无人引导小车（AGV）、智能吊挂系统得到了广泛的应用；而在制造企业和物流企业的物流中心，智能分拣系统、堆垛机器人、自动辊道系统的应用日益普及。仓储管理系统（Warehouse Management System，WMS）和运输管理系统（Transport Management System，TMS）也受到制造企业和物流企业的普遍关注。

5. 智能研发

智能研发对制造企业来讲至关重要。企业要开发智能产品，需要机电软多学科的协同配合；要缩短产品研发周期，需要深入应用仿真技术，建立虚拟数字化样机，实现多学科仿真，通过仿真减少实物试验；需要贯彻标准化、系列化、模块化的思

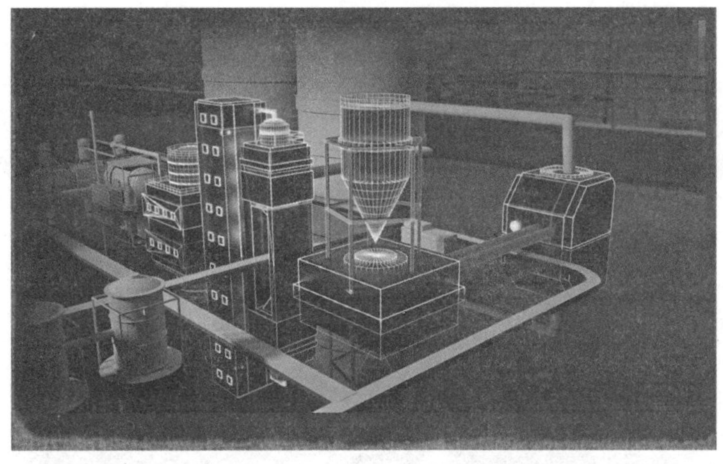

(a)

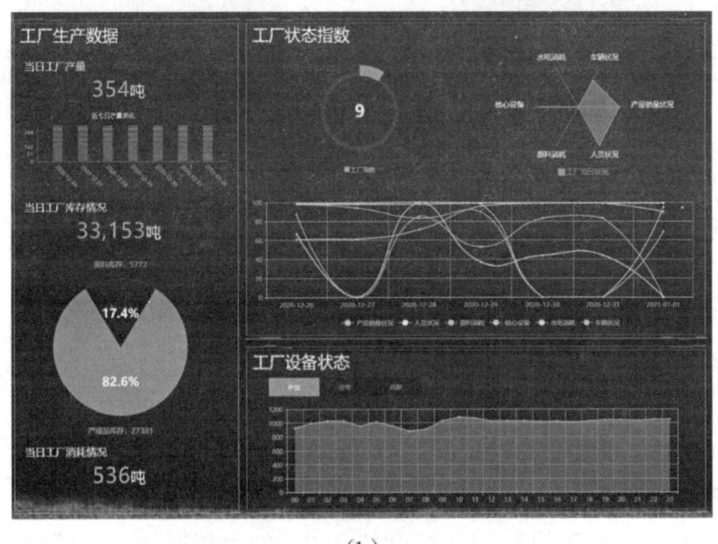

(b)

图 9.8　智能监控

想，以支持大批量客户定制或产品个性化定制；需要将仿真技术与试验管理结合起来，以提高仿真结果的置信度。

6. 智能产线

自动化生产线就是智能产线的一种形式。很多行业的企业高度依赖自动化生产线，如钢铁、化工、制药、食品饮料、烟草、芯片制造、电子组装、汽车整车和零部件制造等。自动化生产线可以分为刚性自动化生产线和柔性自动化生产线，为了提高生产效率，工业机器人、吊挂系统在自动化生产线上的应用越来越广泛。图 9.9 显示了在智慧工厂中的物品定位系统。

7. 智能产品

任何制造企业都应该思考如何在产品上加入智能化单元，提升产品的附加价值。

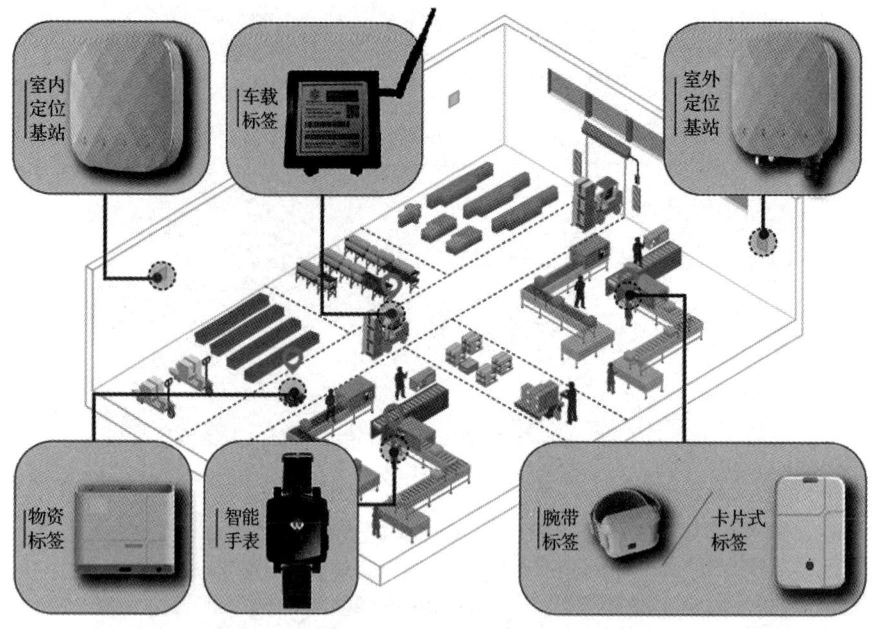

图 9.9 物品定位系统

典型的智能产品包括智能手机、智能可穿戴设备、无人机、智能汽车、智能家电、智能售货机等。

8. 智能装备

智能装备，是指具有感知、分析、推理、决策、控制功能的制造装备，它是先进制造技术、信息技术和智能技术的集成和深度融合。智能装备也是一种智能产品，可以补偿加工误差，提高加工精度。

9. 智能服务

智能服务是一种基于传感器和物联网（IoT）的大数据技术，可以感知产品的状态，从而进行预防性维修和维护，及时帮助客户更换备品备件，甚至可以通过了解产品运行的状态，帮助客户带来商业机会。还可以采集产品运营的大数据，辅助企业做出市场营销的决策。

项目小结

本项目首先介绍了智慧农业的概念和特点，然后介绍了智慧医疗，最后介绍了智慧工厂。

通过对本项目的学习，读者能够对智慧农业、智慧医疗及智慧工厂的相关特性有一个基本的认识，重点需要掌握的是人工智能技术在其中的应用。

实训

本实训主要了解人工智能技术的应用。

1. 自行查阅资料，了解智慧农业中有哪些人工智能技术。
2. 自行查阅资料，了解智慧工厂中有哪些人工智能技术。

习题

简答题

1. 请简述智慧农业的特征。
2. 请简述智慧工厂的特征。

参考文献

[1] 王万良. 人工智能及其应用 [M]. 3版. 北京：高等教育出版社，2016.

[2] 赵卫东. 机器学习 [M]. 北京：人民邮电出版社，2018.

[3] 李铮. 人工智能导论 [M]. 北京：人民邮电出版社，2021.

[4] 林子雨. 数据采集与预处理 [M]. 北京：人民邮电出版社，2022.

[5] 黄源. 大数据可视化技术与应用 [M]. 北京：清华大学出版社，2020.

[6] 黄源. 大数据技术与应用 [M]. 北京：机械工业出版社，2020.